U0165513

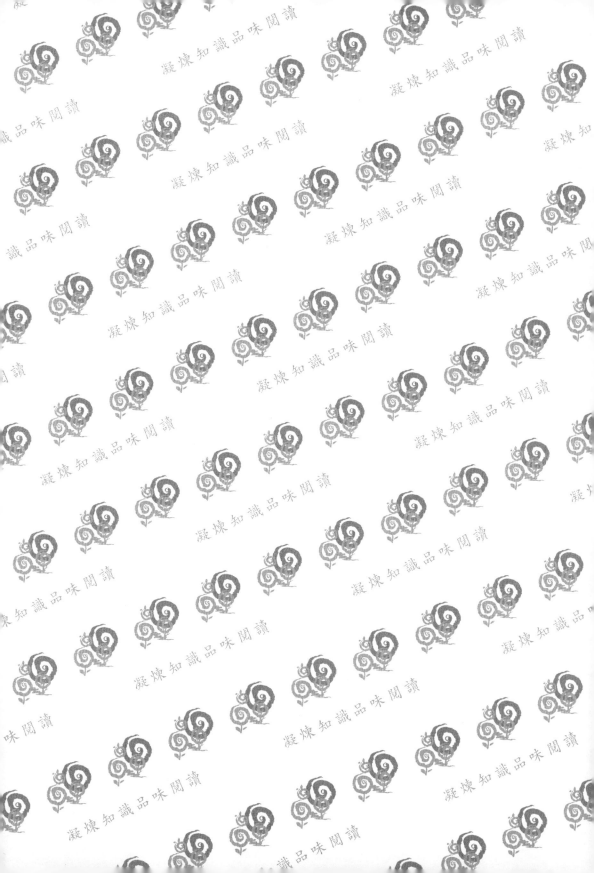

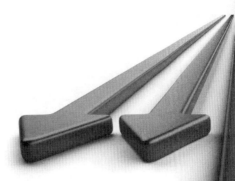

直銷法律學

林天財——主編

林天財・郭德田・曾浩維・傅馨儀・劉倩妏————著

林天財

學歷：台大法律系 / 交大科法所

專書：「誹謗：台灣本土實證案例解析」

「建國百年台灣賦稅人權白皮書」

經歷：中華民國律師公會全國聯合會副理事長

律師研習所執行長、講座、諮詢委員

律師轉任法官審查委員會委員

司法院民間公證人任免委員會委員

法律扶助基金會台北、金門、馬祖分會會長

法務部犯罪被害人保護協會監察人

多層次傳銷保護基金會調處委員會主任委員

多層次傳銷保護基金會法令增進委員會主任委員

台灣高等法院調解委員

入選中華民國仲裁協會工程案件主任仲裁人推薦名冊

中華人權協會常務理事暨賦稅人權委員會主任委員

中華民國地政士公會全國聯合會簽證基金管理委員會委員

中華民國不動產代銷經紀商業同業公會全聯會營業保證基金管理委員會委員

榮譽：2012 年 12 月 7 日中華人權協會「2012 年人權禮讚之夜」獲馬英九總統頒贈「人權服務獎」。

2011 年入選 THE REPUBLIC OF CHINA YEARBOOK 之「who's who in the ROC」（即中華民國 100 年度年鑑名人錄）。

連續獲台灣高等法院表揚為 2010、2011、2012、2013 年度績效優良調解委員。

2009 年 9 月 6 日台北律師公會律師節慶祝大會獲馬英九總統頒贈優秀公益調解律師。

2008 年 9 月 9 日獲選為「全國律師」雜誌第 61 屆律師節特殊專題報導人物（該期專題報導人物及內容如下：a. 司法院院長賴英照：對司法運作的了解與關心、b. 法務部長王清峰：可以勇敢, 也可以慈悲、c. 林天財律師：堅持做一個能溝通的國會監督者）。

2007 年 9 月 9 日於律師公會全國聯合會第 60 屆律師節慶祝大會接受「特殊貢獻」表揚。

郭德田

現職：長江大方國際法律事務所執業律師
學歷：國立政治大學法律研究所公法組研究
　　　國立台北大學司法學系
經歷：中華民國律師公會全國聯合會財經法委員會委員
　　　憲兵學校約聘講師
　　　中華經濟研究院 WTO 中心研究助理
　　　志光、保成、學儒、康德文教機構法學講師

曾浩維

現職：長江大方國際法律事務所律師
學歷：國立臺灣大學法律系
經歷：中華民國勞動法推廣協會理事
　　　協助設立財團法人多層次傳銷保護基金會
　　　第 18 屆、第 19 屆直銷學術研討會論文發表

傅馨儀

現職：長江大方國際法律事務所執業律師
　　　中華民國律師公會全國聯合會人權保護委員會副主任委員
學歷：國立政治大學商學院會計研究所碩士
　　　國立台北大學法學院法律研究所碩士
　　　日本早稻田大學日本語及法律研修
　　　美國加州大學柏克萊分校商學及法學研修
經歷：財政部北區國稅局薦任職等財稅法務
　　　中華民國律師公會全國聯合會財經法委員會主任委員
　　　台灣台北地方法院調解委員
　　　台灣高等法院義務辯護律師

劉倩妏

現職：長江大方國際法律事務所執業律師
　　　國立政治大學兼任助理教授
學歷：國立政治大學法學博士、法學碩士
　　　國立中正大學企管碩士
　　　美國康乃爾大學訪問學者
經歷：普華商務法律事務所（pwc legal）副總經理／資深律師
　　　茂德科技股份有限公司專案經理
　　　理律法律事務所律師

正派直銷

富國裕民

非法傳銷

禍國殃民

陳得發 題

主編序

與直銷界結緣，已是 20 多年前的往事了，當時，在幾位業界大老的鼓勵下，一頭栽進直銷法律學的研究，在台灣法律界，我算是第一人。

2009 年，我開始規劃退休生涯，適律師公會全國聯合會律師研習所與我商量，能否將直銷法律廣為宣傳，基於傳承的信念，我答應在律師研習所針對新進律師講授「傳直銷法律實務」課程，同時，也在全國各地方律師公會以區域公會整合方式展開律師在職進修訓練課程，開律師講授傳直銷法律課程的先河。

2014 年 1 月 29 日台灣多層次傳銷管理法正式公布實施，將多層次傳銷的管理以獨立的法律來規範，這在世界各國已不多見，也顯現主管機關公平交易委員會希望直銷產業更透明，產業營運環境及營銷模式更公平、合理的強大企圖；而公平交易委員會更為了解決傳銷商與傳銷事業間的民事糾紛，在 2014 年 5 月間公布了「多層次傳銷保護機構設立及管理辦法」，並指定 12 家直銷事業各捐款 200 萬元，共 2400 萬元，以成立「財團法人多層次傳銷保護基金會」方式設立該保護機構，是舉世無二的創舉。

多層次傳銷保護基金會的主要目的，即在提供傳銷商與傳銷事業間民事糾紛的調處平台，我有幸獲聘擔任第一屆第一任的調處委員會主任委員，也在多層次傳銷保護基金會林宜男董事長勇於任事的精神感召下，決定將之前的「傳直銷法律實務講義」改寫成「直銷法律學專書」。

本書共分八章，分別為：
第一章　直銷制度概論
第二章　直銷商的身份

本書撰寫之目的，在將直銷界常會發生的法律問題予以體系化，讓學習者方便掌握，只是，直銷領域的法律問題變化萬端，上述體系雖已有架構，但許多血肉則期待本書第二輯以後陸續補足。

本書的另一特色是在別冊二中收錄了八篇直銷商奮鬥的小故事，這些直銷商奮鬥的小故事，能讓各界更瞭解直銷商的內心世界與吶喊！

此外，直銷經營環境的公平、合理、透明以及永續發展，一向是我關注的重點，而直銷產業如何承當社會公益，直銷從事人員如何獲得社會大眾的認同，使直銷產業贏得尊嚴與尊重，更是我一再的期盼，這些關鍵，除了需要優良的法規外，讓業界共同遵行，更需要直銷界從心改變來經營直銷，因此，本書也徵得中華民國多層次傳銷商業同業公會徐國楨秘書長的同意，在別冊一中收錄了他的二篇大作。

2010 年開始，我每年獲邀參與中華直銷管理學會在兩岸同時舉辦的「兩岸直銷學術論壇」，多年來也累積許多論文，這些文章，主要在反應當前直銷界的重大及刻不容緩急需解決的問題，爰亦將與本書內容有關的三篇文章一併收錄，以饗讀者，同時也藉這個機會向當時一起撰稿的張國璽律師、柳慧謙律師、曾稚甯律師、曾浩維律師敬上謝意。

本書能夠順利付梓，首先要感謝劉倩妏律師、傅馨儀律師、郭德田律師以及曾浩維律師不辭辛勞，願意犧牲休息時間幫忙撰稿、校稿，在此，對他們致上最大感激；而我的秘書洪雅莉小姐日以繼夜地打繕，更令我感

動！

　　最後，要感謝直銷界的許多領導先進，願意為本書寫序，讓本書更添光彩，也同時要致上個人最高敬意。

　　本書的完成，是直銷界第一本法律書，期盼拋磚引玉之外，台灣直銷法律學能更蓬勃發展，適時提供直銷界必要的法律養分，讓直銷界更壯大，走向更燦麗、康莊的大道。

林天財

註：本書用詞說明

1. 「傳銷」一詞，除非是法令的名稱或內容，仍以「傳銷」稱之外，其餘則以「直銷」取代之。

2. 多層次傳銷，同上精神，原則上以「多層次直銷」稱之。

作者序

　　本書能夠順利完成，首先要感謝帶領我們進來多層次傳銷管理法領域的林天財律師，林律師是我們非常景仰的前輩，學術、法律實務經驗都是我們效仿的楷模。本書撰寫的過程，歷經數個月每週定期集會討論法理及個案問題，其中財團法人多層次傳銷保護基金會林宜男董事長、簡春敏執行長與所有傳保會的好伙伴們，給予我們經驗分享及鼓勵協助，讓本書得以順利付梓，我們永遠感謝在心。

　　本書的完成是直銷法學研究的起點，本書或許還有很多需要再更進一步修正的地方，也可能因為將來商業模式的更迭或法學研究興起，促使本書再度檢討修正，「一登一陟一回顧，我腳高時他更高」，或許本書會因為商業型態或法律實務的變遷而有更易，但我們樂見法律能夠因時制宜，不要像 Roscoe Pound 說的：「法貴乎恆定，惜不得常駐」，冀盼本書能夠達到拋磚引玉的效果，引發更多先進願意接續此話題繼續討論，促進直銷商業活動在合法架構一下蓬勃發展。

　　然筆者們學植未深，謬誤在所難免，也敬祈各位讀者不吝斧正。

推薦序
公平交易委員會主任委員　吳秀明

　　多層次傳銷具有擴展迅速及參加者眾之特色，致國內在引進多層次傳銷經營模式的初期，爭議不斷，對民生經濟活動亦造成重大的影響，有鑑於此，公平交易法於80年間完成立法時，一方面界定「多層次傳銷」，將其納入行政管理，宣示政府認同多層次傳銷是可行的商業活動；另一方面則將一般通稱「老鼠會」之變質多層次傳銷行為予以明文定義，並賦予刑事責任明示禁止。經過多年之輔導、管理及查處，國內多層次傳銷業已漸朝合法、健康良性的方向發展。

　　103年1月，產業專法多層次傳銷管理法公布施行，即象徵傳銷產業另一個新紀元的開始，也顯示政府重視產業並積極輔導產業發展的態度與決心。其中的一項創舉，為導入多層次傳銷保護機構制度，以處理傳銷事業與傳銷商間因多層次傳銷所衍生的民事爭議。不可諱言，多層次傳銷保護機構之設立，將使得傳銷事業於經營時增加財務成本，主管機關亦同時新增一個管理面向，但這一切均係為打造一個更優質的傳銷市場而努力。期盼在業界及主管機關之共同努力下，建立健全、清新的傳銷環境，使事業、傳銷商及消費者均能共蒙其利。

　　本書作者林天財律師多年來熱心公眾事務，於調解領域著有聲譽，並對於多層次傳銷法令及實務頗具研究，於多層次傳銷保護機構－財團法人多層次傳銷保護基金會籌設期間，即參與各項規章制度的建構工作，並於機構成立後肩負第一屆調處委員會主任委員之重任，其協助與付出對於保護機構深具價值。

　　今日欣見林律師結合其學養及經驗，以多層次傳銷管理法為本，透過

案例分析對於傳銷法律問題做了多項深入淺出的解析，殷盼透過此書能激發更多傳銷法律之研究、討論，進而促進傳銷產業更為健全、蓬勃之發展。

推薦序
財團法人多層次傳銷保護基金會董事長　林宜男

　　傳銷過去或許只是一種商品或服務的銷售管道，但自從民國 103 年 1 月 29 日公布實行「多層次傳銷管理法」後，傳銷已正式成為一種產業。在公平交易委員會民國 102 年報告中統計，已報備傳銷事業家數 352 家、傳銷商人數 200.5 萬人（約占全國總人口數的比率 8.58%）、傳銷事業營業總額 716.70 億元。為了調處已完成報備傳銷事業與傳銷商間的多層次傳銷民事爭議、保障傳銷商相關權益，「多層次傳銷管理法」第 38 條設立財團法人多層次傳銷保護基金會（以下簡稱傳保會）。

　　傳保會業已於民國 103 年 12 月 29 日正式運作，期望保護、守護傳銷產業，與傳銷商、傳銷事業共創傳銷產業的榮景。傳保會運作至今，要感謝主管機關公平交易委員會吳主任委員、胡處長等長官的信任與支持、安麗等 12 家傳銷事業籌備期間的捐助、及多層次傳銷商業同業公會與直銷協會的協助。另外，林天財律師現兼任傳保會調處委員會、法令增進諮詢委員會主任委員，對傳保會重大的貢獻，實無法以筆墨言謝。因為他深厚的學養，傳保會才能逐漸建立起完整的各項規程、規則與要點。因為他目前擔任法律扶助基金會台北分會會長，傳保會才能發展律師駐點法律諮詢的工作；甚至得與法律扶助基金會進行更深入合作，將傳保會法律諮詢業務擴展至全省各縣市。因為他豐富的調處經驗，傳保會才能建立起更完善的民事爭議調處機制、訴訟扶助、代償及追償等各項任務。因為他對傳保會各項的協助，方得使傳保會運作逐漸步上軌道，在此謹代表傳保會致上最高的謝意。

　　雖然傳銷已成為顯學，但因屢有爭議產生，故坊間幾乎尚無專書深入

研析此一議題。林律師專研傳銷多年，其所累積之豐富知識與經驗，在學術界與實務界幾乎無人能出其右。今欣聞林律師與長江大方國際法律事務所多位執業律師彙整過去對傳銷多年的實務經驗，撰寫出傳銷產業各界所殷切期盼的鉅作。有了這本書後，我們得更完整地瞭解傳銷事業、傳銷商、消費者間的各項權利義務，也瞭解彼此間糾紛的救濟管道。另外，本書亦彙整了林律師過去發表的多篇文章及八位傳銷商奮鬥的小故事，讓讀者更能一窺傳銷專業知識的奧秘及瞭解從事傳銷的甘苦談。

　　企盼林律師未來更能在百忙之中，撥冗撰寫出後續鉅作，為傳銷產業共創出更大的榮景。

推薦序
中華民國多層次傳銷商業同業公會理事長　古承濬

　　有幸，能蒙本書主要作者林天財大律師的邀約為《直銷法律學》一書寫序。

　　「有幸」是因為——台灣法學界最早涉入直銷產業進行直銷法律學的研究，林大律師他是第一人；「有幸」是因為——全球直（傳）銷界第一個機構——「財團法人多層次傳銷保護基金會」第一任的調處委員會的主任委員就是林天財大律師；「有幸」是因為——這本《直銷法律學》是台灣直銷界第一本法律書。而我，是個直（傳）銷人，能為直銷產業歷史上，何其重要的第一本大作寫序，誠然，「有幸」！

　　因為寫序的關係，能在付梓之前先拜讀此書，實有先睹為快之樂。我雖為一位超過30年的直銷界老兵，對於直（傳）銷法令雖也稱得上了解，但法令構成的要素之間其關係、內涵，卻仍有諸多不知其所以然之惑，然，透過本書拆解，特別是在法律面向的嚴謹定義之釐清，讀後，直銷法令相關之骨架、血肉、筋脈，似乎更加顯得通透、明朗起來，得著一份認知的紮實感。

　　本書盡其所能，從廣度從深度，兼顧各種面向為之探討、比對，適時提出法院判例之實務佐證，其中更特別的是以三國歷史人物為背景所設計的虛擬案例，堪稱一絕。另，還穿插直銷成功故事的分享，讓原該是冷硬的法律學，增添了不少人文溫度，像是擺置在黑咖啡旁的可口甜點一般，品嘗一場知識的下午茶點。

　　台灣的直（傳）銷產業來到了一個歷史的轉折點，去年（2014）初，台灣已歷20多年的傳銷管理法規，從原本附屬在公平交易法的「多層次

傳銷管理辦法」提升至「多層次傳銷管理法」雖一字之差，但已不再寄「法」籬下，已貴為產業之專法；同年年底，成立全球直銷產業舉世無雙的「財團法人多層次傳銷保護基金會」，對直（傳）銷產業的從業者，更具體提供了一個保護機制；同年 4 月，歷經 20 多載，在產業界持續奔走努力下，「多層次傳銷商業同業公會」也終於成立了，有了這個產業平台，產業就有了更大的能量，強化了健全傳銷產業環境的運轉機制。

　　此刻，「直銷法律學」的問世，彷彿像在產業界增添了一道結構的鋼樑支柱。法律是產業安全、健康發展的礎石，透過這本著作，讓直（傳）銷的事業體經營者與直（傳）銷商對理念或夢想的追求過程中，能更明心見性、能更通徹了解小我與大我之辨、義務與權利、捨與得、避短視而見長遠大道……實為本書之功也。

推薦序

直銷協會理事長　姜惠琳

　　身為傳銷產業的一員，我們很高興對於台灣傳銷法律向有深入研究，且也在業界間素孚眾望的林天財律師即將出版多層次傳銷法律的研究專書，對於健全傳銷市場與落實權利保障，確實具有重要意義，頗值得向產業內外推介。

　　台灣引進傳銷制度將近 30 年，若自民國 81 年政府立法管理傳銷迄今也已 20 餘年，透過主管機關針對各項糾紛案例的管理與研究，以及業界兢兢業業的實務經營與摸索，整體產業相關的管理規範與制度的建立，可以說是走在全世界的前端。尤其自去年（2014 年）起，台灣終於捨棄原本法規命令位階的「多層次傳銷管理辦法」，公布實施有法律位階的「多層次傳銷管理法」，整體制度的建構可說已粲然大備。除了建立各項防弊措施，對於廣大傳銷商、消費者，以及正派經營傳銷業者權益亦以法律明文加以保障。

　　「傳銷」，說穿了就是通路的一種，是消費者購買商品的管道之一，而傳銷商付出辛勞、提供服務，正正當當獲取獎金，對於促進就業和提升生活品質都有諸多正面效益。依據主管機關公平會的歷年統計，過往數年以來台灣傳銷的實質總參加人口都已超過兩百萬人以上，而去年傳銷業總營業額也正式突破 750 億。一般家庭或多或少都有購買傳銷商品和服務的經驗，我們可以說傳銷業與傳銷人早已與你我共同生活在台灣社會之中。

　　然而部分社會大眾對於傳銷活動，不容諱言地，仍帶有容易誤解業界的有色眼鏡，往往不能以健康正面態度來了解和接近傳銷人員與活動。會造成這樣的現象，與以往傳直銷的相關糾紛往往不能及時有效解決有著密

切關連，也與相關權利義務關係與定位仍有待釐清息息相關。而其背後的主要因素，其實是民眾和業界人士，根本缺乏相關法律資訊和文獻管道來了解自身權益和保障之道。其結果甚至導致立法部門在探討相關立法時，提出各種光怪陸離的法案而未能正視一般消費大眾、傳銷商，甚至傳銷業者保障自身權利的根本核心問題。

　　這項需求，終於透過林律師的大作問世得以彌補空缺。林律師透過解析傳銷制度的產生根源、來解析和探討產業內互動的各個權利主體相互間的權利與義務，重新界定可能發生糾紛的問題所在，釐清彼此的關係。專書的內容既有法學探討的深度，也能深入淺出使讀者易於了解。這將有助於法律規定的良法美意落實到產業實際生活之中，並也使業界和傳銷商都能更減少經營上和從事活動時的不確定因素，更不用說，能確切有效保障消費大眾的權益。林律師專書的問世，不但總結了他過去參與相關法律研究的結果，也使其自身投入解決糾紛案件的實務運作經驗，有了事後探討和思辨的平台。對於傳銷產業糾紛解決與良性發展，實有莫大的助益。

　　站在業者的角度，我們殷殷企盼學界及實務界對於傳銷關係的深入論述與探討能持續進行並擴大影響，同時也支持正確傳銷觀念的教育宣導，以避免社會大眾踏入變質傳銷陷阱；並進而為健全的經營環境打造深厚的底蘊與基礎。而這一切都需要產、官、學各界共同攜手，戮力創建健全的產業經營環境，使傳銷商及消費大眾樂於投入這個提升生活品質的產業。這是我衷心所盼。

推薦序

中華直銷管理學會理事長　陳國雄

　　直銷，在台灣，有人懷疑，也有人推崇。有人因它被朋友疏遠，也有人因它享盡明星光環。其他行業陷入循環低潮時，直銷業的銷售額卻仍然能夠突破新高。談到在台灣滲透率最高的行業，非直銷業莫屬。身旁的親朋好友很多是直銷會員，每當聽完他們訴說自己奮鬥的故事，看到他們經由努力與堅持完成了人生夢想，除了佩服也多了一份敬意。但在成功故事激勵人心之餘，卻也偶爾會出現零星的爭議新聞。令人驚訝的是，雖是少許個案，效果卻是如星火燎原般，延燒至社會的每個角落之中。

　　從加入直銷簽署冗長的合約開始，一份看似單純簡單的直銷事業，其實就已經啟動一連串的法律行為。權利義務的關係，圍繞在每天的銷售服務與推薦的活動中。一個不經意的契約違反行為，經由複製之下所產生的殺傷力，卻可能將多年辛苦累積的事業毀於一旦。跟隨而來一連串煩人的訴訟，除了讓兩造雙方疲於奔命之外，對好不容易建立起來的直銷業形象又造成一次的傷害。這麼多年了，仍然沒有看到探討直銷的法律書籍出現。

　　認識林天財律師，是在多年前的一場直銷學術論壇裡。但見林律師在台上，英挺內斂，玉樹臨風，發表起論文，娓娓道來，在沉穩中透露出一股自信。林天財律師學養俱豐，對於直銷業鑽研之深更是令人佩服。對於直銷界第一本法律書的出現，非常期待。相信本書的出現，能為直銷業的

法律環境提供一些指引，讓從業人員在透明公開的環境中，共同為直銷業再創另一個高峰。

陳國雄

推薦序

安利東南亞區總裁　劉明雄

　　台灣直銷產業的早期發展，帶著傷痕，走得顛簸。溯及 1970 年代，當時成立了幾家由日本引介來台的直銷公司，但卻因標榜短期獲得暴利的投機事業，導致在 1981 年底至 1982 年初，爆發震撼社會的台家事件，讓直銷背上老鼠會的惡名；一項新興正當的行銷模式因媒體和社會大眾的誤解，籠罩在非法的陰影下……。時至今日，社會上依然有許多人對直銷的本質一知半解甚至抱著負面印象。

　　也是在這樣艱困的大環境之下，1982 年安麗、雅芳等跨國性的直銷公司，相繼在台開業。加上日後陸續成立的台英、統健、松柏等多家本土色彩濃厚的直銷公司，共同於 1986 年設立了「中華民國直銷聯誼會」，致力於建立產業秩序與自律決心，也積極參與國際直銷事務，引進世界直銷相關管理法令，帶給台灣直銷產業漸入坦途、合法正名的關鍵契機。

　　1988 年 3 月，安麗公司刊登了國內第一則直銷廣告「黑白立判」，教育國人如何辨別正當直銷與非法詐欺老鼠會的方法，開啟這個產業與社會大眾良性溝通、共同維護消費權利、提供優值創業機會的永續發展之路。

　　除了產業自發性的自律、遵守商德規範，官方的法規制定，更是讓這個產業邁向長治久安的決定性影響。唯有建構一個保障合法業者，同時對違法業者嚴加查緝的良好環境，才能藉以確定直銷產業在一個進步、成熟的商業社會中，所應享有的肯定。

　　1990 年 12 月，甫從「中華民國直銷聯誼會」正式成立的「中華民國

直銷協會」，便已協助當時的「公平交易委員會籌備處」，研擬多層次傳銷事業的相關法律制定；1992 年 1 月，「公平交易委員會」依法設立。同年 2 月 4 日施行了「公平交易法」，2 月 28 日也頒布「多層次傳銷管理辦法」，這些法律的制定，奠定了台灣直銷產業永續經營的穩固根基。

因應台灣社會環境的演進，直銷相關法令也有了多次修法歷程。尤其 2014 年 1 月 14 日立法院三讀通過、1 月 29 日公布施行了「多層次傳直銷管理法」，此專法的制定提高了法律位階，更依此法規於 2014 年 12 月成立了全球首創的「多層次傳銷保護基金會」，期能保障直銷業者、直銷商及消費者各方的權益，健全國內直銷產業的秩序。

直銷在台發展 30 幾年，在各方的努力下，從早期被誤解的艱困時期，到現在本土、跨國的直銷公司蓬勃發展。從公平會的官方數字來看，1992 年全台僅有 139 家直銷公司營運，94 萬直銷商，產出 229 億新台幣的營業額；但到了 2014 年，已增至超過 350 家直銷公司，直銷商超過 200 萬人，營業額成長到超過新台幣 750 億元，排名全球第 13 名；顯現直銷產業的發展，對國內整體經濟、增加個人收入，以及解決失業問題，有著相當長期深遠的貢獻。

與林天財大律師相識已超過 20 年，他對直銷產業的深度理解與實務經驗，可說是國內法律界第一人。尤其，林大律師雖是公務繁忙，卻投入相當多的心力與時間，從事多項公共事務，用實際的行動，幫助需要幫助的人。除了擔任第一屆第一任「多層次傳銷保護基金會」調處委員會主任委員、多次榮獲高等法院表揚的「績效優良調解委員」，更是「人權服務獎」的得主。

藉由這本以流暢的筆觸、眾多的實務案例與教戰守則，加上 8 篇生動的直銷商奮鬥小故事，闡述艱澀的直銷法規與直銷從業人員的真實面貌，

相信將有助於讀者吸收最好的直銷相關法律知識，對於國內整體直銷環境，有更明確的認識。

劉明雄

推薦序

克緹國際集團總裁　陳武剛

知法守法　直銷事業　必然光華璀璨

我在年近半百時分創辦克緹事業，把自己有限的時間與精力，義無反顧的全盤投入了直銷的領域。直銷的好處多多，其實早有美、日等先進國家的從業人員現身說法，因此毋庸置疑。但一樣米養百樣人，一樁美善好事往往亦會被那心術不正的害群之馬所扭曲，終至醜陋變形。回首數十年前，直銷事業初在台灣萌芽，這塊處女地上不僅沒有遊戲規則，更缺乏相關的法律依據，類似的坑殺詐騙情事，確實時有所聞。

身為克緹事業的大家長，我很早就對此深為警惕，所以在創業之始，即坦白彙整出從業者的心法守則——克緹六大信條，提供給加入組織的伙伴們依循奉行。六大信條裡強調，直銷業以人為本，廣慈博愛、感恩分享是其基本態度，誠實守信則為必要的品格修養。這番比學校教的「公民與道德」更具高度的訴求，自然並無強制施行的律法效力，僅只能給愛惜羽毛、力爭上游的團隊成為一個彰顯的標竿，因此，總還有其難以周全濟度之憾。

不可諱言的是，在一次又一次的讓「一粒老鼠屎，搞砸一鍋粥」的直銷糾紛裡，社會大眾對於這個行業，已漸次蒙上了負面的刻板印象，且往往是一竿子打翻一條船，良莠之間殊難區隔。我個人感受到這股揮之不去的陰霾，也曾以棉薄之力，籲請政府機構與立法諸公費心審度，盡快比照先進國家的立法內容，引導這個行業走出晦暗，進而踏上公平、合理與透明的陽光大道。

　　何其暢意！去年年初，行政院公平交易委員會正式公布，實施多層次傳銷管理法則，隨後，更舉世獨一的責成業界捐款成立「財團法人多層次傳銷保護基金會」，提供民眾糾紛的調處平台。今年 6 月，又有首位專攻「直銷法律」的林天財大律師，以相當平易近人的筆法著書立說，直銷事業裡的種種權利義務關係，剖析得了了分明，再也不容有灰色地帶誤導視聽。

　　非常榮幸，能在「直銷法律學」付梓前先睹為快，這本書不僅是直銷業者必備的工具書，亦為有志加入的朋友，提供了寶貴的參考資料。其中有八篇直銷商奮鬥的小故事，讀來深有共鳴。我相信，不管是參與市場認可的那一個團隊，只要正心誠意，知法守法的全力投入，都會使你在精神與物質生活上同時收穫滿滿。你必將擁有健康的身心，圓滿的人際關係，開闊的視野及胸襟……，你的人生，將會不虛此行！

推薦序
美樂家前大中華區副總裁　劉樹崇

為直銷維權的先行者

　　我與林天財律師認識超過 20 年，這 20 幾年來，不論從平常的個別交往，或是在公眾場合的會議上，都可感受到他的專業與熱情，尤其在 2006 到 2009 年我擔任中華民國直銷協會理事長任內，他到協會會裡演講，對協會公司的經營高層教導正確法律實務外，也傳遞正直誠信經營之道，而不是仗著他的法學專業知識，只是要求大家遵守法律，而是先談商德，這正是古聖賢所講：「厚德載物，君子自強不息」。

　　直銷業在台灣過去 30 年來的發展，歷經許多艱辛的挑戰，我覺得最重要的起步是在 1986 年臺灣英文雜誌社董事事陳嘉男先生首先發啟成立直銷聯誼會，最初的成員有台英、安麗、雅芳、松柏、如新、怡樂智等幾家公司，雖然當時政府尚未解嚴，社團仍未允許成立協會，大家只好用聯誼性質，每個月大家利用聚會時，分享營運心得，交換情報，那時又逢台家事件後，社會大眾對直銷普遍存有不好印象，但我們彼此之間，互相打氣，互相激勵，堅持正派經營，讓社會知道直銷是一個公平正當的行業，不是一夜致富，不勞而獲的投機事業；直到 1990 年政府開放民間社團設立，中華民國直銷協會終於正式成立，同時陳嘉男先生擔任第 1、2 任理事長，他除了努力發展會務，並倡導會員公司實行商德約法，個人捐出超過六百萬給協會做為直銷學術論文研究及推廣形象的公益活動，這個善舉，不僅立下直銷業界的模範，也奠定直銷業界團結合作的基石。

　　我個人在 1982 年進入台灣雅芳擔任業務經理，到今天從美樂家大中華區副總裁退休，這三十多年來，歷經台家事件的餘燼，1990 年發生的

鴻源事件，也直接促成政府在 1992 年成立公平交易委員會，並在公平交易法下訂立傳銷管理辦法，從此直銷市場步入正軌，對於傳直銷的定義、參加人與經營者彼此之間的權利義務都有清楚詳細的規範，大家都以此為經營的準則，直銷業的發展從 230 億、135 家以及 118 萬的參加人，每年都以 2 位數的成長，到 2013 年 717 億、352 家以及 212 萬的參加人，尤其在 2014 年 1 月傳銷管理辦法正式提升為法律位階，而 2014 年 12 月依傳銷管理辦法成立了多層次傳銷保護基金會，所以今日的成就，應是產、官、學三方面通力合作，建立了一個別於傳統的商業經營模式，提供了優質產品，貼心的服務，社會就業機會。今天林律師把他過去 20 多年投入冷門的直銷法的經驗，用簡單平實的言語，集合各種案例，編作成書，林律師要我忝為序言，因此以一位直銷老兵的身分願意分享幾點看法，為直銷業加油：

1. **正派經營，王道理念**：正直誠信是直銷業最重要的基礎根本，無信不立，不論在介紹產品功效或計酬獎金，不誇大。同時提供正確經營理念，事業成就需投入時間與心力，不需資本，不分年齡，任何人在公平的平台只要持續努力均可達成目標的，而不是一夕致富，不勞而獲，更重要的是可長可久的事業機會。正派經營遵守法規的公司，一定會贏得良好品牌名聲，受到消費者信賴，成為長青企業。

2. **發展產品，應用生技**：產品是直銷業的命脈，無論你公司推廣任何一種類別的產品，最重要的是你的核心產品是否為市場接受，是否有競爭力，以現今科技技術的進步，研發出對身體健康更進化的產品，讓普羅大眾都買得起，所以經營高層要以長遠眼光投資研發，而生技顧名思義就是生命科技，讓生命更有活力、尊嚴以及價值，對人類生命做出最大貢獻，所以產品發展除了有形產品外，無形產品更具加分效果，舉凡營養觀念、良好生活習慣、運動與身心平衡的養成，我們已可預見搭配電

子穿載工具，來記錄身體的生理反應，也漸形成風氣。

3. **社會企業，利在千秋**：企業的發展的原則就是取之社會，用之社會，是責任，也是回饋，企業的發展除了為股東獲得最大利潤外，也應提供良好福利及工作環境給員工，以及回饋社會都是一個現代企業邁向高端的作為。許多社會企業都從營業額中提撥固定比例來做敦親睦鄰、環境保護、慈善活動、支援賑災以及教育提升等公益活動，不僅關懷民間事務，也讓員工從參與中學習成長，成就善的循環。

4. **立足臺灣，胸懷世界**：30多年來傳直銷業培育了無數經營管理人才與直銷團隊，建立了良好的經營運作模式，這些經驗與智慧財產都是開拓海外市場最寶貴的資產，這個優勢已初步在華人市場開花結果，像中國、馬來西亞、新加坡、印尼以及東盟國家都看到臺灣人的足跡，也都做出很好的成績。

　　總而言之，若一般人能讀過林律師這本書後，我相信除了能瞭解與保護自己的權益外，同時也能與時俱進，在選擇參加直銷事業時，能分辨合法或非法，正派或投機的關鍵點。而企業主更清楚的知道如何依法營運，對參加人也有利，如此創造雙贏的互利！也對直銷業的整體大發展指日可待！

劉樹學

目錄

CHAPTER 1

直銷制度概論

◎ 案例故事

三國直銷股份有限公司疑似有「假投資蘭花、真吸金詐欺」的行為，對外自稱創投公司，利用投資蘭花產業為號召，聲稱掌握培植蝴蝶蘭核心技術，每年可生產5千萬株蘭花出口到美國，獲利率高達百分之60，不料竟是一場吸金的詐騙。

三國直銷股份有限公司係於2013年底向公平交易委員會登記從事多層次直銷，但其販賣的產品並非蘭花，蘭花只是幌子，加入會員者買一投資單位即5萬元，宣稱一年可領回3萬元，獲利六成，如果缺乏現金，還可帶他們去辦理信貸再投資，但貸款中須扣百分之5給三國直銷股份有限公司當作手續費，且如介紹他人參加，可獲得獎金壹萬元，因此，迭相介紹他人參加的很多。三國直銷股份有限公司一年即可利用該模式吸金16億元，投資者高達9千多人。

針對三國直銷股份有限公司的吸金詐騙案例，公平交易委員會表示，實際負責人是藏匿在鄴城的曹操，他從鄴城遙控三國直銷股份有限公司吸金事業，由經理許褚負責把錢循地下匯款管道，匯到他的鄴城私人帳戶內，所以投資人的投資款早被他分批捲走。

▲ 法律問題

1. 什麼是直銷？
2. 直銷和「老鼠會」的法律區別是什麼？

第1節　什麼是直銷

一、直銷的制度說明

　　傳統的直銷，指的是生產廠商直接將生產產品銷售給消費者的行為，而不透過經銷網絡，這種定義主要在強調直銷與經銷的行銷主體有所不同。而直銷界所謂的直銷（direct selling），指的是在固定零售店鋪以外的地點（如個人住所、工作地點及其他場所），由獨立的行銷人員以面對面的方式，透過講解和示範方式將產品和服務直接介紹給顧客的行銷行為。所以，直銷界所謂的直銷，與傳統的直銷或經銷是完全不同的，傳統的直銷或經銷係採行店鋪經營，但直銷界的直銷則不採取店鋪營運，所以直銷界的直銷亦被稱為「無店鋪事業」。而所謂獨立的行銷人員，也被稱為直銷人員或直銷商（direct sellers），這些銷售直銷公司產品的直銷人員，並非直銷公司的員工，而是一群經營自身事業的獨立實業家。且由於這些獨立行銷人員在行銷產品時，通常都是以團體（團體聚會）或個人（一對一）說明的形式來完成，採用與消費者面對面溝通，所以也有人說直銷是「人的事業」。

二、直銷的模式

　　一般來說，直銷模式分為兩種情況。

（一）單層直銷模式

　　單層直銷是指由獨立的行銷人員將廠家的商品或服務直接賣給消費者而獲得經濟利益的銷售模式，雅芳便是這種模式的典型代表。

（二）多層直銷模式

多層直銷是指將單層直銷模式複製成具有鏈式反應的組織銷售模式；其特點是：直銷商除了自己銷售產品拿到零售利潤外，還可以發展自己的下線銷售組織群，並可以自下線直銷商的銷售額或購買額中賺取一定比例的利潤，也可自下線直銷商之下下線直銷商所疊構組成的組織群的總銷售額中賺取經濟利益；這種多層次直銷模式可以使銷售隊伍迅速地壯大起來。安麗即為此種模式的典型代表。而其模式的特徵有二，直銷商一方面要自己進行產品推銷；另一方面，則要發展下線直銷商組織之銷售群。而在單層直銷模式中，銷售人員只要將所有的精力都投入到產品的銷售上，二者有其不同之處。

三、單層直銷模式與多層直銷模式的起源

直銷的萌芽，最早始於20世紀40年代，由猶太人卡撒貝創立，不過，使它真正興盛起來的地方卻是美國。

（一）單層直銷模式的起源

1886年，紐約一個名叫大衛‧麥可尼的圖書推銷員，在推銷過程中發現，自己隨書贈送給顧客的香水禮品深受歡迎，他於是開始創辦「加州香氛」公司，專門經營香水生意。到1936年，公司的生意擴展到整個美容護膚系列，出於對大文豪莎士比亞的敬仰，他把公司重新命名為「AVON」（雅芳），「AVON」是莎翁故鄉一條河流的名字。雅芳公司在創立之初，不採用店銷模式銷售，而採用在各地招聘獨立的直銷人員組織了自己的直銷隊伍：「雅芳小姐」，「雅芳小姐」透過對顧客登門造訪，向顧客介紹產品和開展美容知識講座來促成購買，然後在其銷售收入

中提取佣金，被認爲是單層直銷模式的開創者。在雅芳多年的歷史中，產品從來不進店鋪。

　　然而進入20世紀90年代，隨著網路時代的來臨，電子商務逐漸興起，雅芳沿用了100多年的直銷模式受到了猛烈的衝擊。1999年在全美總額達270億美元的化妝品及香品銷售額中，直銷僅占0.8%，而在幾年前，這一比例還占8%。同時，隨著越來越多的美國婦女外出就業，雅芳滲透到各個家庭的300萬銷售代表，面對將較多時間消耗在辦公室裡的新女性階層，已有「將軍把門」的尷尬。這種「door to door（門對門）」的行銷方式，在今日的都會社區來看，已產生「時代錯位」的問題，而不得不面臨如何突破這個險峻挑戰的課題。

（二）多層直銷模式的起源

　　美國第一家採用多層直銷模式銷售產品的公司是成立於20世紀40年代的健爾力（California Vitamins）。這家公司的推銷員除銷售產品外，並負責建立銷售組織；1945年，該公司易名爲紐崔萊（Nutrilite Products），當時的加州心理學家威廉·卡斯伯瑞（William Casselberry）和推銷員李·麥亭傑爾（Lee Mytinger）進一步爲紐崔萊（Nutrilite）營養食品公司強化了一套特殊的獎金分配制度，即直銷商向他們兩位進貨可得35%的折扣；如果能吸收25人，而且這25人每個人都購買一個月的供應量，則該直銷商即可成爲「推薦人」，這25人就成爲該直銷商的下線直銷商，該直銷商除了可以從自己賣給客戶的銷售額當中賺取35%的利潤外，還可以從其下線直銷商的銷售額中最高抽成25%。這是一個與原子彈的鏈式反應有著異曲同工之妙的銷售計酬方式，即將僅僅一代計酬的方式改爲多代計酬的方式，將直銷商之間的放射性結構改爲具有鏈式反應的網路結構，也就是多

層直銷的起源。這種制度，使得每一個直銷商的計酬方式，不再侷限於他本人所直接吸收培訓發展的客戶及銷售的商品，由他發展的下線直銷商所發展並銷售之貨物，也將在一定程度上的經濟利益計入他名下，其目的是通過銷售業績量的提高而相應提高佣金以激勵業務人員。這種先進的行銷模式加上優質的產品，很快讓紐崔萊公司取得讓傳統保健食品公司瞠目結舌的業績，兩位創始人也累積了巨額的財富。

　　1959年，紐崔萊公司的另兩位直銷商——溫安格（Jay Von Andel）與狄維士（Rich De Vos）在密西根（Michigan）成立了安利公司（Amway Corporation,Inc.）銷售自製的清潔劑，他們利用並改進了紐崔萊公司的銷售模式，將獎金層級擴大，在銷售上取得了很大的成功。1972年安利公司收購了紐崔萊公司，這也是為什麼安利公司的營養食品，時至今日，仍以「紐崔萊」作為品牌的原因。

　　而安利公司行銷的產品也逐步延伸到化妝品、日用品、保健品等。同年，美國夏克麗公司也採用了類似的行銷方法，形成一股多層直銷的風潮。

四、直銷正式擺脫老鼠會的陰影

　　正因為多層直銷表面上所顯示的巨大利潤，引為當時的潮流，而其制度本身所含的種種缺陷，也讓無良商人看到契機，他們利用其原理加以變化並附以高額誘人的利潤，將其轉變為斂財利器，這就是惡名昭彰的「老鼠會計畫」（Pyramid Sales Scheme）或稱為「老鼠會」（Rat Club）。

　　首先出現的是美國「假日魔術公司」，其斂財行為帶動了一些跟進者，接著佳線公司（Best Line Products, Inc.）、卡思可星際公司（Koscot Inter-Planetary, Inc.）、格連特納公司（Glenn W Tumer Enterprises, Inc.）

等分別在1966、1967和1970相繼成立,以類似方式經營,並於勸誘申請人入會時以不實及欺騙手法,及隱瞞公司及市場實況。當會員發覺勸誘申請人加入不如想像中容易,即加入人員已接近飽和狀態,拉人愈來愈困難,無法收回當初的投資金額,公司也不肯接受退費時,才發覺受騙。

受害者紛紛向司法機關檢舉,控告這些公司,而美國的聯邦貿易委員會和各州官方皆對這些變質的多層直銷公司展開調查、偵查並加以起訴,使得連合法的多層次直銷公司亦受到牽連,而幾近崩潰。

可喜的是,美國聯邦貿易委員會在1975年至1979年對美國安利公司(Amway)的偵辦中,對何為不正當多層直銷作了界定,同時亦肯定了安利公司直銷計畫的正當合理性。

安利公司的勝訴,使「正當的多層次直銷」和「老鼠會」之間作出了嚴格的區別,也讓正當的直銷獲得了法律的支持,同時獲得了社會公眾的理解和認可,這之後多層次直銷在美國得以大力發展,成就了世界直銷市場上占主導地位的直銷企業,例如大家耳熟能詳的仙妮蕾德(Sunrider;1982)、玫琳凱、如新(Nu Skin;1984)、優莎納、永久等公司也紛紛創立。

70年代末,隨著美國安利公司的勝訴,正當的多層次直銷開始在日本大規模發展,但在歐洲和大洋洲的發展則較為平和。隨後,亞洲其他國家和地區也迅速發展並盛行,如台灣、韓國、馬來西亞、新加坡等等。受成熟市場經濟國家的直銷外部化效應的影響,在新興市場經濟國家的發展中,比如東歐和南美洲的一些國家,也曾出現過直銷盛行一時的現象。但值得警惕的是,在多層次直銷進入市場的同時也伴隨著非法的「老鼠會」行為,各國和地區只得紛紛採取相應的措施予以規制。

五、未來直銷模式的轉變

　　經過多年的發展，無店舖營業型態的直銷模式雖然在世界各國逐漸形成並迅速發展成為一種重要的營銷方式。但「無店舖經營」的直銷模式是否有可能轉向「店舖經營」的直銷模式，一直是直銷界想要嘗試的新路。也就是說，傳統的單層直銷模式及多層直銷模式，也有往「店銷加直銷員」及「直銷員加店銷」發展的新風貌出現。

　　再者，網路世代崛起，直銷商開始利用「網際網路」進行銷售以取代過去依賴「人際網路」銷售的模式也在發展當中，這股「網路行銷」風潮，勢必衝擊直銷界未來的發展，將來的直銷，是否仍然要以「人對人，面對面」進行銷售的模式為其核心概念，勢必是直銷界未來最重要的課題。

加油站

加盟體系是否可認定為直銷業？

　　加盟體系為店舖型態之一種，與直銷業之「無店舖經營」理念，完全不同，但二者仍有相類似的經營方式，有時不易區別，尤其是多層次直銷業者如採新興的「店舖」型態經營時，二者更難區別，惟從核心理念出發，仍可適度地加以區分，所以公平交易委員會公處字第099055號處分書即謂：「加盟體系與多層次傳銷併為行銷之方式，自參加人支付一定代價或對價，而獲加盟業主或多層次傳銷事業經營之指導或協助角度觀之，二概念或為相仿，惟多層次傳銷之特徵，係事業藉制度設計，使其參加人支付一定代價，除可銷售、推廣商品外，並可再介紹他人加入，因而獲有獎金、佣金及其他經濟利益，而達到建立發展多層次組織銷售網絡目的，與加盟體系中各加盟店與加盟業主間為單層關係不同。」

六、直銷在台灣的發展狀況

（一）台灣直銷界允許單層直銷與多層直銷併存，但以多層直銷為主軸

　　台灣地區的直銷是在20世紀70年代由日本引入的，不過一開始就因為「台家事件」搞得聲名狼籍，到了20世紀80年代，由於安麗（成立於1982年）及許多正派直銷公司，帶來了公正的直銷理念與手法，宣傳輿論也不再一邊倒，這些正派的直銷公司為求商德自律，成立直銷協會，許多專家學者紛紛著書立說，主管當局也進行了認真的反思，於1992年制定了《公平交易法》及《多層次傳銷管理辦法》，因此直銷的正當性也逐步獲得社會大眾的認同，但要這個產業所有的從業人員獲得社會大眾的尊重，則仍然還有很長的路要走。

　　繼1982年安麗在台灣設立公司以後，又有多家知名的國際大型直銷公司陸續到台設立分公司，同時，台灣當地也冒出了不少本土的直銷公司，這些陸續到台灣的公司，例如仙妮蕾德公司（產品為化妝品、健康食品）、高林公司代理的美商夏克麗（Shaklee）公司（產品為綜合健康食品、化妝品、清潔劑等）、中華日健公司（產品為保健器材）、台灣花粉公司（產品為花粉等健康食品）、如新（產品為日用百貨、鑽石、靈芝、化妝品）等等，而台灣本土的直銷公司則如葡眾、克緹等。

　　20世紀80年代可說是台灣直銷業首度起飛成長的時期，到1998年，台灣的直銷公司有500餘家，2001年增加到615家，從事直銷的人員達到313.6萬人，占台灣總人口的14.04%，2001年整體營業額為385.73億新台幣，2014年則已逾700億元，但直銷公司家數與直銷商人數則已適度下降，直銷界認為，台灣社會逐漸形成好的直銷公司及正派的直銷人員才可以生存的情況，是一種喜訊。

　　台灣自1992年制定實施公平交易法，將多層次傳銷予以管理後，直銷業因有政府的管制，老鼠會逐漸銷聲匿跡，正常的多層次直銷事業乃能踏上正常軌道，社會大眾也漸漸能以平常心態看待直銷，正派的直銷公司也藉機整飭並累積了相當完備的直銷獎勵制度和培訓正派直銷商的經驗，現在，台灣已是亞洲第二大直銷市場，也是全球直銷人口密度最高的地區，台灣的直銷，單層直銷與多層直銷並存。

　　但台灣的直銷公司，則多數採行多層直銷（台灣通稱為多層次傳銷）的模式，並取得了蓬勃的發展，之所以能夠如此，主要原因即在於上述台灣公平交易委員會願意正視「多層次傳銷」和「老鼠會」的區別。依據公平會的定義，認為「所謂多層次傳銷，係指就多層次傳銷訂定營運計畫或組織，統籌規劃傳銷行為之事業，透過許多層的直銷商來銷售商品或提供勞務，每一個直銷商在給付一定的經濟代價後，即可加入該傳銷組織，並取得銷售商品或勞務以及介紹他人參加之權利，因此參加人除了可將貨物銷售出去以賺取利潤外，**招募、訓練一些新的直銷商建立銷售網，再透過此一銷售網來銷售公司產品以獲取差額利潤，而每一個新進的直銷商亦可循此模式建立自己的銷售網**」。（參「認識公平交易法」，增訂第11版，公平交易委員會出版，第385頁，但上述所謂「給付一定的經濟代價」之條件，已被現行多層次傳銷管理法刪除。）亦即，公平交易委員會判斷是否正常的多層次直銷之重點，在參加人必須實際為貨物銷售，並在貨物銷售中享有銷售利潤，以及發展組織銷售網並利用銷售網的貨物銷售獲取組織利潤，這是和老鼠會只會拉人頭獲利之不同之所在。

（二）台灣多層次直銷的法律概念

　　按舊法之公平交易法第8條第1項規定：「本法所稱多層次傳銷，謂

就推廣或銷售之計畫或組織，參加人給付一定代價，以取得推廣、銷售商品或勞務及介紹他人參加之權利，並因而獲得佣金、獎金或其他經濟利益者而言。」因此，所謂多層次傳銷，乃係指具有推廣或銷售之計畫或組織（即多層次傳銷事業），由「參加人」「給付一定代價」後，「取得推廣、銷售商品或勞務及介紹他人參加之權利」、「並因而獲得佣金、獎金或其他經濟利益」者而言。亦即，需有「多層次傳銷事業」與「參加人」，但參加人為何要以給付一定代價為參加之條件，向為直銷業界所不能贊同，又法條以「介紹他人參加」，並因而獲得佣金、獎金或其他經濟利益，而不以被介紹人銷售、推廣商品或服務始能獲得佣金、獎金及其他經濟利益，亦同為直銷界所不能認同的。

而之所以稱做是「多層次傳銷」，一方面是因為構成銷售網絡的傳銷商之間，會因為推薦、輔導的因素，而自然產生出上、下階層的關係，另方面直銷公司則依相關業績的多寡不同，分層去訂定不同的晉升條件及獎金比例，並藉此去吸引直銷商投入更多的心力與時間，來協助直銷公司推廣銷售商品及發展其下線組織之銷售群。故多層次傳銷是個有效率的行銷通路，經由組織內成員所構成的銷售網絡，透過整個團隊業績來計算組織成員的獎金，將傳統通路中所節省下來的相關費用，分享給每個組織當中的成員，這才是所謂多層次傳銷的核心意義。

新法之多層次傳銷管理法對於何謂多層次傳銷於第3條規定：「本法所稱多層次傳銷，指透過傳銷商介紹他人參加，建立多層級組織以推廣、銷售商品或服務之行銷方式。」已較舊法切中多層次傳銷的核心精神。

1. 所謂「多層次傳銷事業」

按舊法之公平交易法第8條第3項規定，乃指「就多層次傳銷訂定營運計畫或組織，統籌規劃傳銷行為之事業」，準此，符合多層次傳銷事業之

定義者，乃需就多層次傳銷訂有營運「計畫」或「組織」，並「統籌」規劃傳銷行爲者。

　　這個「行爲者」包括公司、行號、團體，也可能是個人，因此，新法之多層次傳銷管理法第4條規定：「本法所稱多層次傳銷事業，指統籌規劃或實施前條傳銷行爲之公司、工商行號、團體或個人。」，修訂後的多層次傳銷事業，已較簡明易懂。

2. 所謂「參加人」

　　按舊法之公平交易法第8條第5項規定：「本法所稱參加人如下：一、加入多層次傳銷事業之計畫或組織，推廣、銷售商品或勞務，並得介紹他人參加者。二、與多層次傳銷事業約定，於累積支付一定代價後，始取得推廣、銷售商品或勞務及介紹他人參加之權利者。」亦即，「參加人」係指加入多層次傳銷事業，而取得「推廣、銷售商品或勞務」與「介紹他人參加」二種權利之人，這二種權利缺一不可。

　　上述第8條第5項區分爲二種情形，主要差別在於「一定代價是否一次性的支付」。在第二種情形，其代價並非一次性的支付完畢，而是分次爲之，俟支付之代價累積至約定之數額後，始取得參加人的二種權利。

　　所謂參加人「給付一定之代價」，依第8條第2項規定，乃指參加人有「給付金錢、購買商品、提供勞務或負擔債務」之行爲。也就是說，參加人給付之代價不限於金錢，購買一定之商品、提供特定之勞務、負擔特定之債務等，皆可該當於公平交易法所規範之「參加人」，惟舊法上開著重點，已課予參加人不必要之負擔，均非多層次傳銷參加人之必要特徵。

　　新法之多層次傳銷管理法第5條已修正上述問題而規定：「本法所稱傳銷商，指參加多層次傳銷事業，推廣、銷售商品或服務，而獲得佣金、獎金或其他經濟利益，並得介紹他人參加及因被介紹之人爲推廣、銷售商

品或服務、或介紹他人參加,而獲得佣金、獎金或其他經濟利益者。」

3. 所謂「獲得佣金、獎金或其他經濟利益」

按參加人參加多層次直銷事業取得「銷售權」及「推薦權」等二種權利後,對其影響最重大者,乃係得因自己或下線直銷商群之推廣、銷售商品而「獲得佣金、獎金或其他經濟利益」,因此,當參加人會因爲自己之推廣、銷售商品或勞務,以及會因所介紹之下線直銷商群之推廣、銷售商品而獲得一定之經濟利益時,始屬多層次直銷。

4. 所謂「推廣銷售」及「發展、形成一定組織體系」之權利義務

參加人依上所述,在加入多層次傳銷事業後,即取得「推廣銷售權」及「推薦權」等二種權利。

公平交易委員會雖未明確定義「多層次傳銷」參加人需有「推廣銷售商品或勞務」及「發展、形成一定組織體系」之義務,但從參加契約之權利相對性來看,其實可以認爲是包含這種意涵在內的。因爲參加人參加多層次傳銷目的即在「推廣銷售商品或勞務」,缺乏這個目的,就喪失了參加的目的,再者,多層次傳銷事業需有多層級組織銷售網之計畫,且參加人雖取得「介紹他人參加」之權利,然仍需靠自己招募、訓練他人,並透過該他人建立屬於自己的下線組織體系(亦即所謂隸屬之上下線關係、下線群),以及透過此一組織體系銷售商品或勞務來獲取利潤,而且,該他人亦可透過此一體系,繼續發展屬於自己的組織體系,因此,多層次傳銷乃有隱含「發展、形成一定組織體系」之義務意涵,未招募或訓練他人、或未因該他人而建立銷售網者,或未發展或形成組織者,理應非屬於多層次直銷之參加目的。

上述意涵倘從公平交易法第8條第2項與多層次傳銷管理辦法第11條等規定,亦可推知。蓋公平交易法第8條第2項,乃規定需給付一定代價者

包含「給付金錢、購買商品、提供勞務或**負擔債務**」，其中所謂之負擔債務，揆諸公平交易法第8條第5項規定，乃指參加人與多層次傳銷事業約定，於**累積支付一定代價**後，始取得推廣、銷售商品或勞務及介紹他人參加之權利者。準此而有多層次傳銷管理辦法第11條第1項第4款所定，多層次傳銷事業於參加人加入其傳銷組織或計畫時，應告知**「參加人應負之義務與負擔」**之規定，而參加人之此項負擔債務，即係通識上之**推廣組織之義務**。

5. 法院見解

(1)台灣高等法院93年度上字第124號民事判決

按台灣高等法院93年度上字第124號民事判決認為：「按多層次傳銷，係由不同層級的銷售人員直接與消費者接觸之方式進行銷售商品或勞務的一種行銷方法，即由參加人與多層次傳銷事業訂立傳銷契約，由參加人給付多層次傳銷事業一定代價，而取得推廣、銷售該事業商品或勞務及介紹他人參加之權利，並因參加人自行銷售商品或勞務，或參加人所介紹之人銷售商品或勞務而對多層次傳銷事業取得佣金、獎金或其他經濟利益之契約（公平交易法第八條規定參照）。依上述說明，多層次傳銷事業因參加人銷售該事業之商品或勞務或介紹他人銷售該事業商品勞務而獲取利益，參加人則因銷售事業商品或勞務或介紹他人銷售商品或勞務（包括被介紹人展轉介紹他人銷售或介紹）而取得佣金、獎金等經濟利益，故多層次傳銷，其參加人所介紹之人愈多或被介紹參加之人展轉介紹之人愈多，則為多層次傳銷事業銷售商品或勞務或介紹之人愈多，事業可得利益愈大，而參加人因其下線（即被介紹人及被介紹人展轉介紹之人）人數愈多，所可能銷售之商品或勞務或展轉介紹之人愈多，得取得之佣金、獎金或其他經濟利益當然愈多，故多層次傳銷之性質，並非單純之買賣，尚包

括勞務之提供，尤其重在組織之建立。承上說明，多層次傳銷因具勞務提供及組織建立之繼續性關係，則在契約履行過程中，基於誠實信用原則，契約當事人應附隨有保持忠誠、禁止競業之義務，以維護契約雙方當事人之權益。」另台灣高等法院90年度上字第285號民事判決、台灣台北地方法院92年度訴字第4045號民事判決亦採同旨。

(2)台灣台北地方法院93年度訴字第2806號民事判決

台灣台北地方法院93年度訴字第2806號民事判決除亦贊同上述意旨之外，並進一步認為：「次按多層次傳銷是一種靠「介紹」及「銷售」二大原則共同完成銷售工作的制度，是**藉著階層利益來扣緊組織，在多層次傳銷中，經銷商在進行人員訪問時，不僅要對消費者進行推銷，還必須積極尋找其下線成員，亦即，經銷商本身即是產品或服務的消費者，同時也肩負銷售產品的使命，更是扮演組織、訓練其所推薦下線經銷商的管理者，故具有注重組織及人脈關係之特性⋯⋯」**更是直言指出，多層次傳銷之特性需重在參加人需積極尋找下線成員，積極發展組織，並負有管理組織、訓練其所推薦之下線之義務，乃係極具組織性發展之事業。

(3)台灣台北地方法院87年度訴字第4061號民事判決

台灣台北地方法院87年度訴字第4061號民事判決亦認為：「並自多層次傳銷事業，除推廣、銷售商品外，尚著重組織之發展、建立，參加人高度之忠誠義務為多層次傳銷事業推營運計畫所不可或缺等節以觀⋯⋯」亦肯認參加人負有組織發展與建立之義務。

(4)小結：肯認「形成、建立組織銷售網或銷售體系」之義務

綜上，所謂多層次傳銷需係藉由參加人所介紹之人愈多或被介紹參加之人輾轉介紹之人愈多，事業可得利益愈大，而參加人因其下線（即被介紹人及被介紹人展轉介紹之人）人數愈多，所可能銷售之商品或勞務或輾轉介紹之人愈多，得取得之佣金、獎金或其他經濟利益當然愈多，是其乃

與一般買賣不同，首重參加人之勞務提供義務，以及在此義務底下所意涵
諸如：「形成、建立、組織銷售網或銷售體系」之義務、積極發展組織、
管理下線之義務等等。

（三）台灣較為大眾所知悉的直銷公司

2007 年的前十大

排名	報備日期	事業名稱	資本額
1	82.12.31	安麗日用品股份有限公司	250,000,000
2	92.07.21	台灣雅芳股份有限公司	25,000,000
3	86.08.14	美商亞洲美樂家有限公司台灣分公司	28,163,355
4	86.01.17	美商賀寶芙股份有限公司台灣分公司	5,000,000
5	81.04.24	美商如新華茂股份有限公司台灣分公司	8,000,000
6	81.04.03	美商仙妮蕾德股份有限公司	50,000,000
7	94.06.17	美商美安美台股份有限公司台灣分公司	48,000,000
8	81.04.16	丞燕國際股份有限公司	28,000,000
9	84.01.23	東震股份有限公司	72,000,000
10	82.12.13	葡眾企業股份有限公司	1,000,000

比較 2007 年與 2014 年前十名直銷事業名單的更迭

排名	2007年	2014年（直銷世紀2015年3月號資料）
1	安麗	安麗
2	雅芳	葡眾
3	美樂家	美樂家
4	賀寶芙	如新
5	如新	美安

排名	2007年	2014年（直銷世紀2015年3月號資料）
6	仙妮蕾德	賀寶芙
7	美安	八馬國際
8	丞燕	雅芳
9	東震	丞燕
10	葡眾	科士威

台灣其他較常為媒體報導或大眾所知悉的直銷公司

秀得美公司	綠加利公司	克緹公司	大溪地諾麗公司
妮芙露公司	穆加德加捷公司	美兆公司	威望公司
康圜公司	嘉賓公司	新益美公司	新衛斯公司
善美得公司	蘿雅蒂詩公司	長昕公司	冠協公司
優莎納公司	雙鶴公司	歐瑞恩公司	連法公司
迅聯網公司	林園公司	讚果公司	然健環球公司
巨晴公司	全美世界公司	凱康莉公司	愛地球公司
聖恩公司	嘉康利公司	永久公司	玫琳凱公司
美麗樂公司	慕立達公司	松柏公司	美商力維他（原易康緣公司）
康見公司	興田公司	鑽石生活公司	皇龍公司
億嘉公司	婕斯環球公司	美商多特瑞公司	紅歲俊達公司

第2節　什麼是老鼠會

一、變質多層次直銷之概念

按通常直銷的運作方式，是由直銷事業的直銷商，向公司購買商品，

而本於自行使用消費或轉售他人以獲取合理利潤，另再經由推薦他人加入，建立多層級的銷售組織，以團隊的方式推廣、銷售商品來獲領合理報酬，所以，直銷只是眾多商品推廣、銷售方式的一種。然倘若直銷事業的行銷方式，僅是藉由人拉人的方式，致其直銷商主要收入來源是由先加入者介紹他人加入，並自後加入者的入會費支付先加入者獎金，而非來自於其推廣或銷售商品、勞務的合理市價時，就會形成公平交易法及多層次傳銷管理法所禁止的變質多層次直銷。

舊法之公平交易法第23條規定：「多層次傳銷，其參加人如取得佣金、獎金或其他經濟利益，主要係基於介紹他人加入，而非基於其所推廣或銷售商品或勞務之合理市價者，不得為之。」也就是俗稱的「老鼠會」條款。新法之多層次傳銷管理法第18條則將之簡化為：「多層次傳銷事業，應使其傳銷商之收入來源以合理市價推廣，銷售商品或服務為主，不得以介紹他人參加為主要收入來源。」

從上述法律條文之構成要件來看，區分正當的多層次直銷與老鼠會，完全取決於：「經濟利益之主要來源是否在於介紹他人參加即可獲得」，以及「是否以合理市價推廣、銷售商品或服務」這二項認定標準。

二、經濟利益之「主要」來源認定

在認定參加人經濟利益之主要來源前，首需說明者，乃是經濟利益之計算方式。基本上，多層次直銷組織其參加人佣金、獎金或其他經濟利益等收入之計算，係以參加人本身依合理市價推廣或銷售商品之實績為基礎，至於其下線直銷人員銷售商品之實績，若確由參加人所輔導之下線群從事推廣或銷售商品者，得一併加總計算，即參加人得就下線群之業績為「多層抽佣」及「團隊銷售業績之計酬」，此種計算基礎不論參加人或其

下線群，皆需從事推廣、銷售商品或服務，始能產生佣金、獎金及其他經濟利益，乃符合正當多層直銷之給付酬金理念。

當多層次直銷組織，其參加人之利潤來源可以清楚劃分出係來自單純介紹他人加入之收入；或係來自所推廣或銷售商品或勞務之利潤時，我們便可以很容易依其利潤來源作出判定，若主要係來自介紹他人加入，即屬違反公平交易法第23條或多層次傳銷管理法第18條之規定。至於「主要」如何認定，美國法院曾解釋「主要」為「顯著地」，並曾以收入之50%作為判定標準之參考，而公平交易委員會於判定時，除參考美國上述之作法外，仍會依個案是否屬蓄意違反及檢舉受害層面和程度等實際狀況做為認定。

在許多情形下，參加人之主要利潤未必能明確劃分出係來自介紹他人加入或來自推廣、銷售商品或勞務之利潤。即以目前台灣多層次直銷公司之行銷制度與利潤計算方式而言，部分多層次直銷公司均規定，欲加入成為公司之直銷商，須認購某固定金額之商品，其直銷商每推薦一位下線加入，可獲公司依認購商品金額提供一定比率之佣金。此時，該參加人之該佣金及獎金之取得，究竟係純粹基於介紹他人加入，或乃係其向該被推薦人為銷售或推廣商品之實績（受推薦人加入時須認購商品），在實務上或許無法明確分割多少係來自介紹他人加入，多少純係來自推廣或銷售商品，此時欲判斷其是否完全符合公平交易法第23條或多層次傳銷管理法第18條之規定，應從其商品售價是否係「合理市價」判定之。

三、合理市價之判斷標準

所謂「合理之市價」，當市場有同類競爭商品或服務時，欲認定是否係「合理市價」，國內外市場相同或同類商品或服務之售價、品質應係最

主要之參考依據。此外，多層次直銷事業之獲利率，與以非多層次直銷方式行銷相同或類似同類商品行業獲利率之比較，亦可供參考，其他考慮因素尚包括成本、特別技術及服務水準。

市場無同類競爭商品或勞務時，因無同類商品或服務可資比較，認定「合理市價」較爲困難，不過只要多層次直銷事業訂有符合多層次直銷管理辦法退貨之規定，並確實依法執行，則參加人推薦被推薦人加入時所購買之商品或服務之價額，基本上應可視爲「合理市價」。

舉例說明，A宣稱有一賺錢的機會，說是只要拿出6千元，就可以擁有一個現正流行的網路部落格和一個號碼球，之後如果某些特定數字的號碼球再發出去的話，就可以領到的獎金，算起來比定存還優渥；並說，若再多介紹幾個人來買，擁有特定數字號碼球獎愈多，獲獎機會將愈大，而且要加入就要快，不然要等很久才領得到獎金等語。

上述所謂參加的賺錢機會，雖然看起來像是推廣或銷售網路部落格的傳銷活動，但做爲傳銷商品的網路部落格似乎只是交易的幌子，加入的人願意爲其支付金錢，似乎不是因爲這個網路部落格眞正的使用或消費價值或其所能提供的功能，而是爲了取得領取獎金的資格，此外，這種對號碼領獎金的方式，如果沒有持續招攬他人加入挹注資金，將無法維持運作，致後加入者幾乎沒有獲取獎金的機會。

前述並未提供眞實的網路部落格功能，多半被稱爲「商品虛化」；而依據號碼球，以及某些特定數字的號碼球來決定獎金，如果沒有持續招攬他人加入挹注資金，將無法維持運作，則被稱爲「公排」，二者皆是變質多層次直銷的特徵。

四、罰則

　　直銷公司違反舊法之公平交易法第23條規定的效果，將依公平交易法第42條第1項規定處以新台幣5萬元以上2,500萬元以下的罰鍰，這項處分，新法之多層次傳銷管理法第29條更加重了舊法之處罰責任，依據新法之規定：「違反第十八條規定者，處行為人七年以下有期徒刑，得併科新台幣1億元以下罰金。法人之代表人、代理人、受僱人或其他從事人員，因執行業務違反第十八條規定者，除其前項規定處罰其行為人外，對於法人亦科處前項之罰金。」也就是直銷公司從事變質多層次傳銷，將受1億元以下罰金，而其行為人則除了將受罰金外，更可能受到七年以下有期徒刑的刑事處分。

五、公平交易委員會相關處罰案例

（一）公參字第90019441002號處分書

　　2001年8月27日（90）公參字第90019441002號處分書認為：「1.按公平交易法第二十三條規定……多層次傳銷之參加人收入來源，或為「基於介紹他人加入之性質」，或為「基於推廣或銷售商品或勞務之合理市價」之性質，本法第二十三條之認定，應判斷何者為重。若前者顯著高於後者，即已脫離多層次傳銷應著重推廣、銷售商品或勞務之本質。2.……按『易發網』會員加入後，取得推廣、銷售『易發網』服務，以及介紹他人加入之權利，自屬多層次傳銷管理辦法第四條規定所稱參加人。其可憑「代工單」向他人推廣系爭服務，成為網站會員，並因該他人加入，或該他人再介紹之人加入時，取得一千元之報酬，可認係本法第二十三條所稱佣金、獎金等經濟利益，且是項經濟利益含有介紹他人加入之性

質。3.……(1)多層次傳銷之推廣或銷售標的，包括商品及勞務，本案『易發網』服務應可歸為前開規定所稱勞務。按以多層次傳銷方式推廣或銷售勞務，其正當性應在於勞務之確實提供及使用。反之，即可能淪為以形式上之勞務交易，構成『商品虛化』，做為遂行介紹他人加入之幌子。故勞務之提供及使用情形，應為判斷傳銷行為是否將淪為以介紹他人加入為主之重要指標。本會就涉及以多層次傳銷方式推廣之消費折扣、美容保養、健康檢查、旅遊、廣告、理財顧問等勞務，但實際上勞務內容並非實在、使用情形偏低或參加人志不在銷售或消費，甚至有所謂銷售『空白卡』、未領取『健康卡』、『迄未替盟友（即參加人）刊登廣告，亦無盟友將廣告文稿送給公司』等情形，從而佐證其參加人主要收入係來自於介紹他人加入，即迭有前例。(2)被處分人雖宣稱其網站定為商務取向，亦為參加人闢有網頁空間，提供參加人刊登廣告，並以此為主要訴求，然查多數參加人並未實際於個人網頁上刊登廣告……按通常情形下，勞務需求者繳交一定費用取得特定勞務之資格，應有相當程度之使用，始符交易行為之理性。本案勞務使用情形偏低，適足顯示半數以上之參加人加入，其動機與考量並非如同加入一般付費網站或其他付費以換取勞務之情形。易言之，其多數參加人之加入目的並非在於使用『易發網』服務，毋寧著重於加入後可因後續參加人之加入，而獲取高額報酬，導致系爭勞務於傳銷過程中無足輕重，流於『商品虛化』，幾為介紹他人加入之幌子，足徵其參加人主要收入來源係基於介紹他人加入。(3)申言之，本案參加人收入來源純粹為後續加入者依據「代工單」名單進行匯款。系爭收入來源既然係因新會員加入而取得，其具有基於介紹他人加入之性質，應無疑問。至於『代工單』上名單各人雖分別有……等頭銜，但「易發網」網頁之設計、資料登載等完全由被處分人負責，且有新參加人加入時，參加人即可晉升其他頭銜，可知上開頭銜不表示參加人提供相對應之勞務，與前開匯款之性質

亦無關聯……惟縱然系爭收入來源不排除具有推廣或銷售『易發網』服務之性質，其實際究以基於介紹他人加入，或以基於推廣、銷售「易發網」服務為主，尚難僅以形式上名義或領取條件為判斷，而應求諸於實際之傳銷行為。經查本案「易發網」服務之使用比例偏低，其參加人幾未使用之比例竟高達七十七%……上開情形業已顯示多數參加人之加入目的，並非在於消費或使用『易發網』所提供之服務內容，其因此而由上線參加人取得之匯款報酬，亦難謂具有推廣、銷售「易發網」服務之性質，故整體而言，本案參加人主要收入來源係「基於介紹他人加入」，殆可認定。(4)復由『易發網』服務內容之及規模充實性觀察……主要會員服務於本案調查期間仍僅限於刊登個人網頁及搜尋引擎。至於其他『易發網商務廣場』手冊所載網站功能，必須分為多階段始克完成……所能享受之會員服務實屬有限。復被處分人於系爭網站初建階段，即可大肆推廣，所憑藉者與其說為網站之遠景，毋寧認為係其行銷方式之報酬制度具有吸引力。又被處分人宣稱個人網頁具有廣告功能，但以現階段網站規模而言，廣告效果仍值商榷。另查坊間尚有其他提供免費個人網頁空間、電子郵件之知名網站，例如奇摩站、新浪網、蕃薯藤等，其功能與目前『易發網』所提供者相近。雖然被處分人主張其吸引參加人繳費加入之優勢……然查所謂商務效果目前並未彰顯，又被處分人參加人使用個人網頁情形既非踴躍，從而所謂三個月一次之網頁設計服務，亦難免徒具形式。至於被處分人所稱廣告宣傳之投入，係就網站本身為宣傳，係為擴大網站規模而採取之一般行銷方式，尚非額外對參加人個人網頁提供宣傳服務。綜上，『易發網』網站之充實性及會員加入所支付七千五百元代價之合理性，均非無疑問，但參加人仍趨之若鶩，益見其參加人加入多非基於『易發網』之實質服務內容，整體傳銷活動著重於介紹他人加入，構成主要收入來源。」

（二）公參字第0910006437號處分書

　　2002年7月8日（91）公參字第0910006437號處分書認為：「本案被處分人防火安全協會雖從事名為推廣行動電話門號之業務，惟會員之加入，非為使用或推廣行動電話門號……系爭行為形式上雖宣稱特定商品交易或勞務提供，然會員非為推廣或銷售商品或勞務而加入，且按前開獎金之計算方式，會員可得獎金數之多寡，須以其組織下線加入之總件數而定，是會員須不斷介紹他人加入，始能領得高額之獎金……顯見會員取得佣金、獎金或其他經濟利益，非基於其所推廣或銷售商品或勞務之合理市價，而係基於會員不斷介紹新成員成為A階、B階志工會員。況本案防火安全協會勾串統強通訊行許雲展君等人，以拉人頭方式，訛詐手機優惠價差或倒賣手機，會員取得獎金或其他經濟利益之來源，係來自訛詐手機優惠價差或倒賣手機所得之退佣金，非基於會員推廣或銷售商品或勞務之利潤，防火安全協會之行為核已違反公平交易法第二十三條規定。四、又公平交易法第二條第四款規定，其他提供商品或服務從事交易之人或團體，亦為本法所稱之事業……被處分人伍捻田君、藍光秀君為公平交易法第二條第四款所規範之其他提供商品或服務從事交易之人或團體，而為公平交易法所稱之事業，尚無疑義。本案伍君、藍君明知防火安全協會從事多層次傳銷，會員加入成為A階、B階志工會員之目的，非為使用或推廣行動電話門號，僅為領取組織獎金之分紅，渠等藉由地緣、族群、活動之便，不斷發展組織，招募下線會員加入，其參加人取得獎金或其他經濟利益，主要基於介紹他人加入，而非基於參加人所推廣或銷售商品或勞務之合理市價，核其行為違反公平交易法第二十三條規定。」

（二）公參字第0910010275號處分書

2002年10月21日（91）公參字第0910010275號認為：「本案多層次傳銷制度，會員加入之目的，非為推廣、銷售商品或勞務，僅係為高額優渥之獎金利益，而公司雖以銷售、推廣加盟網站卡、購書卡等為名，惟按前揭事實，該等勞務提供或已虛化，或淪為金錢遊戲制度，制度上倘須維持發放高額獎金之運作，須藉由新加入會員，或既有會員不斷持續加碼挹注資金。是以，本案參加人取得佣金、獎金或其他經濟利益，非基於其所推廣或銷售商品或勞務之合理市價，而係繫於組織不斷之擴張，被處分人……核已違反公平交易法第二十三條規定，殆可認定。」

第3節　「直銷」與「老鼠會」如何區別？

合法的多層次直銷與非法的多層次直銷的區別一覽表

	非法的多層次直銷	正當的多層次直銷
主要業務	參加者的主要業務是發展人員、拉下線，參加者上線從下線取得報酬。	參加者以自己的勞務推銷產品，從銷售利潤中獲得報酬。
入門費	以給付金錢或認購商品等方式，交納高額的入門費，作為加入、介紹他人加入、個人發展下線；取得相應名銜與職位等條件，並從新成員交納費用中獲利。	不會收取高額的入門費也不會強要加入者認購產品。
組織者的收入來源	收入來源於入門費、培訓費、資料費或強行購買產品費用等；組織者利用後來的參加者交納費用支付先前的參加者的報酬以維持運作。	銷售產品是組織者收益的唯一來源。組織者從銷售總收入中撥出經費作為營運資金，以支付銷售人員的酬金、獎金。

產品流動方式	在參加人中間互相轉賣產品。	參加人將產品賣給消費者，當然，參加人自己也可以是產品的愛用者。
退貨	不允許退貨，或者對退貨設置苛刻的條件。	在合理的冷靜期內允許退貨。
產品價格	上線向下線出售產品的時候層層加價，產品最終價格數倍於市價。	公司對於產品訂有統一的銷售價格或建議售價。
許諾	組織者會向參加者許諾給與高額的回報。	只有勤奮踏實地工作，才能取得成功。

■ 本 案 解 析 ■

　　本案例與前揭2011年8月27日（90）公參字第90019441002號處分書之「易發網」案例相類似。參加人之主要收入係來自於介紹他人加入，多數參加人之加入目的並非在推廣銷售蘭花，也不在乎三國直銷股份有限公司每年有多少蘭花可銷售，而是著重於加入後可因後續參加人之加入，而獲取高額報酬，導致「商品虛化」，幾為介紹他人加入之幌子。職故，本件三國直銷股份有限公司乃係變質的多層次直銷，構成違反多層次傳銷管理法第18條之規定，相關行為人應受7年以下有期徒刑之處罰，三國直銷股份有限公司、曹操及許褚亦得分別被科處新台幣1億元以下之罰金。

CHAPTER 2

直銷商之身分

◎案例故事

　　時年18歲的孫權看到劉備、曹操二人從事直銷，成果豐碩，又在長輩耳濡目染之下，對於直銷事業深感興趣，因此打算加入三國直銷股份有限公司成為直銷商，希望也能夠闖出一片天。不料，孫權生性沉默，加入幾個月後，仍然沒有推薦任何其他人加入之業績，於焉想到，依據他與三國直銷股份有限公司的參加契約，他具有代三國直銷股份有限公司在外招攬會員之權利，理應屬於三國直銷股份有限公司的員工，故擬向公司請求給付數月來為公司辛苦奔波之薪資報酬？

　　而在這時，南蠻國的孟獲也聽聞劉備的直銷事業做得有聲有色，對於直銷頗為好奇，也想參加成為三國直銷股份有限公司的會員，然而外國人成為直銷商有無任何限制？又孟獲在其國內已成立南蠻王公司，孟獲希望以南蠻王公司的名義加入三國直銷股份有限公司成為會員，是否可行？

▲法律問題

　1. 直銷商是否為直銷事業的員工？
　2. 自然人是否皆可以成為直銷商？未成年的自然人能否成為直銷商？
　3. 外國人是否可以成為直銷商？
　4. 法人是否可以成為直銷商？

第1節　直銷商是否為直銷事業之員工

　　按多層次直銷之參加契約，乃係由直銷商與直銷事業約定，直銷商得因加入為會員後，取得推廣、銷售商品或勞務，以及介紹他人參加之權

利，並從其推廣、銷售之營業額及被介紹人的銷售營業額中獲取一定之經濟利益者。

　　直銷商依據上述參加契約的約定精神來看，他的地位與直銷事業間是平行的，不上、下隸屬的；換言之，直銷商是獨立的經濟活動體，盈虧自負責任。至於直銷事業的員工，在法律的地位上，他不是和直銷事業平行，也沒有自負盈虧的問題，員工和事業間所簽訂的契約，在法律上我們稱之為勞動契約或僱傭契約。

　　依目前實務上對勞動契約或僱傭契約之認定標準，例如最高法院97台上1542判決：「按勞動契約與委任契約固均約定以勞動力之提供作為契約當事人給付之標的。惟勞動契約係當事人之一方，對於他方在從屬關係下提供其職業上之勞動力，而他方給付報酬之契約，與委任契約之受任人處理委任事務時，並非基於從屬關係不同。公司經理人與公司間之關係究為勞動關係或委任關係，應視其是否基於人格上、經濟上及組織上從屬性而提供勞務等情加以判斷。**凡在人格上、經濟上及組織上完全從屬於雇主，對雇主之指示具有規範性質之服從，為勞動契約。**」

　　基此，勞動契約具有在人格上、經濟上及組織上完全從屬於雇主之特色，且對雇主之指示具有規範性質之服從，始屬當之。惟從參加契約之權利義務來看，參加人縱有推廣、銷售商品或勞務，以及介紹他人參加之契約義務，然從經濟上來看，參加人是自負盈虧要推廣、銷售多少商品或勞務他可以自己決定，且其推廣、銷售之所得，完全歸屬於參加人自己，而與直銷事業無關，具有自負盈虧之性質，再者，直銷商要如何推廣、銷售？以及如何介紹他人參加？直銷商皆有人格上的自主權利；參加契約雖然會約定直銷商不得為任何有損於傳銷公司之行為，**然如何運作之決定權既委由直銷商自行決定，並非完全從屬於雇主之指示，這即是屬於契約平行關係而來。**簡言之，**直銷公司對直銷商並無上、下隸屬關係之指揮監督**

管理權限。

　　因此，直銷商對於直銷公司而言，**較一般僱佣關係之受僱人具有經濟上之自主獨立性，且無人格上上、下隸屬關係之依附或服從直銷公司指令的義務**，得獨立決定商品銷售策略。甚至，直銷商所招攬之其他參加人，雖然其參加契約仍須被推薦之人與直銷公司簽訂，亦即，上線直銷商僅係推薦下線直銷商加入，而直銷公司依法應與下線簽約，契約關係存在於該下線與直銷公司間，惟上線直銷商依其與直銷事業之參加契約的約定權利來看，該上線直銷商可為建構自己的銷售網路，以及基於日後團隊計酬或組織發展等因素，對於下線參加人進行輔導與培訓。準此，上線直銷商乃是同時具有「**經營者**」、「**管理者**」及「**消費者**」之**複合身分**；職是，直銷商與員工之角色應完全不同，直銷商應不是受僱員工。

第2節　得成為直銷商之主體資格

一、本國自然人

（一）成年人

　　依台灣民法規定[1]，年滿20歲為成年，於法律上除非其有喪失行為能力的特殊情形外，否則皆屬具有「行為能力」之人。所謂「行為能力」係指得單獨為法律行為之能力。故於多層次直銷之契約當中，只要年滿二十歲，沒有喪失行為能力例外狀況之人，即得以自己之名義，獨立成為參加

---

[1] 民法第12條：「滿二十歲為成年。」民法第13條：「未滿七歲之未成年人，無行為能力。滿七歲以上之未成年人，有限制行為能力。未成年人已結婚者，有行為能力。」

人，經營直銷事業。

（二）「未成年人」（限制行為能力人、無行為能力人）得否成為直銷商？

公平交易委員會考慮到直銷行業不宜太早進入校園的情況，也就是應防止有些直銷公司會趁著學生放寒、暑假的時候，以打工為名義招募在學學生成為直銷商，如果這些學生還都是屬未成年人，為了保障這些未成年人的權益，公平交易委員會乃在當初立法時主張，直銷公司不得招募無行為能力人為直銷商；另如招募限制行為能力人為直銷商時，則必須同時取得法定代理人的書面同意，否則便構成違法。

按多層次傳銷管理法第16條：「多層次傳銷事業不得招募無行為能力人為傳銷商。（第一項）多層次傳銷事業招募限制行為能力人為傳銷商者，應事先取得該限制行為能力人之法定代理人書面允許，並附於參加契約。（第二項）前項之書面，不得以電子文件為之。（第三項）」本條規範首先排除「無行為能力人」成為直銷商的資格，所謂「無行為能力人」，是指：1.未滿七歲者；2.受監護宣告者。而「限制行為能力人」是指「滿七歲以上未滿二十歲」之人。本條規範與一般民法的原則不同，主要在使限制行為能力人不得先逕行與多層次直銷事業締結參加契約，事後再取得其法定代理人之承認以補充其同意，防止多層次傳銷事業脫法規避。又考量國人對於電子簽章法觀念尚未普及，電子文件之安全性與真實性，在未能全然可確定係本人之意思表示前，書面之要件性，仍較有利限制行為人權益之保護，故《多層次傳銷管理法》規定法定代理人之允許仍須具備書面之要式性，不得以電子文件替代之[2]。

2　公平交易委員會，認識多層次傳銷管理法，公平交易委員會出版，2014年6月初版，頁64。

　　至於直銷公司如何去取得未成年人法定代理人的書面同意，實務上，有些直銷公司會直接要求直銷商自行提出其法定代理人的書面同意書；有些直銷公司則爲了簡便起見，會在制式的參加契約當中留有法定代理人同意的欄位，而當所招募的直銷商是未成年時，則要求他的法定代理人應該在欄位中簽名並表示同意讓其未成年子女成爲直銷商。

　　直銷公司對於直銷商自行提出其法定代理人的書面同意書係採形式的審查責任，或是實質的審查義務？換言之，未成年直銷商委請第三人出具法定代理人同意書或是委請第三人在參加契約中的簽名，直銷公司有無追蹤確認之義務？關於此點，一般認爲，倘該同意書或簽名的眞正，直銷公司很難發現的，這樣的不利益就不應由直銷公司承擔；惟倘直銷公司懷疑未經法定代理人同意時，例如直銷商與其法定代理人的簽名字跡很相似，即應進行追蹤確認；再者，直銷公司如明知未成年直銷商所出具的法定代理人書面同意是偽造的，或直銷商在直銷公司櫃台塡寫入會申請書時，當場在法定代理人同意欄中簽名等等，直銷公司此時即應拒絕受理該直銷商的入會申請，否則直銷公司即有違反前揭《多層次傳銷管理法》之規定。

　　綜上，倘若未成年人「事先」經過法定代理人「書面」（非電子）允許其參加直銷並獨立營業，則該未成年人直銷商即可加入直銷事業而可擁有「推廣銷售權」及「發展組織（推薦下線）權」。

二、法人：「公司」得否爲直銷商？

　　「公司」是否可以成爲直銷商？這問題即在「公司」雖是法律創設允許它可以成爲商業經營的主體，但「公司」「本身」沒有辦法像「自然人」一樣自己去做銷售，這在特別強調直銷商必須是以他「本人」透過口語推銷的無店鋪方式銷售商品或服務方式，有其本質上的差異，固然在人

類社會當中，允許法律創設「公司」制度以經營商業活動，藉此提供人民集資投資之意願，避免個人承擔商業活動失敗之風險。然而，如前面所提到，直銷制度的核心在於以直銷商「本人」自己以口語推銷商品、服務，並介紹其他人參加。而法人「本身」則無法自己進行口語推銷，法人得否成為直銷商，似乎存有疑問，因此之故，要以「法人」成為直銷商的前題仍在於該「法人」之實際負責人的自然人是否能成為合適的直銷商。很多直銷公司並沒有清楚地作如此之規範，這在本書看來，實非妥適。

　　反過來說，合適成為直銷商的自然人，如欲以「公司」名義成為直銷商，當然可因公司制度而發揮更具效率、更具規模之經營活動，法律上並無限制也不需加以限制；不過，該自然人在設立公司之時，既然是直銷事業核可的負責人，彼此具有信賴性，則該公司嗣後如欲變更負責人，仍然需要是經直銷事業核可的可合適成為直銷商的自然人，因此，本書認為在這個前提之下，自然人理可以「公司」法人成為直銷商。

三、得否以「合夥」加入直銷商？

　　所謂「合夥」，是指二人以上互約出資以經營共同事業之契約（民法第667條第1項）。前述討論一般合適成為直銷商的自然人可否以「公司」的形式成為直銷商時，本書認為在一定前提下，理可接受。那麼，假設有多數人合資，欲共同經營直銷商，但並不設立公司，而係以「合夥」之名義，成為直銷商，是否可以？

　　就此部分，因為合夥並非單一的「自然人」，又非「法人」，一般稱合夥屬於「非法人團體」。所謂「非法人團體」係指由多數人所組成，有一定之組織、名稱及目的，且有一定之事務所或營業所為其活動中心，並有獨立之財產，而設有代表人或管理人對外代表團體及為法律行為者，

但並沒有向主管機關爲公司之設立登記者。由於合夥有獨立的對外活動能力，其跟公司的差別，僅在於有無爲「公司登記」這項形式而已。

因此，在法院實務上認爲，倘「合夥」具有：1.一定名稱及事務所或營業所；2.一定之目的、獨立之財產；以及3.設有代表人或管理人等要件時，亦享有獨立的法律地位。因此，如有多數人合資，欲以合夥名義成爲直銷商，共同經營一份直銷權，如其代表人或管理人爲直銷事業核可的可合適成爲直銷商的自然人，並非不可行。而在直銷實務上，夫妻合夥成爲直銷商，即是以「合夥」名義加入成爲直銷商，共同經營一份直銷權，如其推派之代表人或管理人爲直銷事業核可之合適成爲直銷商的自然人，當亦可允許。

四、「外國人」[3]或「外國公司」得否成爲直銷商？

按外國人在我國簽約時，該契約是否有效，需視各該外國人之國家的法令規定，即其簽約時，依據該外國人的國家法令，該外國人如果是有簽約能力的自然人時，該契約便會有效。

除了上述問題外，直銷公司與外國人簽訂直銷契約，首先會碰到的問題是外國人與直銷公司簽訂直銷契約，是否即代表該外國人在台灣的直銷公司工作的問題，也就是說，直銷契約究竟只是一種經貿契約，而可以允許直銷公司和外國人任意簽訂，還是認爲它是一種「勞動契約」，必須獲得政府發給工作證的外國人才可以和直銷公司簽訂？關於這個問題，本書在本章第一節當中已詳細說明直銷商絕不是直銷公司的員工；可惜勞委會（即現行勞動部）對這個問題雖原則上亦採此看法，但其看法尙有語焉不

3　本書所稱「外國人」，係指大陸地區人民、港澳地區人民以外之人民。

詳之處，茲摘錄其看法如下：「……若該外國人確實『未受聘僱』（《就業服務法》所稱聘僱，非以民法所稱之僱傭關係爲限，承攬關係亦包括在內）**於國內依法設立之傳銷公司，並亦未從事銷售工作者，自無前述就業服務法規定之適用**。至於有無聘僱關係，應視個案具體情事，由勞工主管機關依法實質認定。」

這個問題之所以要先考慮有無就業服務法之適用，是因爲依就業服務法第44條規定：「任何人不得非法容留外國人從事工作。」、第57條第1款及第2款規定「雇主聘僱外國人不得有下列情事：一、聘僱未經許可、許可失效或他人所申請聘僱之外國人。二、以本人名義聘僱外國人爲他人工作。……」、第63條規定「違反第四十四條或第五十七條第一款、第二款規定者，處新台幣十五萬元以上七十五萬元以下罰鍰。五年內再違反者，處三年以下有期徒刑、拘役或科或併科新台幣一百二十萬元以下罰金。法人之代表人、法人或自然人之代理人、受僱人或其他從業人員，因執行業務違反第四十四條或第五十七條第一款、第二款規定者，除依前項規定處罰其行爲人外，對該法人或自然人亦科處前項之罰鍰或罰金。」

準此，外籍人士加入直銷公司成爲直銷商，而主管機關認定該外籍人士經營傳銷事業係**處於獨立之商業主體**，並**未有受僱於直銷公司從事銷售之事實者**，則屬法律所許可之範圍；反之，若主管機關認定該外國人與直銷公司具有聘僱關係，從事銷售行爲者，則直銷公司即有違反就業服務法相關規定的法律風險。

另就業服務法第45條及第64條亦分別規定「**任何人不得媒介外國人非法爲他人工作。**」、「違反第四十五條規定者，處新台幣十萬元以上五十萬元以下罰鍰。五年內再違反者，處一年以下有期徒刑、拘役或科或併科新台幣六十萬元以下罰金。意圖營利而違反第四十五條規定者，處三年以下有期徒刑、拘役或科或併科新台幣一百二十萬元以下罰金。以違反第

四十五條規定爲常業者，處五年以下有期徒刑，得併科新台幣一百五十萬元以下罰金。法人之代表人、法人或自然人之代理人、受僱人或其他從業人員，因執行業務違反第四十五條規定者，除依前三項規定處罰其行爲人外，對該法人或自然人亦科處各該項之罰鍰或罰金。」。直銷事業之推薦人，是否等同於就業服務法之「介紹人」，**亦端視參加人是商業主體或係受僱於直銷公司，從事銷售行爲之人**，而有不同之認定結果，倘被認定爲商業主體，則推薦之上線直銷商即無違法之虞；惟倘該外籍人士與直銷公司簽訂參加契約被認定爲該外籍人士係受僱於直銷公司，則推薦之上線直銷商亦將違反就業服務法。

　　必須加以說明的是，港、澳、大陸人士，在台灣的法律規範下，通常不等同於一般外籍人士，而須優先適用兩岸關係條例及港澳關係條例，因此，港、澳、大陸人士能否成爲直銷商的討論，更形複雜，本書第二輯出版時當以專文另外介紹。

　　關於外國公司部分，依我國公司法第4條規定，外國公司需經我國政府「**認許**」，始得在我國境內營業，因此，外國公司欲與我國直銷公司簽約時，程序上恐更爲繁瑣。惟依我國目前公平交易法或多層次傳銷管理法等規定，並未限制外國人或外國法人不得參加我國之直銷公司，但如上所述，直銷是以「人」爲口頭推廣、銷售的行銷模式，故本書認爲該外國法人的負責人也必須是直銷公司核可的合適成爲直銷商的自然人，始可允許外國法人成爲直銷商。

■ 本 案 解 析 ■

　　孫權僅係參加人，雖同時兼具「經營者、管理者及消費者」等複合身分，但仍不是三國直銷股份有限公司之員工，所以不得請求薪資報酬。

　　孫權年滿7歲以後，雖未滿20歲，在法律上僅是「限制行為能力人」，仍可以成為三國直銷股份有限公司之會員，惟應事先取得法定代理人同意之書面。[4]

　　依據台灣《多層次傳銷管理法》等規定，就外國人或外國公司之參加，並未制定任何限制，因此，各直銷公司得自行訂定相關規範予以限制；本例中，孟獲是否應有工作證才可以加入三國直銷股份有限公司，是一項值得討論的問題。應視孟獲加入三國直銷股份有限公司時，是否為獨立執業個體而定；如果是，則孟獲「並非受雇」於三國直銷股份有限公司，則無需取得工作證。反之，如果多半聽命於三國直銷股份有限公司之指揮執行任務，則孟獲與三國直銷股份有限公司有雇傭關係，則須取得工作證後始得為三國直銷股份有限公司工作，而依據直銷實務，直銷商是自負盈虧、獨立執業的個體，所以，孟獲理應無須取得工作證即可加入成為直銷商始較合理。

　　南蠻王公司如果欲加入三國直銷股份有限公司之直銷商，由於台灣目前《多層次傳銷管理法》等規定，並未限制外國法人不得參加我國之直銷公司，只要南蠻王公司依我國《公司法》第4條規定，經我國政府「認許」，即得在我國境內營業，惟其負責人則須三國直銷股份有限公司認可之合適得成為直銷商的自然人。

4　民法第77條：「限制行為能力人為意思表示及受意思表示，應得法定代理人之允許。但純獲法律上之利益，或依其年齡及身分，日常生活所必需者，不在此限。」第78條：「限制行為能力人未得法定代理人之允許，所為之單獨行為，無效。」第79條：「限制行為能力人未得法定代理人之允許，所訂立之契約，須經法定代理人之承認，始生效力。」

直銷事業與直銷商之權利義務關係

◎**案例故事**

　　孫權是三國直銷股份有限公司之直銷商，而周瑜則爲孫權之下線，但孫權不願讓周瑜帥氣及優秀的表現能力佔盡所有鋒頭，因此一直想盡辦法打壓周瑜，故暗中鼓勵周瑜的下線退貨，以致周瑜的銷售成績雖然早就超過孫權的好幾倍，但在下線頻頻退貨的情況下，周瑜仍然沒有辦法順利晉級。此事終於被三國直銷股份有限公司知悉，公司上下對於周瑜遭受欺壓的情形深感同情，並表示憤怒，因此三國直銷股份有限公司遂以孫權未盡管理監督組織之責，停止發放孫權之個人獎金，直至改善下線組織之管理爲止。請問直銷事業這樣的處分可以嗎？

▲**法律問題**

　　1. 如何解讀直銷行爲的法律關係？
　　2. 直銷事業與直銷商間的權利義務關係爲何？

第1節　直銷行為的法律關係

一、直銷法律關係之構成

　　直銷法律關係的基本構成，包括有二：1.直銷經營中的交易法律關係；2.政府監管直銷行爲的法律關係。而所謂直銷交易法律關係，是一種以直銷經營活動爲主要內容的橫向經濟法律關係，著重在平等商業主體（直銷事業和直銷商、直銷商和直銷商）間以及該商業主體與消費者間的權利義務關係。至於直銷監管的法律關係，則是一種以政府管理直銷活動

為主要內容的縱向經濟法律關係。職是，直銷交易法律關係的屬性是民事及商事的法律關係。因直銷是直銷商加入直銷事業的營運計畫後，由直銷事業通過直銷商向消費者進行「一對一」、「面對面」的方式來銷售產品或服務，而在多層直銷，則還包括發展下線組織來銷售產品或服務，直銷商本身是一個獨立自主的營利主體，和直銷事業的地位是平行的，彼此沒有上下隸屬關係。

具體來說，直銷事業經由直銷商的參加契約，與直銷商約定，由其向直銷商提供銷售的產品（服務）計算直銷商（在多層直銷則包括下線組織）的銷售情形以發放其收益；反過來說，直銷商通過銷售直銷事業的產品、或為顧客提供服務而獲得報酬和其他利益。所以，直銷事業和直銷商之間，或者他們與消費者之間的關係是平等、橫向的契約關係，然而，直銷商加入直銷事業以取得銷售產品（服務）和發展下線組織的權利，這個參加行為所衍生的契約關係，究竟應如何具體適用法律？則有以下各種看法。

二、學說探討參加行為的法律關係

（一）代理說

關於代理的概念，大陸法系和英美法系國家有著重大分歧。大陸法系把代理分為直接代理和間接代理兩種，強調代理人須以本人的名義實施代理行為。因此只有直接代理（包括顯名代理和隱名代理）才屬於代理的範疇，即代理一般是指代理人在代理許可權內，以被代理人的名義實施之民事法律行為，被代理人對代理人和代理行為承擔民事責任的一種民事行為。而間接代理中，被代理人不能直接介入代理人與第三人的契約中，只有當代理人與被代理人再訂一個契約，才能將原契約中的權利義務轉給被

代理人，被代理人才能與第三人發生直接關係，這種做法無論在時間上還是在手續上都較爲繁瑣。

　　有鑑於此，有些國家的法制，已不區分直接代理與間接代理，例如大陸的普通法，已沒有直接代理與間接代理的概念，而是根據代理關係的分離程度和代理行爲後果的歸屬情況，將代理劃分爲公開本人的代理和不公開本人的代理。其中，被代理人（本人）和第三人可直接發生關係，被代理人有直接介入權，他可直接向第三人主張權利；第三人則有選擇權，他可以要求被代理人或代理人中的任何一個履行合同，也可向他們中的任何人起訴。因此，大陸普通法上的代理所涉及的範圍比大陸法系國家的代理法則更爲寬泛。其《民法通則》關於代理的概念相當於直接代理，而代理實踐中特別是外貿代理中出現的問題相當於間接代理。

　　商事代理行爲是指商事代理人以營利爲目的，接受商事主體的委託與第三人從事商行爲，其法律後果直接歸於商事主體的商事行爲。包括直接代理和間接代理。而如上所述，所謂直接代理是指受託人以委託人的名義進行商事營業的代理。間接代理是指受託人以自己的名義，爲受託人利益而進行商事營業的一種經營活動。在代理許可權範圍內，代理人無論是以本人名義還是以自己的名義與第三人訂立契約，也無論他在訂立契約時是否公開本人存在，只要其代理行爲是在其代理許可權內進行的，其後果最終都應及於本人，本人對此應承擔責任。這樣做有利於保護國際商事交往中當事各方的合法權益，特別是經濟上處於不利地位的一方當事人的權益，從而實現在公平互利的基礎上進行的經濟交往。

　　銷售代理是商事代理中的重要的一種，在工商業高度發達的現代社會，已經成爲企業經營必不可少的方式。銷售代理是指代理人以營利爲目的，接受被代理人授予的「銷售代理權」而連續地代表委託人搜集訂單、銷售商品及辦理其他與銷售有關的事務（如廣告、售後服務、倉儲等）。

　　從定義可以看出，銷售代理法律關係有三方當事人：本人、代理人、第三人，涉及三方法律關係。第一，本人與代理人之間的關係，這是代理的基礎關係，是整個代理關係發生的前提。與一般契約關係相比，代理權是本人基於對代理人人身信任而設定的權利，這種權利的利益和風險（即代理權行使的法律效果）是一個不確切的變數，只能根據代理權行使的具體情況予以確定。本人與代理人的關係具體到銷售代理是一種委託關係。第二，本人與第三人之間的關係，這是代理人進行民事活動所產生的民事法律關係，如買賣契約關係。第三，代理人與第三人之間的關係，在代理關係有效的情況下，代理人與第三人之間只發生代理行為表示關係，無權利義務關係，但是在代理的三方正常法律關係被打破時，如超越代理權、無代理權而以本人名義與第三人發生法律關係，本人不予追認，代理人往往承擔法律責任。銷售代理人一般不為自己的利益而買賣標的產品，也沒有標的產品的所有權，另一方面，開立票據、交貨、收匯等事務均由被代理人來完成。銷售代理人獲取的對價為佣金、獎金或其他經濟利益，數額由被代理人根據商業代理人推銷或促成產品銷售的數額大小支付。

　　具體到參加行為，直銷商也是以營利為目的加入直銷事業，接受直銷事業授予的「銷售代理權」而連續地去搜集訂單、銷售商品及提供售後服務，似乎就是一種銷售代理行為，不過，在直銷，也存在著另一種銷售模式，即直銷商也可以以自己的名義，為自己的利益，從直銷公司那裡購買商品，買斷直銷產品的所有權，再轉賣給第三人，這就與銷售代理中代理人僅僅佔有以直銷公司名義將直銷公司的產品，或者直銷商雖以自己的名義代直銷公司將產品銷售給第三人不同。故參加行為不能完全以一個單純的代理行為視之，直銷商與直銷事業間也不見得是一個單純的代理關係。

（二）經銷說

與代理行為不同，經銷行為是相對具有獨立性的，買家從賣家那裡購進產品，然後為實現自己的利益而將貨物賣給最終購買者。換句話說，產品所有權已經從賣家轉移給買家即經銷商，賣家與產品最終購買者並無直接聯繫。這種結構上的區別產生的一系列後果是：首先，產品最終購買者拒不付款或資信狀況不好的危險將不能由賣家承擔，而是由經銷商自己承擔；其次，在買賣關係中與商業代理關係不同，賣家無權合法地控制經銷商與最終買主的契約條件；第三，經銷商有權獲取因轉售貨物的差價利益。

具體到參加行為而言，當直銷商取得以自己的名義，為自己的利益，從直銷公司那裡購買商品，買斷直銷產品的所有權，再轉賣給最終購買時，似乎具有經銷行為的特徵。不過，在直銷界，也存在另一種銷售模式，即直銷商在銷售產品給最終消費者時，有時無權自己定價，而必須按照直銷公司的統一定價來進行銷售；也就是說，有的直銷公司規定直銷商從直銷公司拿貨的價格，就是直銷商給最終消費者的銷售價格，但直銷商將商品售出時，直銷公司會給予一定比例的金額，即直銷商並不是靠轉售貨物的差價營利，而是要靠推銷或促成產品銷售的數額大小獲取一定比例的佣金、獎金或其他經濟利益。故參加行為也不是一個單純的經銷行為，直銷商也未必是直銷事業的經銷商。

（三）行紀說

所謂行紀，是指一方當事人接受他方委託，以自己名義為委託人實施一定的法律行為並獲得報酬的行為。有學者認為「行紀人的特殊營業方式，使他成為兩個契約的當事人，一個是行紀人與委託人之間的委託契

約，即行紀契約；另一個是行紀人與第三人之間的交易契約，即買賣契約。這兩個契約構成兩對契約關係，成為行紀營業的兩個核心法律關係。作為兩個法律關係複合而成的一種法律關係，行紀關係的特徵是：第一，行紀人以自己名義為委託人辦理委託事務，並對該活動的法律後果承擔責任；第二，行紀人處理的事務是特定的法律行為，如代購、代銷貨物、寄售商品和有價證券的買賣等業務；第三，行紀人賣出或者買入具有市場定價的商品，除委託人有相反的意思表示的以外，行紀人自己可以作為買受人或者出賣人。行紀人有這種情況的，仍然可以要求委託人支付報酬。即在一定前提和條件下，行紀人可以合法介入交易，成為與委託其從事交易的委託人的對方；第四，行紀契約是雙務有償契約、諾成契約、不要式契約。

行紀人代購、代銷、代儲、代運物品的所有權屬於委託人。這些物品的所有權不因行紀人的行為而轉移於行紀人。然而，參加行為中，若直銷事業允許直銷商可以買斷直銷產品，再賣給他人，則此種參加行為即不具備行紀行為的所有特徵，所以，在此種銷售模式下，直銷商不見得是直銷事業的行紀人。

（四）居間說

居間行為是指居間人向委託人報告訂立合同的機會或提供訂立合同的媒介服務，由委託人支付報酬的行為。居間人是為委託人提供服務的，但這種服務表現為報告訂約的機構或者為訂約的媒介。報告訂約機會，是指受委託人的委託，尋找和指示其或與委託人訂立契約的相對人，從而為委託人訂約提供機會。訂約媒介，是指介紹雙方當事人訂立契約，即斡旋在交易雙方當事人之間，從而促成雙方當事人的交易成功。居間人雖然也是

受委託人的委託爲委託人促成交易服務的，但居間人在交易中僅是起到仲介人的作用，既不是交易中雙方當事人的一方或者其代理人，也不直接參與交易雙方當事人的談判、商洽活動，也不在交易中雙方當事人的權利義務問題上表示行紀人的意思。一言以蔽之，居間人僅僅起到居間、仲介作用而已。

在直銷行爲中，當直銷商可以通過對產品的宣傳和推銷，促成消費者與直銷事業交易成功（消費者可以不向直銷商購買產品，而是到直銷公司的銷售網站，專賣店等處購買產品，憑藉推薦人即該直銷商的卡號，直銷公司會推定直銷商促成了該筆交易），而獲取一定的報酬，這種情況屬於居間行爲。但居間人僅爲委託人報告訂約機會，或爲訂約媒介，並不參與委託人與第三人之間的關係。故參加行爲中，若直銷事業允許直銷商可以自己的名義和消費者發生買賣關係，則不具備居間行爲的特徵，所以，在此種銷售模式下的直銷商也不一定和直銷事業處於居間關係。

三、直銷行爲是一種新型態的法律行爲

如上所述，各種學說都試圖用傳統民商法中的固有法律行爲及其概念來解釋直銷界的參加行爲的法律關係，但卻未能涵蓋直銷界直銷事業允許直銷商進行交易的全部特徵，參加行爲是由一系列複雜的行爲構成，現實生活中的參加行爲更是紛繁複雜且變幻多端，且各直銷公司之制度亦不相同，故實難以從現有的法律術語中找到一個放諸四海皆準的法律概念來定義參加行爲，於是造成「概念失靈」的現象。鑒於參加行爲的複雜性，作爲直銷行業自律的商業道德準則，《世界直銷商德約法》通過規定直銷商可以是代理商、承包商、經銷商或批發商，可以受雇或獨立經營，經特許授權等，兼顧了各國法律對直銷行爲可能做出的各種界定以及實踐中可能

出現的情況，爲參加行爲的選擇設定了較大空間，不過，仍然無助於對參加行爲的眞切瞭解。

　　本書認爲，參加行爲是在授權基礎上的變形，要眞正瞭解參加行爲必須先瞭解，參加行爲係由直銷事業向直銷商進行二種授權的本質，這二種授權包括：1.直銷產品的銷售權；2.招募其他銷售員的推薦權。具體的授權範圍由參加契約加以原則規定並通過企業規章制度予以補充。但這種授權範圍無法以傳統民商法法律規範來掌握，尤其是「招募其他銷售員以建構自己銷售網的推薦權」，更是無法以傳統的民商法律關係來理解，因此，本書認爲「參加契約」是一種特殊的「授權契約」，也就是在傳統民事或商事授權法律概念基礎上的變形。

　　此外，本書要加以強調的是「參加行爲」的法律關係，與直銷商在參加之後，實際去從事「推廣銷售」、「組織推薦」這些行爲時的法律關係，也是不同的，舉例而言，直銷商在參加直銷事業成爲參加人後，其「銷售推廣」行爲如係直銷商從直銷事業那裡買斷銷售之產品，則直銷商即擁有該直銷產品的所有權，而可再轉售給消費者以賺取差價時，其行爲就是買賣行爲、經銷行爲或行紀行爲。當一些直銷公司有自己完善的物流配送系統，直銷商不需要事先購買大量的產品用於推銷，他們只要向客戶面對面說明、介紹產品功效，若客戶有興趣購買時，請他們填寫訂單，再由直銷商交給直銷公司，直銷公司負責將產品直接送到客戶手中，貨到的時候再由送貨員向客戶收錢交回給直銷公司。直銷公司會按月和直銷商結清應得的銷售獎金，此時，直銷商只是起到「產品介紹人」的作用，其行爲就是居間、或代理、代銷行爲。這種直銷商在參加之後實際進行「推廣銷售」行爲的法律關係，實需與參加行爲的法律關係分開來看待。

　　當然，直銷與一般民商法律關係尤其不同的是，在多層次直銷中，直銷商在被授權得「推廣銷售」商品（服務）時，還同時還被賦有推薦他人

共同組成銷售團隊的權利與義務，這項特殊的推薦制度，形成多層直銷模式中直銷商和直銷事業間另一個特殊的授權關係，卻是直銷商與直銷事業彼此間最重視的層面，對於直銷制度、參加行為的瞭解，如果剝離了這一認知，終將無法登直銷殿堂。

第2節　直銷事業與直銷商之間權利義務關係

在現行法令對於多層次直銷之定義下，直銷商依據參加契約，至少有推廣銷售權、介紹推薦權，以及因此之銷售情況而獲取佣金、獎金或其他經濟利益之權利。然而，參加契約並不僅是單純由直銷商享有權利，直銷商亦需負擔一定之義務，此等義務除有法律規範外，多年來經由法院實務判決，以及多層次直銷事業之經營與發展，亦逐漸歸納出一些重要之義務。

以下參酌多層次傳銷管理法、公平交易委員會見解以及多層次直銷事業常見之參加契約約定條款[1]，析論在台灣法制及實務運作下，依據參加契約所衍生之幾個重要且核心之權利義務關係。

---

[1]　多層次直銷事業之參加契約，依多層次傳銷管理法第6條第1項第3款、多層次直銷事業報備及變更報備須知第5點、第7點規定，須向公平會報備，否則公平會限期命其停止、改正或採取必要措施，並得處新台幣10萬元以上1,000萬元以下罰鍰，並得按次連續處罰。目前已完成報備之多層次直銷事業名單及其參加契約、事業手冊（營運規章）等資料，可參閱公平會之多層次傳銷管理系統，網址：http：//lxfairap.ftc.gov.tw/ftc/report/report_13.jsp。

一、直銷商對直銷事業之權利

（一）推廣銷售權

多層次傳銷管理法第3條規定：「本法所稱多層次傳銷，指透過直銷商介紹他人參加，建立多層級組織以推廣、銷售商品或服務之行銷方式。」同法第5條規定：「本法所稱直銷商，指參加多層次直銷事業，推廣、銷售商品或服務，而獲得佣金、獎金或其他經濟利益，並得介紹他人參加及因被介紹之人為推廣、銷售商品或服務，或介紹他人參加，而獲得佣金、獎金或其他經濟利益者。與多層次直銷事業約定，於一定條件成就後，始取得推廣、銷售商品或服務，及介紹他人參加之資格者，自約定時起，視為前項之直銷商。」

上述多層次傳銷管理法第5條前段之直銷商參加多層次直銷事業，推廣、銷售商品或服務之權利，即為業界所指稱的「推廣銷售權」。

加油站

直銷商推廣銷售商品或服務，以獲得獎金、佣金或其他經濟利益，是直銷商加入多層次直銷事業最主要的因素之一，而此推廣、銷售商品或服務以獲得之獎金、佣金或其他經濟利益，在業界我們即統稱為「零售利益」。

（二）介紹權或推薦權

再參照上述多層次傳銷管理法第3條及第5條等規定，亦見直銷商因參加契約，另取得介紹他人參加及因被介紹之人為推廣、銷售商品或服務，

而獲得佣金、獎金或其他經濟利益之權利，即為業界所指稱的「介紹權或推薦權」，此亦為多層次直銷制度不同於一般經銷之核心。

　　只是上開多層次傳銷管理法第5條條文規定，似乎是包括單層直銷模式與多層直銷模式，因為條文規定直銷商並「得」介紹他人參加，是依據條文意旨，「得」乃直銷商之權利，直銷商依據條文規定，有權選擇不介紹他人參加。若此，即非多層次直銷，而這個結論，恐非直銷商與直銷事業簽立多層次參加契約之根本目的，故本書認為，既是參加多層次直銷，第5條條文理應改為並「應」介紹他人參加。

加油站

　　常聽人說，多層次直銷的獎金制度在於「多層抽佣」及「團隊計酬」，那什麼是「多層抽佣」？什麼是「團隊計酬」呢？

　　依多層次傳銷管理法第5條規定，所謂介紹權或推薦權，乃指直銷商因參加契約而擁有介紹他人參加及因被介紹之人為推廣、銷售商品或服務，而可獲得其銷售額之一定比例的佣金、獎金或其他經濟利益。換言之，直銷商對於其所介紹之人以及所介紹之人的再介紹人之推廣、銷售得享有一定比例的佣金、獎金或其他經濟利益，就稱之為「多層抽佣」，是多層次直銷最大的特色；另一般業界為鼓勵直銷商對被介紹之人負起輔導管理的角色，以增加被介紹之人的業績，通常會進一步鼓勵直銷商，讓直銷商自己及其被介紹之下線組織的整體營業額在達一定標準時，由直銷事業另計算給該直銷商「團體獎金」或「領導獎金」，學界稱此為「團隊計酬」，亦為多層次直銷另一獎金特色。

（三）因推廣銷售權或介紹權之行使而獲得佣金、獎金或其他等經濟利益之權利

多層次傳銷管理法第5條，關於直銷商之定義，明確指出直銷商係「參加多層次傳銷事業，推廣、銷售商品或服務，而獲得佣金、獎金或其他經濟利益」以及「得介紹他人參加及因被介紹之人為推廣、銷售商品或服務，或介紹他人參加，而獲得佣金、獎金或其他經濟利益者。」亦即直銷商得因「推廣銷售權」以及「介紹權或推薦權」之行使，而分別因自己或下線組織群之推廣、銷售商品或服務而獲取佣金、獎金或其他經濟利益。

職是，多層次傳銷管理法所謂的「獲得佣金、獎金或其他經濟利益」，自非僅止於直銷商自行推廣銷售商品之零售獎金或佣金或其他經濟利益，而尚包括前述之「多層次抽佣關係」、「團隊計酬」等之獎金、佣金或其他經濟利益。對此，公平會亦採相同看法，公平會公處字第096160號及公平會公處字第098026號均指出「多層次抽佣關係」、「團隊計酬」，概屬多層次傳銷管理法第5條所定之「佣金、獎金或其他經濟利益」[2]。

2　公平會公處字第096160號認為：「(2)多層次傳銷『事業』設計之『推廣或銷售之計畫或組織』內容，應具備『多層級之獎金抽佣關係』，意即直銷商加入之銷售或消費組織網，具有階層關係，而階層關係乃決定領取獎金之計算方法，且此獎金之計算方式具有團隊計酬之特徵。」；公平會公處字第098026號認為：「被處分人核發獎金數額係按職級高低計算，按此設計，一定職級可因組織下級之銷售業績而抽取一定成數之獎金，具有『團隊計酬』及『多層級之獎金抽佣關係』。」

加油站

　　直銷公司營業規章上所制定的獎金制度，直銷公司能否片面改變？業界常見很多直銷公司在直銷商的參加契約中約定，直銷公司有權於直銷商參加期間修正變更原先的獎金制度，這種保留條款，每每會影響到直銷商的權利，對於直銷商而言，感覺很沒保障，究竟直銷公司這種規定，有無違反法律？

　　公平交易委員會就此問題的看法，是尊重契約自由原則，換言之，尊重直銷公司與直銷商彼此之間的契約約定，不過，公平交易委員會特別表示，直銷公司對於獎金制度如有修正，必須踐履通知直銷商的程序，且要求這項通知程序必須以「書面」、「個別」方式通知直銷商後，獎金制度的修訂，才會對該直銷商發生效力。

（四）解除或終止契約之退出及要求直銷事業將其退貨買回之權利

　　多層次傳銷管理法第20條規定，直銷商自訂約日起算三十日內，有解除或終止契約之權利，並要求退貨；多層次傳銷管理法第21條規定：「直銷商逾訂約日三十日，仍得隨時以書面終止契約，退出多層次傳銷計畫或組織，並要求退貨。」

　　直銷商的退出與退貨，是不同的二件事，「退出」是雙方解除或終止參加契約，而退出後進行「退貨」，則是直銷法律中特別制定的賦予直銷商請求直銷事業將其所持有商品加以買回的權利。關於直銷商解除或終止契約之退出及退出後要如何主張退貨買回的問題，牽涉到許多不同的退出退貨狀況，是其處理方式亦不盡相同！因較為複雜，在本書此不予贅述，

將另闢第七章專章講述直銷商退出及退貨之問題。

二、直銷商對直銷事業之義務

（一）建立發展及維護組織之義務

多層次傳銷管理法第3條規定：「本法所稱多層次傳銷，指透過直銷商介紹他人參加，建立多層級組織以推廣、銷售商品或服務之行銷方式。」已明揭多層直銷模式在於透過介紹他人參加，以建立多層級組織群藉之為推廣、銷售商品或服務。此為多層直銷參加人參加之目的，也因此，司法實務上即據此多層級組織銷售之核心意涵，確認直銷商負有發展建立及維護組織之義務。

台灣高等法院93年度上字第124號民事判決指出：「多層次直銷事業因直銷商銷售該事業之商品或勞務或介紹他人銷售該事業商品勞務而獲取利益，直銷商則因銷售事業商品或勞務或介紹他人銷售商品或勞務（包括被介紹人輾轉介紹他人銷售或介紹）而取得佣金、獎金等經濟利益，故多層次傳銷，其直銷商所介紹之人愈多或被介紹參加之人輾轉介紹之人愈多，則為多層次直銷事業銷售商品或勞務或介紹之人愈多，事業可得利益愈大，而直銷商因其下線（即被介紹人及被介紹人輾轉介紹之人）人數愈多，所可能銷售之商品或勞務或輾轉介紹之人愈多，得取得之佣金、獎金或其他經濟利益當然愈多，故多層次傳銷之性質，並非單純之買賣，尚包括勞務之提供，尤其重在組織之建立。」[3]

台北地方法院93年度訴字第2806號判決亦認：「次按多層次傳銷是

---

[3]　台灣高等法院90年度上字第285號判決、台北地方法院92年訴字第4045號判決亦採同旨。

一種靠『介紹』及『銷售』二大原則共同完成銷售工作的制度，是藉著階層利益來扣緊組織，在多層次傳銷中，經銷商在進行人員訪問時，不僅要對消費者進行推銷，還必須積極尋找其下線成員，亦即，經銷商本身即是產品或服務的消費者，同時也肩負銷售產品的使命，更是扮演組織、訓練其所推薦下線經銷商的管理者。」

　　依據上述說明可知，直銷商負有發展及維護組織之義務，不僅是現行多層次傳銷管理法所間接肯定之概念，也是過去多年來法院依據多層次直銷組織發展之概念，以及多層次直銷制度著重於人脈關係等精神，所肯認之直銷商所必須遵守之契約義務，更是直銷事業與直銷商締結多層直銷參加契約之核心目的。所以，這項直銷商管理、發展下線之義務，在本書看來，乃其參加契約之主要給付義務，直銷商如能盡其主要給付義務，將相對地享有下線組織銷售商品或服務之獎金及佣金或其他經濟利益，此即係其管理、發展組織之對價，如直銷商不能克盡該項義務，直銷事業即可不發予其「多層抽佣」獎金及「團隊計酬」獎金，且以直銷商違反參加契約為由，終止雙方間之參加契約，故直銷事業得因直銷商未盡管理、發展組織之債務不履行，依約限期命直銷商改善，且在改善期間停止獎金、佣金之發放，甚或依法解除或終止參加契約。

（二）忠實義務、競業禁止義務

　　忠實義務原係規範受任人等代理人在受委任人委託辦理受託事項時，應該盡到與處理自己事情同一態度的注意義務，如有違反，應對受任人負賠償責任。此種規範例如民法第540條規定：「受任人應將委任事務進行之狀況，報告委任人，委任關係終止時，應明確報告其顛末。」；又例如公司法第23條第1項於2001年增列公司負責人「應忠實執行職務」，即：

「公司負責人應忠實執行業務,並盡善良管理人之注意義務,如有違反致公司受有損害者,應負賠償責任」。增訂理由即表示「原公司法第二十三條『負責人忠實義務』之規定,係延續自英美法及日本商法『公司與董事間之委任關係』而來。」

競業禁止義務係忠實義務之具體規範,以確保受任人全心投入委任人所委任之事務,而不得既從事委任人所委託之事務,卻另一方面從事與所委託事務處於相競爭之事務,從而避免因競業產生之利益衝突,也就是說,這是一項處理個人利益與委任人間的利益發生衝突情境時,如何處理的基準,意指受任人在處理委任人事務時,應優先考量委任人之利益,當委任人的利益與受任人自己的利益有所衝突時,受任人即應以委任之利益為優先,不得圖謀個人之利益,是當受任人發現有此衝突之可能時,即應停止該行為。因此,民法第562條及公司法第209條均有明文規定,經理人、代辦商及董事[4]之競業禁止義務。

直銷既然基於人脈所發展,重視「人」的因素,並因而建立多層次組織,一旦直銷商加入直銷事業後,即可獲知核心運作之規劃制度,並建立出屬於自己之組織網;而且,各家直銷事業常有競爭關係,倘直銷商同時加入於不同之直銷事業,亦難以期待其能善盡發展及維護組織之義務,更遑論能期待單一直銷事業之公司利益,因此,直銷事業常於參加契約約定,直銷商應負有忠實義務、競業禁止義務等條款。

此義務亦為法院實務所肯認,此有前述之台灣高等法院93年度上字第124號民事判決:「承上說明,多層次傳銷因具勞務提供及組織建立之繼

---

[4] 民法第562條規定:「經理人或代辦商,非得其商號之允許,不得為自己或第三人經營與其所辦理之同類事業,亦不得為同類事業公司無限責任之股東。」公司法第209條規定:「董事為自己或他人為屬於公司營業範圍內之行為,應對股東會說明其行為之重要內容並取得其許可。」

續性關係，則在契約履行過程中，基於誠實信用原則，契約當事人應附隨有保持忠誠、禁止競業之義務，以維護契約雙方當事人之權益。」理由可參。

加油站

　　直銷公司在營運規章中禁止直銷商不得參加他家直銷公司，該規定是否合法？

　　關於此問題，在法律上稱作「競業禁止」，一般競業禁止，可以區分為參加契約存續期間的競業禁止要求；以及參加契約解除、終止後的競業禁止要求二種情形，前者公平交易委員會在88公參字第8801433-001號函中表示，基於私法自治原則，原則上肯認在職期間競業禁止條款具有拘束參加人之效力；至於後者，公平交易委員會在上開函文中表示不同意之看法，認為直銷公司與直銷商之參加契約終止後，若還限制直銷商競業禁止，會讓參加人退出直銷組織後，還繼續承受契約上之不利益，而且直銷公司也無法因為有此競業禁止之規定而增進其競爭上之利益，因此參加契約關係結束後的競業禁止，只是在限制直銷商之自由，而不能接受。

　　對於公平交易委員會上述的看法，司法判決原則上亦加以肯定，例如台灣高等法院台中分院98年度上字第270號判決即謂：在考量下述1.企業是否須有以特約（競業禁止條款）保護之特殊利益；2.相對人於公司之職務或地位；3.競業禁止條款是否於對象、期間、範圍之限制是否合理；4.企業有無提供競業禁止之代價措施；5.相對人有無顯著背信或違反誠信之舉等情形後，應採與公平交易委員會相同之見解。

（三）合法推廣直銷事業之義務

依照多層次傳銷管理法第15條規定：「多層次傳銷事業應將下列事項列爲傳銷商違約事由，並訂定能有效制止之處理方式：一、以欺罔或引人錯誤之方式推廣、銷售商品或服務及介紹他人參加傳銷組織。二、假借多層次傳銷事業之名義向他人募集資金。三、以違背公共秩序或善良風俗之方式從事傳銷活動。四、以不當之直接訪問買賣影響消費者權益。五、違反本法、刑法或其他法規之傳銷活動。多層次傳銷事業應確實執行前項所定之處理方式。」

鑑於直銷商乃推廣、銷售多層次直銷事業之商品或服務，並介紹他人參加傳銷組織以推廣、銷售商品或服務，完全係採面對面的銷售方式，故特別強調不得欺罔、違背公序良俗、不當訪問等義務，乃多層次直銷事業自有依據法令規範要求其直銷商必須遵守上述義務之責任，故法條列舉直銷商常見之不當傳銷行爲，作爲直銷商之違約事由，直銷商如有違反，最重即得予以解除或終止契約，且令多層次直銷事業應針對該等違約事由訂定有效制止之處理方式，並據以確實執行，不宜消極放任。

三、直銷事業對直銷商的主要權利義務

（一）給付獎金、佣金及其他經濟利益之義務

按多層次傳銷管理法第5條規定：「本法所稱傳銷商，指參加多層次傳銷事業、推廣、銷售商品或服務，而獲得佣金、獎金或其他經濟利益，並得介紹他人參加及因被介紹之人爲推廣、銷售商品或服務、或介紹他人參加，而獲得佣金、獎金或經濟利益者。」依據上述規定多層次參加人有「推廣、銷售商品或服務的獎金、佣金或其他經濟利益」以及「因被介紹

之人爲推廣、銷售商品或服務的獎金、佣金或其他經濟利益」，前者直銷界稱之爲「零售利潤」，後者則通常包括「多層抽佣的利潤」以及「團隊計酬的利潤」，這些亦均爲直銷事業之義務。

（二）加入多層次直銷之主動告知義務

按多層次傳銷管理法第10條第1項規定：「多層次直銷事業於參加人加入其直銷組織或計畫時，應告知下列事項，不得有隱瞞、虛僞不實或引人錯誤之表示」此即參加人參加前，直銷公司之「告知義務」，而且，直銷公司此項義務，乃係「主動告知」之義務。而前揭法令所定之各款「告知事項」，包括：「1.多層次直銷事業之資本額及營業額。2.營運計畫、傳銷制度及直銷商參加條件。3.多層次傳銷相關法令。4.直銷商應負之義務與負擔、退出計畫或組織之條件及因退出而生之權利義務。5.商品或服務有關事項。6.多層次直銷事業依第21條第3項後段或第24條規定扣除買回商品或服務之減損價值者，其計算方法、基準及理由。7.其他經主管機關指定之事項。」

（三）表明直銷之據實說明義務

按多層次直銷管理辦法第11條規定：「多層次直銷事業或直銷商以廣告或其他方法招募直銷商時，應表明係從事多層次傳銷行爲，並不得以招募員工或假借其他名義之方式爲之。」因此在直銷事業或直銷商在招募直銷商時，除須對參加人主動告知多層次傳銷管理法第10條所定之加入多層次直銷之權利義務事項外，對於招募參加人成爲多層次直銷商時，並應誠實告知這就是直銷行爲。

此外，依據多層次傳銷管理法第12條規定：「多層次傳銷事業或傳銷

商以成功案例之方式推廣、銷售商品或服務及介紹他人參加時，就該等案例進行期間，獲得利益及發展歷程等事實作示範者，不得有虛偽不實或引人錯誤之表示。」因此多層次直銷事業或直銷商如有以聲稱成功案例之方式推廣、銷售商品或勞務及介紹他人加入時，就該等案例之進行期間、獲得利益及發展歷程等事實，必須具體說明，不得有任何虛偽不實或引人錯誤之表示。

（四）直銷事業有對直銷商違約事項為處分之法定義務

多層次傳銷管理法第15條第1項規定：「多層次傳銷事業應將下列事項列為傳銷商違約事由，並訂定能有效制止之處理方式：一、以欺罔或引人錯誤之方式推廣、銷售商品或服務及介紹他人參加傳銷組織。二、假借多層次傳銷事業之名義向他人募集資金。三、以違背公共秩序或善良風俗之方式從事傳銷活動。四、以不當之直接訪問買賣影響消費者權益。五、違反本法、刑法或其他法規之傳銷活動。」，足見直銷事業對於直銷商有管理處分之法定義務。

多層次傳銷管理法雖將上述事由規定為直銷事業必須在管理規章或參加契約上將之列為直銷商之違約事由，並作為直銷事業之義務，惟此義務既為法律所強制，因此各直銷公司即不得不在營運規章或參加契約中將之列為直銷商違約處罰之事項，也因此，直銷商違反時，直銷公司即有權對直銷商加以處分，事實上，這項義務規定，無疑形成直銷公司之權利。另外，多層次傳銷管理法第15條第2項也規定：「多層次傳銷事業應確實執行前項所定之處理方式。」，更顯見法律要求直銷事業必須以積極作為確實執行其所定的處理方式。

綜合上述，多層次直銷事業於直銷商參加其直銷計畫或組織前，應將

其資本額、營業額、營運計畫、直銷制度及直銷商參加條件（含退出退貨）等法定事項「主動」告知直銷商，不得有隱瞞、虛偽不實或引人錯誤之表示；再者，直銷事業如有以廣告或其他方法招募直銷商時，應表明係從事多層次直銷行為，並不得以招募員工或假借其他名義之方式為之；此外，如其係以宣稱成功案例之方式為推廣、銷售，更應就案例之進行期間，獲得利益及發展歷程據實說明（多層次傳銷管理法第10條至第12條）。

　　多層次直銷事業之特徵，在於吸收他人參加組織，且藉由他人參加後進而為推廣、銷售商品或服務，因此，如何吸收他人參加，為多層次直銷業務成敗關鍵所在。實務上，不肖多層次直銷事業為吸收他人參加，常利用誇大不實或引人錯誤之宣傳方法勸誘他人參加計畫或組織，使直銷商誤信加入即可輕易獲取利益，而忽略該商品或服務市場之發展可能性，以及未能審慎評估自己為參加所給付之代價是否值得或可能落空。為防止此種弊端，對於多層次直銷事業或直銷商於召募或介紹他人參加直銷計畫或組織時，依法即課以主動且不得隱瞞、虛偽不實或為引人錯誤表示之告知義務，使參加人在參加時對於直銷事業之本體的資本額、營業額、傳銷制度參加條件、多層次傳銷相關法令、直銷商應負之義務及其他負擔等有相當瞭解，俾保障直銷商權益。

　　又避免多層次直銷事業或招募新人參加時，於招募過程中未表明係從事多層次傳銷，致事後滋生爭議，故規範多層次直銷事業有表明係從事多層次傳銷行為，並不得以招募員工或假借其他名義之方式為之誠實告知之義務。

　　且為落實多層次直銷事業對直銷商之告知義務，使雙方權利義務關係臻於明確，法條明文規範多層次直銷事業應與直銷商締結書面參加契約並交付契約正本，且明文不得以電子文件為之；參加契約之內容應包括直

銷商違約事由、處理方式及多層次直銷事業就直銷商退出計畫或組織之條
件，及因退出而生之權利義務事項等法定應記載事項（多層次傳銷管理法
第13條至第14條）。

加油站

　　直銷商在推廣、銷售商品時，是否需依直銷公司所訂之零售價
格為銷售？

　　關於這個問題，有人說依照公平交易法第18條規定：「商品轉
售與第三人或第三人再轉售，應容許自由決定價格。」因此，直銷
公司不得限制直銷商轉售價格；這種說法，說對也對，說錯也錯，
對錯的原因，是他只對一半，對錯的關鍵，在於必先瞭解直銷商與
直銷公司的法律關係為何？

　　通常，直銷商加入成為直銷公司的參加人後，直銷商依據參加
契約究應採取何種方式之銷售、推廣直銷公司的商品，即有不同，
採所有權買斷的經銷方式，有的則採所有權不買斷，而只是擔任
「介紹人」媒合消費者與直銷公司簽訂購買契約的代銷方式；前
者，因為商品所有權已被買斷，因此直銷公司不得限制直銷商轉售
之價格，縱然直銷公司為限制，該限制亦無效；而在後者，則因商
品的所有權仍屬直銷公司而並未被買斷，直銷商僅幫直銷公司媒介
（代銷）商品，此時，直銷商自應依直銷公司之定價銷售，上述這
種看法，可以參考公平交易委員會（81）公釋字第004號函。

■ 本 案 解 析 ■

　　直銷組織的建立與維持，實乃直銷事業存在的核心價值，倘直銷商經由操控組織，堵塞其他直銷商升級管道，則屬未盡管理直銷商之義務。依照多層次傳銷管理法第3條規定：「本法所稱多層次傳銷，指透過直銷商介紹他人參加，建立多層級組織以推廣、銷售商品或服務之行銷方式。」已明揭直銷商除得享有介紹他人參加外，尚需建立多層次組織。

　　實務上亦據多層級組織之意涵，衍生出直銷商負有發展建立及維護組織之義務。且法律實務判決中，法院已依多層次傳銷組織發展之概念，以及著重於人脈關係等精神，肯認直銷商具有發展及管理組織之義務。申言之，直銷商有管理、發展下線之義務，且其相對享有之獎金及佣金，應係其管理、發展組織之對價，故直銷事業得因直銷商未盡管理、發展組織之債務不履行，終止參加契約，或限期命直銷商改善，且在改善期間停止獎金之發放。

　　另外，直銷商亦有其忠實義務，因此當公司利益與自己的利益有所衝突時，應以公司之利益為優先，不得圖謀私人之利益。

　　案例中孫權因為私人因素一直想盡辦法打壓周瑜，勸說周瑜旗下直銷商頻頻退貨，以致周瑜的銷售成績雖然早就超過孫權好幾倍，卻仍然沒有辦法順利晉級，三國直銷股份有限公司自然可於參加契約約定直銷商孫權違反建立組織義務及忠實義務時之處理方式，包括停止發放其個人獎金，甚至終止其參加契約。

直銷商與下線直銷商間之權利義務關係

◎ 案例故事

　　三國直銷股份有限公司之直銷商劉備，聽聞諸葛亮有銷售奇才，如能獲諸葛亮襄助，業務即可大幅擴展，因而三顧茅廬邀請諸葛亮擔任下線直銷商，終於獲得諸葛亮首肯。劉備怕諸葛亮反悔，故不斷向諸葛亮表示一次購買1,000袋米糧，可立即晉升為軍師。諸葛亮為求表現，隨即應允並訂貨。詎料，不久諸葛亮出差東吳一帶，東吳一帶物產豐饒，諸葛亮剩餘之999袋米糧乏人問津。

　　三國直銷股份有限公司之直銷商曹操利用關羽落單且亟須支應兩位嫂嫂之生活費，促使關羽成為曹操之下線。關羽過去即與三國直銷股份有限公司之直銷商劉備交好，有結拜之情，故劉備發現關羽也加入直銷體系後，屢屢招攬關羽加入其組織體系，並以文情並茂的書信打動關羽，關羽遂向三國直銷股份有限公司要求轉為劉備之下線直銷商。

▲ 法律問題

1. 直銷商劉備要求下線直銷商諸葛亮大量進貨是否合法？
2. 劉備招攬關羽加入其下線組織是否合法？關羽主張換線是否有理？

第1節　直銷商與下線直銷商之權利義務

依據多層次傳銷管理法第3條[1]及第5條[2]規定，直銷商參加直銷事業後，因參加契約即取得推廣、銷售商品或服務之權利，以及介紹他人參加及因被介紹之人為推廣、銷售商品或服務而獲得佣金、獎金或其他經濟利益之權利。據此，直銷商即得各自發展其下線直銷商組織體系以擴大其經濟規模。

然而值得一提的是，直銷商得因被介紹之人為推廣、銷售商品而獲得佣金、獎金或其他經濟利益，此項權利的行使對象，應僅限於對直銷公司，而不包括對被介紹人，直銷商不得以直銷公司未為給付該利益轉而要求被介紹人給付。

再者，多層次傳銷管理法第1條固以「健全多層次傳銷之交易秩序，保護傳銷商權益」為立法宗旨，並以直銷事業為主要規範對象。然而，多層次直銷既係以建立多層級組織為行銷方式，僅規範直銷事業，並無法達成健全多層次直銷交易程序之目的。因此，多層次傳銷管理法第三章「多層次傳銷行為之實施」中，第10條應告知直銷商之事項、第11條明示從事直銷行為之義務、第12條宣稱案例之說明義務、第19條禁止行為，均將直銷商列為義務人，可見法令乃明文肯認直銷商對下線直銷商有其應盡之義務，可惜，多層次傳銷管理法上開規定，明顯漏掉了上線直銷商究竟應如何輔導下線直銷商之直銷產業中這項最重要的義務。茲分述如下：

1　多層次傳銷管理法第3條規定：「本法所稱多層次傳銷，指透過傳銷商介紹他人參加，建立多層級組織以推廣、銷售商品或服務之行銷方式。」

2　多層次傳銷管理法第5條規定：「本法所稱傳銷商，指參加多層次傳銷事業，推廣、銷售商品或服務，而獲得佣金、獎金或其他經濟利益，並得介紹他人參加及因被介紹之人為推廣、銷售商品或服務，或介紹他人參加，而獲得佣金、獎金或其他經濟利益者。與多層次傳銷事業約定，於一定條件成就後，始取得推廣、銷售商品或服務，及介紹他人參加之資格者，自約定時起，視為前項之傳銷商。」

一、業務推廣、商品用途之「據實」說明義務

依據多層次傳銷管理法第10條第1項規定，直銷事業於直銷商參加其直銷計畫或組織前，應告知之特定事項[3]，不得有隱瞞、虛偽不實或引人錯誤之表示。同法條第2項並規定，直銷商介紹他人參加時，亦不得就前項事項為虛偽不實或引人錯誤之表示。

由條文規定來看，第2項僅係規定「不得就各款事由為虛偽不實或引人錯誤之表示」，用語上與第1項「多層次傳銷事業應告知各款事由」之用語不同，因此，第1項各款事由的說明或告知，直銷公司必須「主動」為之；至於第2項各款事由的告知，直銷商則僅在被詢問時，始負有不得就各款事由為虛偽不實或引人錯誤之表示之「據實說明義務」，而非「主動告知義務」。

因此，直銷商於招攬下線直銷商時，雖然不若直銷事業有「主動」告知義務，但仍負有「據實」說明義務。直銷商若要避免在招攬下線直銷商過程中涉及相關法律責任，應該先熟記直銷事業應告知之內容，且不誇示的忠實說明。

---

[3]　直銷事業應告知之事項包括：
　　1.多層次傳銷事業之資本額及營業額。
　　2.傳銷制度及傳銷商參加條件。
　　3.多層次傳銷相關法令。
　　4.傳銷商應負之義務與負擔、退出計畫或組織之條件及因退出而生之權利義務。
　　5.商品或服務有關事項。
　　6.多層次傳銷事業依第21條第3項後段或第24條規定扣除買回商品或服務之減損價值者，其計算方法、基準及理由。
　　7.其他經主管機關指定之事項。

二、明示從事直銷行為之義務

多層次傳銷管理法第11條規定：「多層次傳銷事業或傳銷商以廣告或其他方法招募傳銷商時，應表明係從事多層次傳銷行為，並不得以招募員工或假借其他名義之方式為之。」所謂「其他方法」並不以利用廣告或媒體等使大眾可得知之方法為限[4]。

據此，除直銷事業外，直銷商於招募下線直銷商時，亦應負有表明係從事直銷行為之義務。實務常見直銷商於銷售產品時遊說消費者加入成為下線直銷商，此時直銷商即須具體表明係從事直銷行為。實務上曾有於報紙刊載「志工媽媽」報徵廣告，廣告上亦無從事多層次傳銷之相關表示，報徵而來參加教育課程之說明時，始知悉係從事直銷，即屬違反本條規定[5]。

三、宣稱案例之說明義務

依多層次傳銷管理法第12條規定[6]，直銷事業或直銷商以宣稱成功案例招攬下線時，就宣稱成功案例需將相關的進行期間、獲得利益及發展歷程等事實具體的進行說明，且不可以有虛偽不實或引人錯誤的表示。

前開宣稱案例之說明義務規範對象亦包括直銷商，故直銷商於招攬下線直銷商時，如有藉成功案例說明，無論就該案例之進行期間、獲得利益及發展歷程，均不得有虛偽不實或引人錯誤的表示；例如不得虛稱直銷

---

[4] 公平交易委員會，認識多層次傳銷管理法，103年6月，頁59。

[5] 請參見公平會工處字第102111號處分書。

[6] 多層次傳銷管理法第12條規定：「多層次傳銷事業或傳銷商以成功案例之方式推廣、銷售商品或服務及介紹他人參加時，就該等案例進行期間、獲得利益及發展歷程等事實作示範者，不得有虛偽不實或引人錯誤之表示。」

制度之位階階級名稱[7]，更不得虛稱獲利金額或速度；而且這種不實案例的宣稱，包括直銷商不得自己杜撰或為引人誤解之表示外，亦不得未經查證，引用媒體報章之報導資料，是縱然直銷商僅係轉載相關報導內容，如於轉載前，未查證相關報導內容之真實性，或未事先確認並過濾篩選，仍屬違反此義務[8]。

四、禁止以違法、不當方式從事直銷活動之義務

多層次傳銷管理法第15條[9]明列直銷商如有以不當或違法方式從事直

---

[7] 公平交易委員會公處字第101074號處分書指出：「經查G公司並無前揭「事業總裁」等聘級職稱，次據被處分人自承網站刊載之「事業總裁」、「事業領袖」、「事業協理」、「事業經理」等階級名稱，乃其所虛設階級名稱，非為G公司傳銷制度之聘級，是被處分人於系爭「○○團隊」網站，對旗下線傳銷商就G公司之傳銷制度為虛偽不實及引人錯誤之表示，違反行為時多層次傳銷管理辦法第11條第2項規定。」

[8] 公平交易委員會公處字第096159號處分書指出：「一、按多層次傳銷管理辦法第20條規定……是倘傳銷事業於其網站中登載成功案例以推廣銷售商品或勞務及介紹他人加入時，就獲得利益進行宣稱時，即均應具體說明相關始末，同時並不得有虛偽不實或引人錯誤之表示。否則，即屬違反前揭規定。二、經查被處分人將直銷人雜誌第28期有關其參加人江君之相關報導內容，轉載於其網站之「森青風雲錄」，其中並提及江君於兩年前加入成為其參加人後，四個月內即能月入百萬等情，核此登載內容業屬被處分人以聲稱成功案例之方式，藉以作為推廣、銷售商品或勞務及介紹他人加入之用，倘其內容涉有虛偽不實者，被處分人自應受行政裁罰。三、案經本會調查，被處分人於到會陳述時坦承確曾於其公司網站中登載報導江君月入百萬之內容，然對照被處分人到會說明意見及所提資料，其自成立迄今，並未有參加人達到月入百萬元之情事，甚至報導中之江君迄今自被處分人所累計獲領之獎金亦尚不足百萬，是被處分人轉載之相關報導內容顯然有誤。被處分人固辯稱系爭媒體報導所提及江君四個月內即能月入百萬，係指其前曾參加他傳銷事業時之經驗，並將此經驗帶入以發展銷售組織，且相關內容業自公司網頁中予以移除云云。然，被處分人於其轉載相關報導內容前，本應查證相關報導內容之真實性，倘其中有虛偽不實或引人錯誤之表示，且為被處分人得事先確認並選擇是否適宜登載者，被處分人自得予以過濾篩選，而非認係屬轉載即忽略該項真實義務之履行。四、綜上，被處分人於其網站上轉載其參加人江君加入四個月內即達到月入百萬目標，實際上江君並無系爭成功經驗，被處分人核屬就成功案例之獲得利益內容為虛偽不實之表示，此已違反多層次傳銷管理辦法第20條規定，殆無疑義。」

[9] 依多層次傳銷管理法第15條規定：「多層次傳銷事業應將下列事項列為傳銷商違約事

銷活動之情形，直銷事業應列為直銷商違約事由之事項，並要求直銷事業訂定能有效制止之處理方式。

依據上述多層次傳銷管理法之規定，直銷事業必須將直銷商下列事項列為違約事由，包括：1.直銷商對下線直銷商從事直銷活動時，不得以欺罔或引人錯誤之方式推廣、銷售商品或服務及介紹他人參加直銷組織；2.假借直銷事業之名義向他人募集資金；3.以違背公共秩序或善良風俗之方式從事直銷活動；4.以不當之直接訪問買賣影響消費者權益；5.以違反多層次傳銷管理法、刑法或其他法規之直銷活動。直銷商之任何行為一旦觸及上述列入違約事由之條款，依法即有受被終止參加契約之危險，不可不慎。

五、不得從事下列組織發展之禁止行為之義務

依據多層次傳銷管理法第19條第2項規定，直銷商於其介紹參加之人，亦不得為同條第1項第1款至第3款、第5款及第6款之行為。

據此，直銷商於介紹下線直銷商時不得有下列行為：

（一）以訓練、講習、聯誼、開會、晉階或其他名義，要求直銷商繳納與成本顯不相當之費用。例如直銷事業以「潛能訓練班」之名義，要求直銷商參加，再收取與開班成本顯不相當之費用，即涉及此款規定之違反。

由，並訂定能有效制止之處理方式：
一、以欺罔或引人錯誤之方式推廣、銷售商品或服務及介紹他人參加傳銷組織。
二、假借多層次傳銷事業之名義向他人募集資金。
三、以違背公共秩序或善良風俗之方式從事傳銷活動。
四、以不當之直接訪問買賣影響消費者權益。
五、違反本法、刑法或其他法規之傳銷活動。
多層次傳銷事業應確實執行前項所定之處理方式。」

（二）要求直銷商繳納顯屬不當之保證金、違約金或其他費用。例如上限直銷商爲要求所屬下線直銷商達成其所規定之責任額時，約定下線直銷商應事先繳納保證金，倘下線未能按期達到業績，則課受保證金或予以罰款即屬之。

（三）促使直銷商購買顯非一般人能於短期內售罄之商品數量。但約定於商品轉售後支付貨款者，不在此限。此即所謂囤貨禁止行爲，爲直銷實務重要問題，將於下節析述之。

（四）不當促使直銷商購買或使其擁有二個以上推廣多層級組織之權利。此款規定並非限制直銷商購買二個以上推廣直銷組織之權利，而係禁止以不當之手段促使直銷商購買或使其擁有二個以上推廣直銷組織之權利。

（五）其他要求直銷商負擔顯失公平之義務。公平交易委員會曾以直銷事業於直銷商加入時，不問其意願及是否實際參與，一律事先強制徵收教育訓練課程之營運輔導費，顯係要求直銷商負擔顯失公平之義務，而認定違反此款規定[10]。

依據公平交易委員會上述看法，若上線直銷商在鼓吹被介紹人加入成爲其下線直銷商時，若不問其意願及是否實際參與，一律事先強制徵收教育訓練課程之營運輔導費，應亦足認係要求他直銷商負擔顯失公平義務之違法行爲。

以上這五項義務，雖是直銷商在介紹、推薦下線直銷商加入直銷事業時，所應盡的注意義務，這些義務都是多層次傳銷管理法的強制要求，不是下線直銷商的權利，而僅僅是法規上的反射利益，下線直銷商在上線直銷商介紹、推薦加入時，如有違反上開義務規定，並不能直接請求上線直

---

[10]　公平交易委員會，認識多層次傳銷管理法，103年6月，頁71-72。

銷商要對其給付，而是僅能向主管機關舉發上線直銷商違反上述義務。

（六）輔導下線直銷商之義務

　　直銷商依據參加契約有輔導下線直銷商之義務，不僅是直銷界的共識，同時，也是司法實務的共識，有關這一點，我們在前述台灣高等法院93年度上字第124號判決中已有說明。

　　茲有疑問者，直銷商雖有輔導下線之義務，但可以請求直銷商要盡這項義務的權利人究竟是直銷事業，還是下線直銷商也可以，坊間常見很多人對此問題存有誤會，認為這既然是上線直銷商的義務，當然下線直銷商可以對之為要求。

　　事實上，從契約相對性的原理來看，上線直銷商和下線直銷商彼此間並不存在著契約關係，上線直銷商之所以必須對下線直銷商負輔導之責，乃係因其與直銷事業間所簽立的參加契約所應付出的義務，因此，有權可以請求上線直銷商應對下線直銷商盡輔導義務，只有直銷事業。

第2節　直銷商之囤貨禁止

一、現行法規定

　　依據多層次傳銷管理法第19條第1項第3款之規定，直銷事業不得「促使直銷商購買顯非一般人能於短期內售罄之商品數量。但約定於商品轉售後支付貨款者，不在此限。」此即所謂囤貨禁止行為。

　　不過，應注意的是直銷事業依據上述規定，固然必須遵守囤貨禁止的規定，但上線直銷商若要求下線直銷商購買非一般人於短期內售罄之商品數量，有無違法？

　　這個問題，在直銷界常常發生，起因於上線直銷商為達業績，所以常有要求下線直銷商囤貨的現象，而為解決這個問題，多層次傳銷管理法第19條第2項也特別規定了，第19條第1項第3款的囤貨禁止要求，在直銷商對其介紹參加之人，亦同有適用。

　　無論是直銷事業或是直銷商，如有要求直銷商購買大量的商品，而這些商品數量顯然不是一般人短期間所能銷售完畢，即有違反上開多層次傳銷管理法第19條第1項第3款及第2項的規定。由於我國交通便利、物流系統亦有完善的建構，直銷商在實際推廣、銷售商品的過程當中，似乎沒有必要囤積大量貨品在手邊；而對直銷公司而言，要求直銷商大量進貨之後，除有涉及違法的疑慮之外，也必須考慮到日後直銷商辦理退出退貨所可能產生的風險與損失。

　　值得進一步討論的是，直銷事業能不能在營業規章中明訂禁止直銷商囤貨？或是明確要求必須銷售前次進貨數量七成之後，才允許該直銷商繼續進貨等？實務上，有的直銷事業甚至會於參加契約，明文規範直銷商不得向直銷事業為大量進貨、囤貨等不當行為，避免直銷商藉由大量囤貨，製造出假象業績與獎銜，這些規定，常被要爭取業績的直銷商指為侵害其權利，但如以多層次傳銷管理法的立場來看，主管機關毋寧會認定直銷公司上述這些措施，符合法規規範之精神，而為直銷公司之管理權限之一環，沒有侵害直銷商權益之疑慮！

　　另外，應一併注意的問題是，倘直銷事業在某特定期間或節日訂定激勵直銷商大量購買商品的特別的晉級或獎金辦法，促使有能力、努力的直銷商得依特別模式獲得晉升聘位或獲得特別加碼獎金之機會，這種作法究竟有無違反規定？要探究這種特別獎勵辦法有無構成促使囤貨之違反，端視直銷事業訂定的競賽規則，不得衍成直銷商購買短期內無法售罄之商品數量，否則即屬違法；這項規定，在上線直銷商促使下線直銷商購買短期

內無法售罄的商品時，同有適用。至於下線直銷商在參與競賽時，或上線直銷商鼓勵進貨時，皆宜考量到本身的資力及條件，不宜在高獎金的誘使下大量進貨，以致無法全數售罄，造成囤貨、退貨等損失或爭議發生。

二、「促使」的意涵

多層次傳銷管理法第19條第1項第3款規範「促使」直銷商購買顯非一般人能於短期內售罄之商品數量。以往直銷商大量進貨、囤貨的情形，雖有所聞，直銷事業的競賽辦法也有意無意地引導直銷商積極進貨，究竟，直銷事業或上線直銷商怎樣的行為，才會被認定為「促使」行為？

現行多層次傳銷管理法第19條第1項係使用「促使」之文字，其前身多層次傳銷管理辦法第17條第1項第3款則係使用「要求」之文字。依據文義的瞭解，「要求」與「促使」應不盡相同，「要求」之構成要件通常必須具有上下支配關係方得適用，而「促使」則無須有此上下隸屬關係才可構成，只要有積極勸道行為，通常皆可視為「促使」，故現行法將之修正為「促使」之文字，不僅可避免直銷事業對於所屬直銷商及上線直銷商與下線直銷商間並無業務之上下隸屬關係之適用困難度，且可因所謂促使之意涵，並不以使直銷商無法為自主意思之強制性手段為限[11]，故較可達成保護直銷商之目的。

「要求」或「促使」是否為一「積極」行為而不包括「消極」行為？就此問題，在舊法時代，參酌公平會公處字097029處分書[12]，所謂「要

---

[11] 公平交易委員會，認識多層次傳銷管理法，103年6月，頁71。

[12] 公平會於97年3月7日作成之公處字097029處分書指出：「前開法規所稱之『要求』，其本質應係出於積極之『作為』型態，亦即事業須以明示或默示之方式促請參加人為大量進貨之行為；另以『利誘』（如晉升制度或較高比例之獎金）方式促請參加人大量進貨者，因其僅對於該進貨者予以一定之利益，並非對未進貨者予以不利益，而與

求」必須係指積極之作爲，倘僅係消極的不作爲，則不屬之。因此，直銷公司倘僅是將相關激勵條件訂定出來，並沒有「積極」讓直銷商必須大量進貨，並不構成違法。然而，在現行多層次傳銷管理法時代，條文既然已將「要求」改爲「促使」，則「促使」是否亦須「積極」行爲，即有探討之必要，按「促使」只要有促成即可屬之，而不以直銷商無法自主爲必要，因此，競賽辦法如以一般人短期內無法售罄之數量爲誘惑，皆被認定爲構成本條款「促使」之違反。

例如直銷公司明訂直銷商必須按月重複消費非一般人所能負擔的消費金額的商品，或是要求一定獎銜的直銷商，每個月必須購買大量商品，才能維持其獎銜或者競賽辦法鼓勵直銷商購買超過一般直銷商一年內可以售罄的商品，而該商品之保存期限爲一年等等，則在考量相關商品數量、金額或使用狀況後，若屬於一般人短期內所無法售罄的情況下，則該直銷公司皆宜被認爲違反相關法令規定。

除此之外，直銷公司及直銷商如果利用教育訓練或於相關教材中，極力鼓吹下線直銷商應該一次就購足特定獎階的商品數量，而且實際上確實也發生多數的新進直銷商爲達特定獎階而有大量進貨且無法短期內售罄的情形，當進一步判斷兩者之間的因果關係，以及相關商品數量、金額或使用狀況後，若認爲確屬一般人短期內所無法販售的狀況下，則該直銷公司或上線直銷商仍不排除會被認爲違法[13]。當然，直銷公司或上線直銷商如

上開所稱之『要求』不同。查本案多名檢舉人雖指稱其遭要求購買商品之數量，顯非一般人短期內所能售罄，惟經查證參加人及相關上線，無論係經由上線鼓吹或欲投資獲利、經營事業、欲從事美容服務及開設美容店，選擇參加『裏理』職階及購買50萬元至60萬元之商品，均係出於自願，故縱使渠等所購買商品之數量，顯非一般人短期內所能售罄，惟倘係基於參加人之自由意願，則尚難認有前開法規所稱『要求』情事。」

[13] 公平會97年2月21日公處字097021處分書指出：「被處分人所教育之話術，無論參加人回答要從經銷商做起或從代理店做起，均教育傳銷商説服參加人要從代理店（經銷店

果要求直銷商購買大量商品，但允許直銷商在商品轉售之後才支付貨款，這對直銷商來說，因為不用先行支付貨款，往往也減少他們財產上發生損失的危險，就不在法律禁止範圍。

　　就所謂「短期內所能售罄之商品」，公平會97年2月21日公處字097021處分書，係自直銷商實際購買數量來判斷，而指出「本案檢舉人等之退貨數量為數十台甚至高達一百多台之SPA機之事實以觀，足徵被處分人誘導、鼓動參加人自代理店做起之行為，核屬要求參加人購買顯非一般人短期內所能售罄之商品數量」。

加油站

　　直銷實務有「重複消費」之制度，須和「囤貨禁止」觀念作釐清。「重複消費」係指直銷公司與直銷商約定按月固定消費多少金額，便能保有領取特定獎金的資格，直銷商則可以在基本消費額當中去挑選所需要的商品，然後由公司按月寄送到直銷商手中。這樣的經營方式，一方面可以穩定直銷公司每個月的固定營收，另方面也能培養直銷商對於公司商品品牌的認同度，在經營策略上是可採的。但在實際操作上仍有須特別注意的地方。

　　例如關於產品面的問題，由於直銷商每個月必須消費固定金額，因此直銷公司的主要商品，在性質上應該儘量是屬於消耗性商

　　推薦完成3位直屬經銷店，加入日到次月底業績達25萬PV即305,760元或不限期限累計完成50萬PV）做起（見○○事業A訓教材第23頁）；鼓勵參加人毋須自有資金而以信用卡刷305,760元作週轉金來經營（○○事業A訓教材第25頁），先上聘再零售，零售獎金最高（○○事業A訓教材第28頁），自前開書面教育訓練教材之內容以觀，在在均誘導、鼓動參加人投資305,760元從代理店做起，無異要求參加人購買顯非一般短期內所能售罄之商品數量。」

品、化妝品等日常用品，在推展上較容易成功，因為直銷商在固定金額消費下，保有多重選擇的機會，可以獲得較高的認同感。但並不是說販售單一商品的直銷公司不適合這樣做，而是在訂定重複消費的門檻時，必須要進一步考量「直銷商是不是短期內能夠售罄」？

直銷公司所訂重複消費的金額應該要合理，畢竟直銷公司採用這種經營策略是希望直銷商將平常需消費的日用品都能向公司購買，但如果直銷公司所要求按月消費的金額或數量過大，仍可能構成囤貨禁止及產生退貨甚或違法的爭議。

第3節　直銷商之換線

一、直銷制度的「線」

直銷事業因直銷商銷售商品或勞務及介紹他人銷售該事業商品勞務而獲取利益，直銷商則因銷售事業商品或勞務或介紹他人銷售商品或勞務（包括被介紹人輾轉介紹他人銷售或再介紹他人銷售）而取得佣金、獎金等報酬。因此，在直銷制度下，其參加人所介紹的人愈多，或被介紹參加的人輾轉介紹之人愈多，則參與直銷商品或勞務或介紹之人愈多，直銷公司可得之利益可能愈大，而參加人因下線（即被介紹人及被介紹人輾轉介紹的人）人數愈多，則可能銷售的商品或勞務愈多，其得取得之佣金、獎金或其他報酬當然也就可能愈多。因此，直銷制度之性質，並非單純貨品銷售而已，尚且包括參加人勞務的提供，尤其組織的建立，在直銷體系中角色之重要更是不在話下。

　　由於直銷是一種靠「介紹」及「銷售」二大原則共同完成銷售工作的制度，藉著階層利益來扣緊組織，在直銷體系中，直銷商在進行人員訪問時，不僅要對消費者進行推銷，還必須積極尋找其下線成員，亦即，直銷商本身即是產品或服務的消費者，同時也肩負銷售產品的使命，更是扮演組織、訓練其所推薦下線經銷商的管理者角色，因此具有注重組織及人脈關係之特性。又直銷業爲鞏固組織，各直銷事業無不以各種方式激勵直銷商的向心力，如定期發行內部刊物、開會分享心得、舉辦大型頒獎典禮以凝聚人氣，也是此類銷售型態之特色之一。

二、「換線」或「轉線」

　　所謂「換線」或「轉線」係指在參加契約存續期間，將原上線（通常是原推薦人）換成其他上線，自換線起由其他上線管理、輔導，並從此成爲其他上線之下線群。

　　對直銷公司而言，約定允許換線之參加契約是否會產生任何不利益。從結果來看，該換線者仍爲直銷會員，獎金發放也只是對象之改變，縱然因換線結果，原上線與他上線，因組織人數，業績可能略有變動，但對直銷公司而言，其發生獎金數額之影響相對較小，但由於「換線」後，原上線會因此而永遠喪失換線者，就整個直銷組織銷售網來看，將會發生重大之影響。

　　其一，倘允許直銷商任意轉線，則其原上線原本爲自己獎金與階級晉升所做之長年努力，即會因爲直線者轉線而消失殆盡，甚至瓦解，此無疑是間接否定了原上線發展組織之義務。其二，他上線爲自己獎金發放與階級晉升之利益，將會用盡手段搶奪他人直銷商會員，來壯大自己的下線群，如此，整個直銷銷售網將造成不斷的內部競爭，產生所有下線不停移

轉上線的情況。其三，所有直銷商根本無從專心於發展新的下線，蓋要維持自己之下線就會非常困難，根本無暇去發展新的組織，造成整個直銷銷售網將在這種惡性循環下崩解，陷入完全沒有新血加入，而任由舊會員不斷輪轉之窘境，直銷公司即無從朝向正向經營。

　　另外，換線後亦可能產生換線者之所有下線，是否一併隨之換線之問題。倘許可換線時，則換線者之原下線群，究竟是否仍會留在原上線，抑或會隨之轉換至他上線，亦有疑慮，更何況，換線者之下線也非全部皆係由換線者所獨立推薦、發展，部分下線可能還是原上線自己協助換線者所發展的，因此，換線者之下線群可否隨之換線，對於原上線亦屬重要之問題。

　　由於「換線」後，原上線會因此而永遠喪失換線者，故將嚴重影響其獎金發放制度，或甚至影響其階級，故允許任意換線之參加契約將對整個直銷組織銷售網產生重大影響。然而，上下線直銷商若交惡或已然無法相處，強制將不能相處的人綁在一起，亦不無違反人性。惟此種「轉線」仍應定位為「例外」，否則將可能導致直銷組織崩解。故目前直銷實務上，直銷事業為避免前述弊端，常會於參加契約中明訂，直銷商不得「任意換線」，亦不得有「搶線」之行為。

　　基此瞭解，上述直銷公司約定直銷商不得「任意換線」，亦不得「搶線」，即非不可接受。蓋依我國公平交易法或多層次傳銷管理法等規定，並未明確限制不得有此約定，亦未禁止於參加契約中約定該條款，似採開放態度；且從整個直銷體系以及組織長久發展，在一定條件下許可轉線限制之約定，也才是直銷組織維繫之道。因此，倘若參加人違反直銷所約定的組織及人脈關係，或激勵向心力之義務。不循參加契約進行轉線申請，而逕予「搶線」，損及直銷公司本體，直銷公司應可與參加契約中約定於此情形下得終止與直銷商間的參加契約。

加油站

　　實務上亦常見直銷商先後接觸同一名潛在下線，甚至係在某一直銷商已接近成交時，有其他直銷商介入並成交，此種情形即所謂「踩線」。由於直銷商往往係明知其他直銷商提出之交易條件下，故意以更優惠之條件以爭取下線，踩線容易形成直銷商間之惡性競爭。直銷事業亦應於參加契約適度約定踩線之處理方式。

■ 本 案 解 析 ■

　　本例中，直銷商劉備要求下線直銷商諸葛亮一次購買1,000袋米糧，顯然不可能在短期食用完畢，亦不太可能在短期售罄，故劉備之行為業已構成違反多層次傳銷管理法第19條第2項及第1項第3款之規定。

　　直銷體系，基於上下線間之信賴關係，關羽與曹操間如欠缺信賴關係，故倘由曹操繼續管理、輔導關羽，可預見將來一定會發生許多紛爭，因此，在不違反換線之基本精神下，宜准許關羽依參加契約進行轉線申請。惟劉備在關羽申請轉線獲准之前積極招攬關羽，則有「搶線」之嫌，自應受三國直銷股份有限公司規章或參加契約之處分。

直銷事業及直銷商與消費者之權利義務關係

◎ 案例故事

　　三國直銷股份有限公司直銷商曹操，爲積極尋求業績，適逢駐紮在江北的一群軍隊因水土不服，身體微恙。曹操遂向軍隊表示飲用三國直銷股份有限公司之「杜康」健康食品後，即可立即痊癒，且百毒不侵，百病不生。經軍隊中口耳相傳，軍士爭相向曹操購買。詎在飲用後，未見其效，軍士仍相繼病倒，竟於赤壁之戰中大敗。嗣後將「杜康」送請檢驗，發現「杜康」並非健康食品，亦無療效。

▲ 法律問題

1. 曹操明知「杜康」非健康食品，亦無療效，而向軍士表示「杜康」爲健康食品，服用後可以百毒不侵，百病不生，其責任爲何？又若曹操明知「杜康」內摻有禁藥而竟爲牙保，曹操之責任又如何？

2. 三國直銷股份有限公司及直銷商曹操對消費者之法律責任爲何？

第1節　直銷事業或直銷商對消費者負有誠實爲標示、宣傳、廣告之義務及其違反之行政責任

　　直銷事業及直銷商在銷售產品或提供服務予消費者時，應負誠實標示、宣傳及廣告之義務，最主要有多層次傳銷管理法、公平交易法、消費者保護法及商品標示法之規定，除此之外，直銷商品常見涉及誠實標示、宣傳及廣告的規定，尚包括健康食品管理法、食品衛生管理法及藥事法等

規定，這些法令的規定，非常清楚，但卻常被直銷商所忽略，所以，常常違法而不自知，而有加以說明之必要。

一、多層次傳銷管理法之規定

　　爲使直銷商於參加直銷事業前能獲得充足資訊以便評估是否加入，多層次傳銷管理法第10條及第12條明定直銷事業應將其資本額、營業額、直銷制度及直銷商參加條件、直銷相關法令等法定事項告知直銷商及宣稱案例之說明義務，以避免有直銷事業招募他人參加時，利用誇大不實或引人錯誤之宣傳手法勸誘直銷商參加。

　　多層次傳銷管理法10條第1項規定，直銷事業於直銷商參加其直銷計畫或組織前，應告知下列事項，不得有隱瞞、虛僞不實或引人錯誤之表示。

　　1.多層次傳銷事業之資本額及營業額。

　　2.傳銷制度及傳銷商參加條件。

　　3.多層次傳銷相關法令。

　　4.傳銷商應負之義務與負擔、退出計畫或組織之條件及因退出而生之權利義務。

　　5.商品或服務有關事項。

　　6.多層次傳銷事業依第21條第3項後段或第24條規定扣除買回商品或服務之減損價值者，其計算方法、基準及理由。

　　7.其他經主管機關指定之事項。

　　依多層次傳銷管理法第10條第2項規定，直銷商介紹他人參加時，亦不得就前開內容爲虛僞不實或引人錯誤之表示。亦即直銷商雖未負有主動之告知義務，但如直銷商有說明規定之特定事項時，不得有隱瞞、虛僞不實或引人錯誤之表示。因此，直銷商應瞭解熟悉前開告知事項，避免有虛僞不實或引人錯誤之表示。

違反前開規定，依同法第34條規定得限期令停止、改正其行為或採取必要更正措施，並得處新台幣5萬元以上100萬元以下罰鍰；屆期仍不停止、改正其行為或未採取必要更正措施者，得繼續限期令停止、改正其行為或採取必要更正措施，並按次處新台幣10萬元以上200萬元以下罰鍰，至停止、改正其行為或採取必要更正措施為止。

二、公平交易法之規定

依公平交易法第21條規定，事業不得在商品或其廣告上，或以其他使公眾得知之方法，對於商品之價格、數量、品質、內容、製造方法、製造日期、有效期限、使用方法、用途、原產地、製造者、製造地、加工者、加工地等，為虛偽不實或引人錯誤之表示或表徵。因此，就事業之廣告，倘以實證的銷售方式為之時，仍須受到公平交易法第21條之限制。

公平交易法第21條不實廣告的處罰對象為公平交易法第2條所定之「事業」。依照公平交易法第2條關於「事業」的定義，公司、獨資或合夥之工商行號、同業公會及其他提供商品或服務從事交易之人或團體，均屬之。故直銷事業及直銷商均同受規範。因此，直銷商不要誤以為商品涉及廣告不實，即全然是直銷公司的責任，實際上，依照公平交易法第2條關於「事業」的定義，直銷商仍然是有可能被處罰的對象。

違反前開規定時，依同法依第41條規定，得限期命其停止、改正其行為或採取必要更正措施，並得處新台幣5萬元以上2,500萬元以下罰鍰；逾期仍不停止、改正其行為或未採取必要更正措施者，得繼續限期命其停止、改正其行為或採取必要更正措施，並按次連續處新台幣10萬元以上5,000萬元以下罰鍰，至停止、改正其行為或採取必要更正措施為止。

三、消費者保護法及商品標示法之規定

消費者保護法第24條規定，企業經營者應依商品標示法等法令為商品或服務之標示。如係自外國輸入之商品或服務，應附中文標示及說明書，其內容不得較原產地之標示及說明書簡略；且如原產地有警告標示時，亦應附中文警告標示。

消費者保護法所稱之企業經營者，依同法第2條第2項第2款規定，係指：「以設計、生產、製造、輸入、經銷商品或提供服務為營業者」。直銷事業及直銷商對消費者銷售商品或提供服務，亦屬消費者保護法規範之企業經營者，有遵守上開規定之義務；如有違反，依同法第56條規定，經主管機關通知改正而逾期不改正者，處新台幣二萬元以上二十萬元以下罰鍰。

至於商品標示法除具體規定商品應標示之內容，並於第6條規定商品標示不得有：1.虛偽不實或引人錯誤；2.違反法律強制或禁止規定；3.有背公共秩序或善良風俗等情事外，並於第12條規定：「販賣業者不得販賣或意圖販賣而陳列未依本法規定標示之商品。」無論直銷事業或直銷商對消費者而言，亦為販賣業者，均應遵循前開規定。

直銷商如有違反法商品標示法第12條規定，販賣或意圖販賣而陳列未依本法規定標示之商品者，直轄市或縣（市）主管機關得通知限期停止陳列、販賣；該商品對身體或健康具有立即危害者，得逕令立即停止陳列、販賣。其拒不遵行者，處新台幣2萬元以上20萬元以下罰鍰，並得按次連續處罰至停止陳列、販賣時為止。

四、健康食品法

健康食品法第6條規定：「食品非依本法之規定，不得標示或廣告為

健康食品。」違反前開規定者，得科處三年以下有期徒刑，並得併科新台幣100萬元以下罰金的刑事責任；明知為前項之食品而販賣、供應、運送、寄藏、牙保、轉讓、標示、廣告或意圖販賣而陳列者，依前項規定處罰之。

另按同法第14條規定：「健康食品之標示或廣告不得有虛偽不實、誇張之內容，其宣稱之保健效能不得超過許可範圍，並應依中央主管機關查驗登記之內容。」而違反第14條規定者，依同法第24條規定，主管機關除得撤銷其健康食品之許可證外，處委託刊播廣告者新台幣6萬元以上30萬元以下罰鍰，並得按次連續處罰。

因此，依據前揭健康食品法的規範，在推廣食品的過程中，除直銷公司之外，直銷商也應該注意相關的廣告或宣稱內容，不能以訛傳訛，更不得錯誤標榜為健康食品，否則皆有觸法之虞。

五、食品衛生管理法

依食品衛生管理法第28條第1項及第2項規定：「食品、食品添加物、食品用洗潔劑及經中央主管機關公告之食品器具、食品容器或包裝，其標示、宣傳或廣告，不得有不實、誇張或易生誤解之情形。食品不得為醫療效能之標示、宣傳或廣告。」

如有違反，依同法第45條規定，違反第28條第1項者，處新台幣4萬元以上20萬元以下罰鍰；違反同條第二項規定者，處新台幣60萬元以上500萬元以下罰鍰；再次違反者，並得命其歇業、停業一定期間、廢止其公司、商業、工廠之全部或部分登記事項，或食品業者之登錄；經廢止登錄者，一年內不得再申請重新登錄。

坊間常見直銷事業或直銷商將其銷售、推廣之食品，宣稱有醫療效

能，即屬違反上開食品衛生管理法第28條、第45條之規定。

六、藥事法

藥事法第65條規定：「非藥商不得爲藥物廣告。」第69條規定：「非本法所稱之藥物，不得爲醫療效能之標示或宣傳。」第70條規定：「採訪、報導或宣傳，其內容暗示或影射醫療效能者，視爲藥物廣告。」

是倘直銷公司或直銷商未登記爲藥商，或所販售者非藥事法所稱之藥物時，依法即不得爲藥物廣告；亦不得爲醫療效能之標示或宣傳，或是暗示或影射醫療效能。違反時，得藥事法相關規定處以行政罰鍰。

第2節　直銷事業或直銷商明知所販售之商品摻有禁藥，而仍爲牙保之刑事責任

按藥事法第4條規定：「本法所稱藥物，係指藥品及醫療器材。」第20條規定：「本法所稱僞藥，係指藥品經稽查或檢驗有左列各款情刑之一者：1.未經核准，擅自製造者。2.所含有效成分之名稱，與核准不符者。3.將他人產品抽換或摻雜者。4.塗改或更換有效期間之標示者。　又明知爲僞藥或禁藥，而販賣、寄藏、牙保者[1]；或是未經核准擅自製造或輸入醫療器材者[2]，藥事法均有處罰規定，前者，得處7年以下有期徒刑，其處

---

[1] 藥事法第83條第1項：「明知爲僞藥或禁藥，而販賣、供應、調劑、運送、寄藏、牙保、轉讓或意圖販賣而陳列者，處七年以下有期徒刑，得併科新台幣五百萬元以下罰金。」

[2] 藥事法第84條規定：「未經核准擅自製造或輸入醫療器材者，處三年以下有期徒刑，得併科新台幣十萬元以下罰金。明知爲前項之醫療器材而販賣、供應、運送、寄藏、牙保、轉讓或意圖販賣而陳列者，依前項規定處罰之。因過失犯前項之罪者，處六月以下有期徒刑、拘役或新台幣五萬元以下罰金。」

罰不可謂不重，後者，則可處3年以下有期徒刑。因此，倘直銷事業或直銷商明知販賣之藥物爲僞藥或禁藥或是販賣之醫療器材未經主管機關核准者，皆應負該條所訂的刑事責任。

加油站

　　直銷事業或直銷商一行爲同時違反多個行政處罰的法令時，依「一事不二罰 的原則，要如何處罰？又違反行政處罰的法令，也同時觸犯刑法處罰規定，應如何處罰？

　　按一行爲同時觸犯多個法律，依「一事不二罰 原則，只會依一個法令加以處罰，在學理上，大多主張特別法應優先於普通法，所以特別法的處罰，通常會較普通法嚴屬，但在行政法的領域，特別法與普通法常常無法區別，例如消費保護法跟健康食品法來做比較，一個著重在人的保護，一個著重在商品的保護，二個法令實在很難區別出何者是特別法，何者是普通法，因此，一行爲同時違反兩個以上的行政處罰法令時，台灣的行政處罰原則便不採取上述這種法律通則，而採取比較所有罰鍰規定，而讓行政機關可以在所有罰鍰規定的最高與最低金額中作選擇，而且如果各種處罰的方式不同，那麼行政機關各種不同的處罰，也都可以決定。（行政罰法第24條）

　　再者，一行爲同時觸犯刑事法律及違反行政法上義務規定者，依刑事法得處罰之，但其行爲應以其他種類行政罰或得沒入，而未經法院宣告沒收者，亦得裁處之。（行政罰法第26條）

第3節　直銷事業或直銷商對消費者應負之責任

直銷事業規劃直銷營運模式係為銷售商品或服務予直銷商或消費者，而直銷商除了建立組織以銷售、推廣商品或服務外，亦得自行銷售產品或提供服務予下線或一般消費者，此時直銷商如係以買斷之方式向直銷事業進貨再販售予下線直銷商或一般消費者，則直銷事業與直銷商或消費者間，以及直銷商與下線直銷商或消費者即存在民法買賣契約，直銷事業及直銷商應依據民法買賣關係、消費者保護法及其他相關法令對消費者負相關責任。

一、依據民法買賣關係應負之責任

直銷事業銷售商品予直銷商或直銷商銷售商品予消費者，二者間成立民法之買賣契約。依據民法第348條之規定，直銷事業或直銷商身為出賣人，即應負有交付其物於買受人，並使其取得該物所有權之義務；並且應依民法規定負權利瑕疵擔保責任及物之瑕疵擔保責任。

如直銷事業或直銷商銷售之商品有瑕疵時，消費者可依據民法第359條規定，主張解除契約、減少價金，或是另行交付無瑕疵之物。如直銷事業或直銷商有向消費者保證品質或故意不告知瑕疵之情形，消費者得不解除契約或請求減少價金，而請求損害賠償。

此外，直銷事業或直銷商銷售之商品導致消費者使用後發生生命、身體、健康、財產上之損害，消費者當然也可以主張債務不履行之加害給付及依據侵權行為向直銷事業或直銷商請求賠償。

實務上常見直銷事業於商品說明書或保固書註明消費者發現有瑕疵

時，僅得要求換貨而不得退貨，或限制主張瑕疵期間，參照民法第366條[3]規定，如直銷事業或直銷商並無故意不告知消費者瑕疵，此限制瑕疵擔保責任之約定應屬有效。

加油站

　　契約履行過程中出賣人出售的商品有病菌，導致買受人吃了以後送醫急救的情形，世所恆有，此時買受人究竟只能針對出賣人主張債務不履行之加害給付？還是同時也可對於出賣人主張侵權行為的損害賠償？就此問題，最高法院77年11月1日曾召開77年度第19次民事庭會議，其討論經過如下：

【提案】

　　院長交議：A銀行徵信科員甲違背職務故意勾結無資力之乙高估其信用而非法超貸鉅款，致A銀行受損害（經對乙實行強制執行而無效果），A銀行是否得本侵權行為法則訴請甲為損害賠償？有甲、乙二說：

【討論意見】

甲說

　　（肯定說——請求權競合說）債務人之違約不履行契約上之義務，同時構成侵權行為時，除有特別約定足認有排除侵權責任之意思外，債權人非不可擇一請求，A銀行自得本侵權行為法則請求甲賠償其損害。

3　民法第366條：「以特約免除或限制出賣人關於權利或物之瑕疵擔保義務者，如出賣人故意不告知其瑕疵，其特約為無效。」

乙說

（否定說——法條競合說）侵權責任與契約責任係居於普通法與特別法之關係，依特別法優於普通法之原則，應適用契約責任，債務不履行責任與侵權責任同時具備時，侵權責任即被排除而無適用餘地，蓋契約當事人有就責任約定或無約定而法律有特別規定（如民法第五百三十五條前段、第五百九十條前段、第六百七十二條前段規定債務人僅就具體過失負責；第四百十條、第四百三十四條、第五百四十四條第二項規定債務人僅就重大過失負責），而侵權責任均係就抽象過失負責，如債務人仍負侵權責任，則當事人之約定或法律特別規定之本意即遭破壞，豈非使法律成具文，約定無效果，故A銀行與甲間並無約定得主張侵權行為時，即不得向甲為侵權行為損害賠償之請求。

以上二說，應以何說為當，請公決。

【決議】

我國判例究採法條競合說或請求權競合說，尚未儘一致。惟就提案意旨言，甲對A銀行除負債務不履行責任外，因不法侵害A銀行之金錢，致放款債權未獲清償而受損害，與民法第一百八十四條第一項前段所規定侵權行為之要件相符。A銀行自亦得本於侵權行為之法則請求損害賠償，甲就核無不當。

二、依據消費者保護法應負之責任

直銷事業或直銷商銷售予消費者之商品或提供之服務，如有致使消費者身體、健康受侵害時，消費者除可依據上述侵權行為法的規定向直銷事

業或直銷商請求賠償外，也可依據消費者保護法請求賠償。

　　直銷事業或直銷商銷售商品或提供服務予消費者，屬於消費者保護法規範之企業經營者，因此，依據消費者保護法第7條規定[4]，直銷事業或直銷商在銷售時，應確保該商品或服務，符合當時科技或專業水準可合理期待之安全性。商品或服務具有危害消費者生命、身體、健康、財產之可能者，應於明顯處為警告標示及緊急處理危險之方法，否則即皆應負擔賠償責任。

　　消費者保護法對於從事經銷之企業經營者之上述賠償責任，係採推定過失責任，因此，直銷事業或直銷商主張其商品於流通進入市場，或其服務於提供時，符合當時科技或專業水準可合理期待之安全性而不須負賠償責任者，依同法第7-1條規定，直銷事業或直銷商應就主張之事實負舉證責任。

　　直銷事業或直銷商如認對於損害之防免已盡相當之注意，或縱加以相當之注意而仍不免發生損害，依消費者保護法第8條第1項規定[5]，亦須負舉證責任始得免除賠償責任。

　　一般而言，直銷事業或直銷商銷售之商品多由直銷事業所供應，是如產品致消費者之生命、身體、健康及財產受到損害，直銷商宜與直銷事業約定相關處理方式。

---

[4]　消費者保護法第7條：「從事設計、生產、製造商品或提供服務之企業經營者，於提供商品流通進入市場，或提供服務時，應確保該商品或服務，符合當時科技或專業水準可合理期待之安全性。商品或服務具有危害消費者生命、身體、健康、財產之可能者，應於明顯處為警告標示及緊急處理危險之方法。企業經營者違反前二項規定，致生損害於消費者或第三人時，應負連帶賠償責任。但企業經營者能證明其無過失者，法院得減輕其賠償責任。」

[5]　消費者保護法第8條第1項規定：「從事經銷之企業經營者，就商品或服務所生之損害，與設計、生產、製造商品或提供服務之企業經營者連帶負賠償責任。但其對於損害之防免已盡相當之注意，或縱加以相當之注意而仍不免發生損害者，不在此限。」

第4節　直銷商本身是否也是消費者？

消費者保護法保護之對象為「消費者」，依據消費者保護法第2條第1項第1款規定：「消費者：指以消費為目的而為交易、使用商品或接受服務者。」直銷事業或直銷商可能銷售產品予下線直銷商，或非屬於直銷體系之人，於直銷事業或直銷商可能銷售產品予下線直銷商之際，下線直銷商是否為受消費者保護法保護之消費者，即有疑義。

消費者保護委員會88年4月23日（88）台消保法字第00548號[6]，指出消費者保護法第2條第1項第1款所謂之「消費」，係指不再用於生產或銷售之情形下所為之「最終消費」而言。則依據上述解釋，直銷商向直銷事業買受商品或服務時，如本人為最終消費者，那麼直銷商在消費該商品或服務時，如受有生命、身體、健康、財產之損害，仍可依據消費者保護法向直銷事業主張權利（即損害賠償），但如下線直銷商買受直銷商品後從事銷售，因其並非為「最終消費」之人，即非屬消費者保護法所稱費者與企業經營者間之消費關係，因此不得就其生命、身體、健康或財產上之損害向直銷事業主張損害。

6　消費者保護委員會88年4月23日（88）台消保法字第00548號指出：「（一）查消費者與企業經營者間因商品或服務發生之法律關係，為消費關係；而消費者與企業經營者間因商品或服務所發生之爭議，是為消費爭議，消費者保護法（以下簡稱本法）第二條第三款、第四款定有明文，若因消費關係而與消費者發生消費爭議時，均有本法之適用。又所謂「消費者」，依本法第二條第一款規定，係指以消費為目的而為交易、使用商品或接受服務之人為限，至於其中所謂之「消費」，係指不再用於生產或銷售之情形下所為之「最終消費」而言，惟是否適用於本法所定之一切商品或服務之消費，仍應就實際個案認定之。（二）本件申訴人如係以所買受之傳銷產品為其經銷產品，而從事銷售者，參酌前揭說明，尚非本法所稱消費者與企業經營者間之法律關係（消費關係），如有任何爭議，係屬私權爭議事項，允宜適用民法等相關規定。」

加油站

　　實務常見直銷商未經消費者之邀約，即誘使消費者前往其營業處所，並趁機推銷商品之情形，致產生是否有違反消費者保護法之爭議。就此，消費者保護委員會92年10月14日消保法字第0920001296號認為，倘企業經營者未經邀約，即誘使前往其營業處所，並趁機推銷商品，契約成立之時，亦無同類商品可供比較，而使渠在無心理準備下所生之交易行為，可認為有消費者保護法訪問買賣規定之適用。

　　因此，消費者得依據消費者保護法第19條規定，於收受商品後七日內，退回商品或以書面通知企業經營製者解除買賣契約，無須說明理由及負擔任何費用或價款。

■ 本案解析 ■

　　直銷商曹操明知「杜康」並非健康食品，卻標榜為健康食品並販賣，已違反健康食品法第6條規定。

　　直銷商曹操明知「杜康」並非藥物，卻為醫療效能之宣傳，且其在明知「杜康」摻有禁藥，卻仍為牙保，亦違反食品衛生管理法第28條第2項及藥事法第4、65、69、83條等規定，而應負刑事責任及行政責任。

　　又，「杜康」不符宣稱之效用，如其禁藥成分甚且致買受之軍士相繼病倒，造成身體上傷害，銷售之直銷商曹操應負民法上物之瑕疵責任及侵權責任；且因三國直銷股份有限公司為提供產品之企業經營者，應與直銷商曹操同負消費者保護法之產品責任，軍士們得主張解除契約或減少價金，並得請求身體健康所受之損害賠償。

CHAPTER **6**

直銷權之讓與、繼承

◎案例故事

　　劉備以個人名義參加三國直銷股份有限公司的直銷事業，經營得頗具規模，但漸漸有了年紀，劉備眼看自己的兒子劉禪不成材，遂起意將直銷權於生前轉讓給孔明，但三國直銷股份有限公司認為直銷權具備人的性質，堅持在孔明通過教育訓練前，不會核准直銷權轉讓，結果劉備在三國直銷股份有限公司核准前即去世了。

　　關羽希望大兒子關平可以繼承直銷權，於生前對三國直銷股份有限公司簽署了接班計畫。關羽不幸生了重病，這時才赫然發現關平根本沒有意願接班，遂想將直銷權轉讓給自己的好兄弟張遼，但公司以張遼與關羽並非同一上下線組織，拒絕張遼承受。

　　試問：三國直銷股份有限公司得否核駁劉備之直銷權讓與？三國直銷股份有限公司得否拒絕關羽之直銷權讓與？

▲法律問題

　　1. 直銷權可否轉讓？
　　2. 直銷權轉讓的方式？
　　3. 直銷事業是否有權介入直銷商直銷權的轉讓？

第1節　直銷權可否轉讓

一、傳統學說對直銷權可否轉讓性之認定

　　首先要加以澄清的是，很多直銷業者常把直銷商經營直銷所產生的佣金、獎金或其他經濟利益的讓與，當成是直銷權的讓與，這是非常大的誤

會，經營直銷權所產生的經濟利益，它本身是一種獨立的財產，是隨時可以讓與的，但它與這裡要討論的直銷全讓與是完全不同的二回事，這裡所謂的直銷權，是指直銷商加入直銷公司的直銷計畫後所取得的可以推廣銷售商品或服務，以及可以發展下線組織群以推廣銷售商品或服務的權利。

在傳統的法學領域中，任何一種權利可否轉讓，法理上應先定性該權利究竟為一「屬人性」抑或「財產性」？倘為屬人性，則因具備一身專屬性，參加人若嗣後變更，其權利即告終止；倘為財產性，則不具備一身專屬性，得由第三人變更成為參加人而享有該權利。

在上述這二種權利的看法中，直銷權究竟屬於哪一種？多數見解認為前者較為可採，茲析之如下：

（一）直銷商因參加契約而具有「推廣、銷售」及「介紹他人加入」以獲得傭金之經濟上利益，此項權利的產生，事實上具有濃厚的屬人性質。

民法第528條規定：「稱委任者，謂當事人約定，一方委託他方處理事務，他方允為處理之契約」。

參加契約是由直銷事業授予參加人因參加契約而取得推廣銷售權，並取得介紹權以發展組織，並可藉由履行推廣銷售權及介紹權之銷售結果而獲得傭金之經濟上利益。亦即，雙方相互約定，在參加契約存續中，由參加人處理推廣銷售直銷事業之商品或勞務、介紹他人加入以發展組織銷售網，應可認為具有委任契約之意旨；而直銷事業則定期視參加人處理前揭事務之成果—即其銷售業績、階層以及組織整體之業績，於參加人符合不同條件下給付不同比例之傭金，上開傭金即具有委任報酬之性質。

這種委任關係具有濃厚的屬人性，依照民法第537條規定，在委任關係中，受任人原則上應自己處理委任事務，除非經委任人同意，才可以使

第三人代為處理，而且這種委任關係，原則上也是當事人一方死亡時即會消滅。

（二）參加人因參加契約取得直銷權後，其銷售推廣而與直銷事業陸續為經銷或代銷行為，而是植基於直銷權的有效存在。

　　參加人加入直銷事業後，除為了自己使用商品而向直銷事業購買商品外，並可依多層次銷管理法第3條規定取得推廣、銷售商品或勞務權，讓被推薦人或消費者購得商品，此一層法律關係具有委任契約之性質，已如前述；至於參加人嗣後為「推廣銷售」時，而與直銷事業所進行之經銷或代銷行為，則宜區別看待，目前直銷事業與參加人因「推廣銷售」而發展出之交易模式不出經銷與代銷兩種模式，其應適用各自性質較為相近之「買賣」或「居間」之民法上有名契約，然而應予強調的是，直銷商在參加契約有效期間，一次又一次的「買賣」或「居間」，而逐步在壯大他的直銷權，但這些買賣或居間之所以能持續發生，完全植基於直銷權有效存在。

1. 經銷模式／買賣契約

　　所謂之經銷契約，系指直銷事業將商品以買斷方式賣給參加人後，再由參加人自行賣給非參加人之第三人或消費者；而前述直銷事業將商品以買斷方式賣給參加人、參加人將商品賣給非參加人之第三人或消費者，此兩個交易關係之定性均屬民法第345條規定之買賣契約。

　　甚至，參加人於終止或解除參加契約後，更可依直銷管理法第20條、第21條等規定，請求直銷事業買回商品，亦徵於參加契約存續中，直銷商

向直銷事業購貨，另存在著買賣契約之關係。

2. 代銷模式／居間契約

所謂之代銷契約，則系指參加人在外尋得買賣商品之機會，並將之介紹給直銷事業，由直銷事業直接與該第三人或消費者訂立買賣契約，此交易模式較接近於居間契約，在代銷模式中，直銷商不必向直銷事業購貨，所以，在直銷商退出直銷事業時，原則上，不必存有退貨及請求直銷事業買回退貨的問題。

直銷事業讓參加人「推廣銷售」之交易模式，原則上，不失為上述兩種（至於推廣銷售者如為服務，則另當別論），各該直銷事業之模式為其中那一種，端視其經營策略及典章而定，有些事業會擇一實行，有些則是並行。此外，上開第一種模式，也應區別商品所有權之移轉數與買賣契約數之差別，前者是屬各個商品在買賣契約成立後所發生的商品交付，後者則是前述交付商品所依據的買賣關係，所以，一個買賣關係可以購買多個商品，發生多個商品移轉所有權的結果，因此，在一般的買賣關係中，一定要先解除買賣契約，才有因買賣契約不存在（被解除）而發生退回商品的問題，但在直銷產業中，直銷商退出直銷事業是解除參加契約，與買賣契約無關，而其退貨，也不是基於買賣契約被解除，而是基於多層次傳銷管理法的「特別規定」。

綜上所述，不論是經銷或代銷，直銷商只要代為經銷或代銷的次數愈多、數量愈大，其直銷權即愈壯大，但其之所以能持續經銷或代銷，則完全植基於參加契約（即直銷權之授予契約）之有效存在。

由上說明可知，直銷事業與參加人簽訂參加契約後，參加人在參加契約關係存續中，依照參加契約所賦予之權利，持續推廣、銷售直銷之商品或服務、以及介紹他人加入直銷事業發展其下線組織銷售網，期間並基此

參加契約，與直銷事業另行訂定買賣契約（此即上述經銷模式）、居間契約（此即上述代銷模式以及介紹推薦第三人參加），彼此相互結合，形成此一繼續性法律關係，藉由上述之分析，可見參加契約乃具有著重於「屬人性」以及「特別信賴」關係之繼續性契約。

二、本書對於參加契約可否轉讓之見解

（一）參加契約之光譜屬性理論

上述之傳統理論，將參加契約係定性為一屬人性契約，認為直銷商實施推廣銷售、發展組織具備一身專屬性，法理上不得轉讓他人，所以在多年前，台灣曾有部分直銷事業主張不允許參加契約轉讓他人，即是承襲傳統見解這一派的契約定性論調，乃其將參加契約視為完全的「屬人性契約」，因而衍伸之法律推論結果，並不奇怪。

然而，台灣現今有許多直銷事業是允許參加契約轉讓的；甚至部分直銷事業有所謂的優先承買權制度，即只要符合特定條件之人，例如直銷商之直接上線、直銷商之子女等，得以相同條件優先承買該直銷權，在這樣的制度下，似乎將參加契約視為完全的「財產性契約」，不僅是第三人得接受轉讓，甚至是特定人得介入優先承買出讓直銷權者及承受者間的出讓契約關係，是所謂的優先承買權。

以上二種實務運作的結果，例如將參加契約視為完全「屬人性契約」，事實上已難滿足直銷商的現實需求，蓋直銷商是否可以把參加契約傳給子女、或是組織中下線退出其位置而由上線承受、或是夫妻共同經營直銷權嗣後協議由一人經營等，該等參加契約似無強制不得轉讓之必要性。

另外，參加契約如視為完全的「財產性契約」，同樣也面臨不少問

題，譬如經自由轉讓之直銷商未具備推廣銷售或帶領組織能力、或是自由轉讓結果導致人為排線操弄業績、蓄意搶跳線、或是自由轉讓產生壟斷結果影響直銷商公平競爭環境等，這些糾紛似乎是直銷商需擔心的問題。

　　從學理上，將參加契約視為完全的「屬人性契約」、或視為完全的「財產性契約」，即將參加契約界定於可轉讓、或不可轉讓，不僅是零和選擇，也存在無法解決的盲點，更是不符合直銷權的特性。是以，實有必要針對參加契約的特性再做深入的探討，換言之，即有對參加契約屬性提出新理論之必要性：

　　直銷作為一種人與人間、面對面的銷售模式，直銷商進行銷售包括講解商品、售後服務、退換貨等均講究直銷商服務品質，倚重直銷商的人際關係；發展直銷組織，直銷商介紹其直接下線、對其進行輔導訓練等講究直銷商個人魅力，所以參加契約初始確實係由「屬人性」開展。

　　隨著組織的發展，直銷商與第一代直接推薦下線熟識，雙方具備最強的信賴關係；然而，直銷商對於第一代下線所直接推薦之第二代下線，或許因為輔導介紹關係，或許因為朋友的朋友關係，直銷商與第二代下線「可能」認識，惟雙方間信賴關係已較直銷商與第一代下線間薄弱；再而，直銷商對於第三代下線如上所述，直銷商在第三代下線參加直銷前，「可能」完全不認識第三代下線，此時第三代下線的加入已溢脫直銷商的人際作用範圍，亦即第三代下線並非因直銷商人際關係而加入，第三代下線的加入產生的佣金利益，對直銷商而言是其直銷位置所帶來的財產利益，屬人性隨著下線代數的發展越趨薄弱。關係圖示如下：

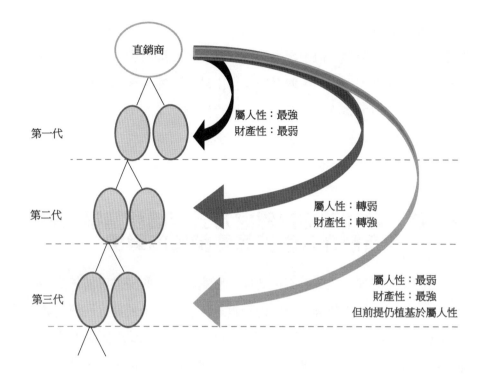

　　所以參加契約應是一個「由屬人性開始的延伸財產權」，發展組織初期，直銷商對下線產生之佣金利益屬人性強烈，隨著組織代數發展，直銷商對下線產生之佣金利益屬人性淡化、財產性質漸濃，不過，其財產性的發展仍是植基於屬人性的前提，乃其利益之性質因此呈現如上圖的光譜現象，傳統見解認定參加契約爲屬人性契約者，不宜忽略隨著織發展逐漸顯露的財產權性質，部分直銷事業認定參加契約爲財產性契約者，亦不宜忽略屬人性，如此才符合直銷權之眞正特性，也才能讓直銷組織更臻穩健而達良性、永續之發展。

　　基於以上學理的探究，目前台灣直銷實務的運作上，多數已排除將參加契約認定爲完全的屬人性契約、或者是完全的財產性契約，而逐漸採取「原則上不可轉讓，例外特定條件下許可轉讓制」，此即傳統的屬人性加

入參加契約具備一定程度之財產性的元素，相對應產生的配套措施；或者採取「原則上可轉讓，但須經事業核准制」，此即財產性質加入參加契約應具備屬人性來加以制約，避免完全自由轉讓可能帶來的混亂衝擊，與本文見解漸趨一致，亦確認於參加契約可否轉讓之議題上，不宜再單以屬人性、或財產性作二分法之認定，否則即與實際可能產生扞格。

第2節　參加契約之轉讓方式兼論直銷事業是否有權介入直銷商直銷權的轉讓

　　直銷權的轉讓，也就是直銷商加入直銷事業後取得推廣銷售商品或服務，以及發展組織銷售群，以取得銷售之佣金、獎金或其他經濟利益；這種參加契約的轉讓究竟是僅有權利的轉讓，還是也涉及其相對義務的轉讓，從法理上，也就是說參加人欲將此一權義轉讓與他人時，其轉讓方式所涉及之法律規定究應適用債權讓與或債務承擔之規定？抑或其他規範？以下分別討論之。

一、直銷權讓與方式之法理

（一）債權讓與、債務承擔之法律規定

　　民法第294條第1項本文規定：「債權人得將債權讓與第三人」、同法第300條規定：「第三人與債權人訂立契約承擔債務人之債務者，其債務於契約成立時，移轉於該第三人」，台灣民法係允許讓與依債之關係所生之債權，或承擔依債之關係所生之債務。

　　至於債權讓與、債務承擔時，其餘權利是否隨同轉讓或承擔，台灣民

法學者孫森焱教授認為：「依債之關係所生債權之讓與或債務之承擔，並不影響讓與人或原債務人之法律上地位，因此，債權讓與時，與讓與人有不可分離之關係之從屬權利並不隨同移轉於受讓人（民法第二九五條第一項但書），與債權之行使沒有密切不可分之關係者，例如選擇之債的選擇權、催告權，固可一併移轉與受讓人，若解除權、撤銷權等形成權之行使，則關係契約之存廢，惟契約當事人始得行使，自不隨同債權移轉。承擔債務時，從屬於債權之權利若與債務人有不可分離之關係者，債權人亦不得對承擔人行使（民法第三〇四條第一項但書）」。

（二）契約之概括承受

與上述之債權讓與、債務承擔須加以區別者為契約承擔，此為債之概括承受之一種態樣。而債之概括承受係指：「倘若契約當事人所移轉者並非單純之債權讓與或債務之承擔，亦非僅債權債務之合併移轉，乃概括承受債之關係所生之法律上地位，則有關讓與人之權利義務應一併由承受人繼受之。此際，凡與債權之讓與人或原債務人有不可分離之權利義務，亦隨同移轉而與承受人發生不可分離之關係，讓與人亦即從此脫離該項債之關係，有關解除權、撤銷權或終止權亦惟承受人始得行使之。」

而契約承擔即是當事人依契約訂立之債的概括承受，亦即「契約當事人將其因契約所生之法律上地位概括移轉與承受人者，是為契約承擔。承受人承擔者非僅限於讓與人享有之債權及負擔之義務，且及於因契約所生之法律上地位。舉凡撤銷權、解除權、終止權等與契約關係不可分離之形成權，均由承受人行使之。屬於繼續的契約者，則由承受人繼續履行債務或享受債權。」

契約之承擔涉及契約主體之變動，所以契約之承擔除依法律規定者

（例如民法第425、1148條）外，其依約定者均應由契約之雙方當事人及承受人三方面同意為之。如由讓與人與承受人成立契約承擔契約，則須他方當事人之同意，始生效力。蓋契約承擔契約發生效力後，讓與人即脫離原有契約關係，契約由他方當事人及承受人繼續維持。契約之客觀的經濟上作用既漸受重視，契約當事人間之主觀價值則相對的失其比重，因此契約之法律上地位逐漸趨向具有交易性，苟其移轉不影響他方當事人之契約利益，且與公序良俗無違，當無不可移轉之契約。其所以須經他方當事人參與，或須徵得其同意始能發生效力，蓋為賦予考慮之機會，避免他方當事人受不測之損害。簡言之，契約之概括承受除法有明文規定外，應取得原契約之雙方與契約承受人之三方同意，始生效力。

（三）直銷權義應以契約概括承受之方式作為轉讓之方法

在參加契約中，特別強調直銷事業與直銷商間的人的信賴關係，已如上述，因此，參加人可否將其權利全數讓予一人，而由自己負擔所有之義務？或將其所有義務讓與他人，而自己享有所有權利？即有探討之空間。就此，法律雖未明文限制不得為之，然參照直銷事業特別強調人的事業之性質，以及參加人所負之發展維持組織義務、忠實義務、競業禁止義務等等義務群，其實均是伴隨著其「推廣銷售權」、「介紹權」等權利而來，尤其是介紹權與維護組織之義務，更是一體兩面，如強將介紹權劃歸於一人，維護組織義務又歸於另一人，難能期待獲得組織上下線之信賴。因此，本文以為，除參加契約另有約定外，參加人不得將直銷權義讓與分割為之，且需經直銷事業及原參加人、受讓人三方同意，始屬有效。

（四）直銷事業對於直銷商直銷權的轉讓應有介入核准之權利

直銷權作為受讓標的，因直銷權之權利義務，乃直銷商提出行銷、推薦、帶領組織等給付義務後，直銷公司提出獎金、獎銜、國外旅遊等對待給付。緣直銷商履行給付義務，其提出之內容、方式應符合事業精神及相關法令，必符合債之本旨，其提出之給付方符合約定，是直銷權由何人實施、實施品質均屬重要之點，具備人的性質。

直銷權具備人的性質，是關於承受人是否具備經營直銷事業能力之事項，例如行銷或事業說明是否正確、帶領組織是否具備能力協助下線、相關法令是否熟悉等，直銷事業宜加以審核，就是否具備經營直銷事業能力者，或為檢視評量、或為教育訓練、進而准允駁回。換言之，公司就特定人承受應具備最終准駁之裁量權限，尚非一經直銷商指定特定人承受，公司即應予准允，遺囑指定亦同。

公司准駁之裁量權限，宜明確修訂意向書及營業守則，俾直銷商均有認識，就接班或繼承事宜預作準備。直銷事業亦宜辦理教育訓練課程，建立承受人經受訓一定時數、或訓後測驗合格者，得承受直銷權之准駁條件，以衡平直銷商指定之權益，及公司准駁裁量之權限。

二、直銷事業介入直銷商直銷權轉讓之制度的探討

直銷事業介入直銷商直銷權的轉讓制度，在台灣尚未被重視，本書認為至少應包含下列各元素，茲分別說明如下：

（一）轉讓之核准程序

由於參加契約不宜忽略其屬人性質，且如上所述，直銷權的讓與在法理上，亦歸類為契約的概括承受，參加人需將權利義務一併讓與，不能分

割為之，且需經直銷事業的同意，始屬有效，故直銷權的轉讓「直銷事業具備最終核准權利、而非由直銷商自由轉讓方式後再向直銷事業報備」的制度設計，應屬合理且較適宜，而核准制度得有之配套措施如下：

「審核直銷商轉讓條件制」：直銷商就轉讓人資格、受讓人資格、轉讓條件等事項提出書面文件，直銷事業進行實質審查後決定核准與否，由於本配套措施由直銷事業實質審查，故直銷事業應就人的資格、轉讓條件等事項訂定客觀條件，以供直銷商、直銷事業遵循遊戲規則。

「完成受訓制」：要求參加契約之受讓人應具備經營直銷之能力，包括正確推廣銷售、售後服務等個人技巧，亦包括領導組織、支援協助等群組能力，為期使藉由受訓課程引導受讓人迅速融入直銷產業，教育訓練不宜僅具備形式儀式，直銷事業應於訓後進行考核，理待確認受讓人確實具備經營能力，能有效、無障礙的操作實務下，直銷事業始認證其完成受訓。

上述審核直銷商轉讓文件制係藉由事先擬定之資格篩選出相對具備經營直銷能力之受讓人，為一轉讓前審查制度，故篩選結果通常具備一定之能力，且較符合整體直銷組織利益且；此外，因直銷事業面對開放條件，囿限於事先擬訂之使然，其資格往往多以轉讓人之上線或親屬為主，故受讓人之開放對象形式上相對保守，似由直銷事業相對具主導權。

上述完成受訓制則係透過事後對受讓人教育訓練，藉由訓練課程確保受讓人具備經營直銷能力，為一轉讓後協助取得經營能力制度，因事後篩選之制度性，是否受讓者均適合經營直銷則是未定；此外，對直銷完成受訓制則係以通過教育訓練為受讓前提，故就申請受讓之人先行資格審查較未限制，故受讓人之開放對象形式上相對開放，似由直銷商相對具主導權。

上述配套措施內容有所異同，然二者實質運作上並不衝突，倘直銷事

業二者兼採，截長補短，對直銷權轉讓理能更兼顧三方權益，並減少嗣後直銷組織後續發展之不必要糾紛。

（二）轉讓人之資格

本元素爲實務運作上重要著墨處，似與上開審核直銷商轉讓文件制有所關聯，並牽涉到契約自由原則，亦即是否不論轉讓人之獎銜、團體業績，任何直銷商均得轉讓其直銷權？

由於參加契約具備屬人性，其權利義務通常爲一身專屬，在法理上並非當然可得轉讓，是直銷權之轉讓應建立於參加契約顯露財產性質上，並非所有直銷權均適合轉讓。在參加契約的光譜屬性理論架構下，由於屬人性、財產性在不同的組織代數間處於消長狀態，是轉讓人之移轉資格，應設定轉讓人具備一定團體業績以上者，較爲恰當。

深入而言，直銷商未具備一定團體業績以上者，就個人、組織所得相對應之財產利益，直銷商人際作用仍強，該直銷商就其參加契約進行轉讓，即有未符屬人性契約原則上不得轉讓法理之疑慮；且直銷商倘尚未發展組織至一定規模，則就實際面上，受讓人申請成爲另一新直銷商即可，似亦無非轉讓不可之實益及必要性；且增加轉讓人之資格限制，程度上可減除短期人爲排線以獲致不當組織獎金之誘因；是轉讓人宜以具備一定團體業績以上爲轉讓前提。至於直銷商組織應發展至如何程度？則同由直銷事業衡量事業政策後自由抉擇之。

（三）受讓人之資格

本元素同爲實務運作上重要著墨處，同與上開審核直銷商轉讓文件制有所關聯，亦牽涉到契約自由原則，目前台灣實務運作上直銷事業對此元

素，或有規範應轉讓予直銷商、亦有規範不得轉讓予直銷商者、或有規範應轉讓予一定親屬且一定代數內直銷商、亦有未設限制等諸多不同規範，究竟受讓人應具備如何之資格？

回歸法律面制度，直銷商因參加契約對直銷事業享有權利、亦受有義務，應為一契約的概括承受，在權利讓與之情形下，台灣民法第297條第1項規定：「債權之讓與，非經讓與人或受讓人通知債務人，對於債務人不生效力。但法律另有規定者，不在此限」，意即權利讓與人應通知債務人，惟該通知係對抗要件，倘權利讓與人與受讓人間具備讓與合意，該債權讓與契約即生效力；在債務承擔之情形下，台灣民法第301條：「第三人與債務人訂立契約承擔其債務者，非經債權人承認，對於債權人不生效力」，意即債務人或債務承擔人應通知債權人，該通知為生效要件，倘債權人不承認，該債務承擔契約對債權人不生效力；是以，受讓人之資格如何擇定，仍應回歸受讓人之債務承擔能力即經營直銷能力作判斷。

是以，倘直銷事業於轉讓之核准程序中採取完成受訓制，則受讓人透過教育訓練得確保其債務承擔能力，則本受讓人資格可不必設定；倘直銷事業於轉讓程序之核准程序採取相對簡化之受訓，則可考慮受讓人之資格須為具備一定業績以上之直銷商加以補強。於確保受讓人之債務承擔能力後，至於受讓人為親屬、受讓人為直接上線、受讓人為本直銷事業之直銷商等事項均為自由抉擇事項，得由直銷事業自由擇定。

（四）優先承買制度

台灣實務運作上，部分直銷事業發展出「具備特定條件之直銷商得優先承買轉讓直銷權」之優先承買制度，所謂優先承買，在法律制度上，可參考台灣民法第426條之2：「租用基地建築房屋，出租人出賣基地時，

承租人有依同樣條件優先承買之權。承租人出賣房屋時，基地所有人有依同樣條件優先承買之權。前項情形，出賣人應將出賣條件以書面通知優先承買權人。優先承買權人於通知達到後十日內未以書面表示承買者，視為放棄。出賣人未以書面通知優先承買權人而為所有權之移轉登記者，不得對抗優先承買權人」、台灣土地法第34條之1第4項：「共有人出賣其應有部分時，他共有人得以同一價格共同或單獨優先承購」均為適例，亦即轉讓條條件經轉讓人與第三人訂定後，符合特定條件之人得以相同條件優先承買。

　　鑒於直銷產業之特殊性，為避免組織變動過大、及協助該直銷權迅速恢復經營減少磨合成本、及程度保護上線過去辛勤帶領之利益，採取一定代數內之直銷商可優先承買，不失為直銷事業可選擇之一項制度。然而直銷事業採取優先承買制度，則可能產生之糾紛，例如複數直銷商均有承買意願時之優先承買順序、直銷權轉讓疏忽未通知優先承買權直銷商之責任、優先承買直銷商因而產生複數直銷權或放棄原直銷權之制度運作等事項，均宜注意。

（五）轉讓次數、轉讓期間之限制

　　直銷權轉讓後是否應有一定次數、或一定期間，限制該直銷權不得再為轉讓？基於前開諸多配套措施，直銷事業再加諸再限制次數、期間，恐違反契約自由原則，且倘不得轉讓次數、期間發生人事變動、抑或該受讓直銷商確實無意經營，實也無強迫受讓直銷商繼續經營之必要，論此均為限制轉讓次數、轉讓期間之弊端。惟限制轉讓次數、轉讓期間，得防免組織長期處於不穩定狀態，亦得防免部分直銷商藉由轉讓制度遂行搶線、跳線破壞競爭環境、或防免其虛構組織、操弄業績等獲取不當獎金，論此等

亦為限制轉讓次數、轉讓期間之優點。是本書對於限制轉讓次數、轉讓期間認為容有利弊，並不完全支持。

（六）獎金、獎銜由受讓人重新挑戰

實務運作上，直銷商之組織位置、經營運作權利經轉讓予受讓人，獎金、獎銜之利益則有隨同移轉制度、不隨同移轉制度、及部分移轉制度。

獎金、獎銜是否移轉應視其性質認定，倘視獎金、獎銜為轉讓直銷商努力之相對應報酬，具備屬人性，則獎金、獎銜不隨同直銷權轉讓而移轉，須由受讓直銷商重新挑戰；倘視獎金、獎銜為該直銷權位置之利益，具備財產性質，則獎金、獎銜隨同直銷權轉讓而移轉，由受讓直銷商繼續持有相對應利益之請求權。

本書以為，參加契約為一由屬人性開始的延伸財產權，其屬人性、財產性均應予以衡量，獎金、獎銜隨同移轉似認定直銷權為完全的財產性質，其位置所有利益均得隨同轉讓，然如此認定似乎略了參加契約之屬人性，尤其不同直銷商作用不同，相同組織未必導致相同結果，是以獎金、獎銜不隨同移轉制度、或部分移轉制度，來平衡過於偏向財產性質的契約屬性認定，應為可行。

當然獎金、獎銜是否移轉攸關轉讓條件，直銷商、直銷事業應參酌此因素詳擬轉讓條件。

（七）直銷權轉讓應注意事項

上開諸多配套措施，直銷事業得依據事業政策自由抉擇擬定遊戲規則，然部分配套措施或偏向屬人性、或偏向財產性，部分配套措施或偏向保守、或偏向開放，各有特色，直銷事業宜於不同面向中融合不同配套措

施之屬性，避免衝突。

直銷事業應有直銷權轉讓之最終核准權利，非經直銷事業同意，該直銷權不得移轉，是直銷事業應明訂各轉讓之客觀化標準，供直銷事業與直銷商雙方共同遵守，如此直銷界才能有更健康、合理的營運環境。

第3節　結論

直銷事業歷經在台灣30餘年來之穩定發展後，台灣約莫有12分之1的人口從事直銷事業，代表有為數甚多之參加人藉此經營、發展自己的事業，各直銷事業亦藉由旗下參加人戮力經營而得以蓬勃發展，但不可避免的，雙方均須面臨參加人之年齡逐年邁向老化，以及其事業得否永續經營之難題，從而，直銷事業在設計直銷權義制度內涵時，除應考量參加契約之「屬人性」、「繼續性契約」性質外，更應考量參加人以及直銷事業之永續經營發展。

是以，如直銷事業允許直銷權義得無條件讓與或未設任何同意機制即得轉讓，非但無法確保受讓人之資格、能力，而有違參加契約之「屬人性」、「繼續性契約」之要求，對直銷事業之永續經營發展，未必有利。是以，本文建議，如直銷事業採行原則讓與之機制，宜有後續訓練受讓人之機制，使受讓人符合直銷事業所要求之能力及資格，以強化受讓人與直銷事業之信賴關係，達成參加契約「屬人性」之要求。

反之，如直銷事業禁止直銷權義之讓與，則在參加人因故無法或不願意繼續經營時，勢必無法維持組織網之運作並連帶影響整體事業之營運，反倒將成為直銷事業與其組織網之困擾，而有礙參加人以及直銷事業之永續經營，亦非妥適。

　　是以，本文建議，直銷事業在設計直銷權義讓與制度時，至少須在符合「三方同意條款」、「完成受訓制」條件下，原參加人始得轉讓直銷權義與受讓人，以符合參加契約「強烈屬人性」、「繼續性」之特點，並兼顧雙方利益及提供公司永續經營發展之利基。

■ 本 案 解 析 ■

　　參加契約委由直銷商推廣銷售、帶領組織，具備屬人性，直銷權轉讓應以受讓人具備經營直銷之能力前提，三國直銷股份有限公司得要求孔明完成教育訓練之權利，並有孔明未完成教育訓練前不允直銷權轉讓之最終核准權利。

　　受讓人以具備經營直銷能力為基本資格，然而為避免組織變動過大、維護直銷商公平競爭環境，三國直銷股份有限公司得要求受讓人為同一組織上、下線之資格事項，但須以公司業已制定客觀化標準為前提，本案例三國直銷股份有限公司倘於規章制度已明訂受讓人須為同一組織直銷商，則三國直銷股份有限公司得拒絕關羽之直銷權讓與。

CHAPTER 7

直銷商退出與退貨之
法律關係

◎ 案例故事

　　三國直銷股份有限公司現在出產一種添加頂級原料成分，能讓人體DNA排序更佳穩定，達成健康保持年輕之「美女露」飲品。三國直銷股份有限公司旗下直銷商小喬使用後效果顯著，劉備為討好女朋友孫尚香，遂勸說孫尚香加入三國直銷股份有限公司，成為直銷商之一員，並以會員身分向公司訂購1,000瓶之「美女露」，每瓶單價1,000元，希望孫尚香一日一瓶，青春永駐。惟孫尚香在加入三國直銷股份有限公司後，以會員身分購買1,000瓶「美女露」，但飲用並經審慎思考七天以後，認為自己十分年輕，與小喬相比並不遜色，認為自己並無長期飲用「美女露」之必要，故向三國直銷股份有限公司主張解除契約，並請求退回所有貨物。

▲ 法律問題

1. 孫尚香可否主張解除契約及退貨？倘三國直銷股份有限公司抗辯該契約業經孫尚香充分審視，且無可歸責於三國直銷股份有限公司之事由，表示孫尚香不得解除契約及退貨，有無理由？

2. 倘孫尚香於2個月後，才想要與三國直銷股份有限公司終止參加契約及主張退貨，是否可以？若可，則可請求退貨之費用又應如何計算？

3. 若孫尚香在6個月後才表示要終止契約並退貨，於法有據嗎？

4. 在孫尚香解除或終止前，將其他不良品摻雜在美女露中後，以高價販賣予他人，而遭法院判處詐欺與傷害罪確定在案，三國股份有限公司據此終止與孫尚香間之參加契約，並依據參加契約禁止孫尚香退貨，是否有理？

第1節　直銷商退出、退貨之法令變動

2014年1月29日台灣多層次傳銷管理法尚未通過施行前，有關多層次直銷的管理，適用1992年間頒佈施行之公平交易法（下稱公平法），在公平法第8條明文規定多層次傳銷之定義，開啓將多層次直銷產業納入規範管理，迄今已逾20年。期間，公平會並增訂第23之1至之4之規定，以規範多層次直銷事業對於參加人以解除或終止參加契約方式退出事業時，事業所需負擔之買回義務及該義務之內容，觀諸上開條文，無非基以保護參加人之立場而訂定，公平會就此亦多爲保護參加人之相關見解。

鑑於公平交易法屬競爭法性質，主要在規範限制競爭與不公平競爭行爲，與多層次直銷行爲之管制性質有別，對於違法行爲之裁處標準與衡量條件亦有不同，將多層次直銷之管理併同置於公平交易法中予以規範，雖有其權宜之立法背景，然亦突顯我國多層次直銷之管理法制未臻成熟，且因公平法規範多層次直銷產業的條文寥寥可數，故每每造成商業交易上所生之問題無法可解。從而，建構完整之多層次直銷管理法制，加強多層次直銷事業之管理與監督，乃促成2014年的「多層次傳銷管理法」之制訂。

新法之多層次傳銷管理法關於如何規定直銷商解除契約與終止契約之法定條件，及因解除契約與終止契約而生之權利義務，均有所著墨，而爲使直銷商於訂約後能有重新檢討判斷參加與否之機會，賦予其於一定「猶豫期間」內有單方解除或終止契約之權，新法並將公平交易法第23條之1所定14日猶豫期間，如同消費者保護法之規範而延長爲30日；且縱然直銷商已過了30日的猶豫期間，直銷商仍得隨時以書面終止契約，並可就自可提領之日起算未逾6個月之持有商品，要求退貨，並明定直銷商與直銷事業間因退貨所生之權利義務。且在這種情形下，多層次直銷事業不得

請求因契約解除或終止所受損害賠償或違約金，也不得阻撓直銷商辦理退出退貨，多層次直銷事業於直銷商行使解除或終止契約權時，明文禁止其利用各種不合理條件予以實質限制，或以其他不當方式阻撓直銷商退出退貨，或不當扣除直銷商應得之利益，對直銷商極盡保護之能事，諸可嘉許。

由於舊法時代，即當時的公平交易法關於參加人退出退貨之規範，僅有第23條之1及第23條之2關於解除或終止參加契約2個條文規定，如何規範層出不窮的退貨模式？顯有不足，且因當時立法疏漏，直銷事業對於法令強制直銷事業必須買回直銷商的退貨，並無賦予直銷事業在什麼情況下可以行使其「買回限制」的權利，導致直銷事業不滿、誤會及不諒解頻傳，故公平交易委員會深刻體認新法修訂時，必須協助多層次直銷制度合理化以及讓直銷事業正常發展，乃於2014年1月29日之多層次傳銷管理法中，對上述問題，提出補漏措施，明文增列「自可提領商品之日起六個月內之商品始可退貨」之直銷商主張退貨之限制條件，並建構完整的退貨規範制度，明文揭示於多層次傳銷管理法中第四章「解除契約及終止契約」中。

第2節　法定30日猶豫期間之退出、退貨

一、直銷商解除、終止參加契約之猶豫期間為30日

為保護直銷商，直銷商在加入直銷市場後，如覺得不適合，可在猶豫期間內選擇退出，並得主張退貨，多層次傳銷管理法第20條以下，就參加人解除或終止契約（即退出）以及相關退貨辦法設有規定。按政府立法管理多層次直銷產業的主要目的是在避免老鼠會的發生，因此，過去在公平

交易法中關於多層次直銷的相關法令規範，也都是基於這個管理目的而訂定的，特別是直銷商的退出退貨，如不確實管理，即容易衍成老鼠會。

基此，直銷商可以在與直銷公司簽約30日內（舊法時代為14日）的猶豫期間內提出解除契約或終止契約退出直銷市場，退出時並可主張退貨，且直銷商可以取回退貨商品之價金。此時，直銷公司僅能扣除直銷公司取回貨品之運費；直銷商自己因購買該貨品所領取之獎金；以及可歸責直銷商之事由導致退貨商品毀損滅失之價值。也就是說，當參加人申請加入成為直銷事業之會員後，發現自己不適合時，可在30日內隨時退出直銷市場，而這時候他的損失，除了時間之外，最多就只有上述扣款。直銷公司必須嚴格遵守上開規定，根據過往經驗，直銷公司是否有依法處理直銷商退出退貨等相關情形，往往就是公平會在認定該公司有無導致成老鼠會的重要判斷依據。

為使直銷商於訂約後能有重新檢討判斷加入與否之機會，2014年新規定之多層次傳銷管理法除納入公平法第23條之1、第23條之2規定賦予直銷商單方解除及終止契約之權利，以及直銷商得請求直銷事業買回直銷商所持有之商品外，更於第20條賦予直銷商較長之猶豫期間，將直銷商之解約期間自公平交易法規定之14日延長至30日[1]，讓多層次直銷之直銷商，日後仍得評估是否適宜再參加多層次直銷事業，且為使直銷商於訂約後能有重新檢討判斷參加與否之機會，明文於法律制度內賦予直銷商得於一定

---

[1]　多層次傳銷管理法第20條第1項：「傳銷商得自訂約日起算三十日內，以書面通知多層次傳銷事業解除或終止契約。多層次傳銷事業應於契約解除或終止生效後三十日內，接受傳銷商退貨之申請、受領傳銷商送回之商品，並返還傳銷商購買退貨商品所付價金及其他給付多層次傳銷事業之款項。」

多層次傳銷事業返還傳銷商之款項，得扣除商品返還時因可歸責於傳銷商之事由致商品毀損滅失之價值，及因該進貨對該傳銷商給付之獎金或報酬。

由多層次傳銷事業取回退貨者，並得扣除取回該商品所需運費。

「猶豫期間」內，視其商品存貨之狀況或特性，選擇解除契約以使參加契約之效力溯及消滅，或選擇終止契約以使參加契約之效力向將來消滅。

二、退出後請求退貨之法定期間亦為30日

再者，直銷商提出退出後，若也提出退貨之請求，此時，多層次直銷事業且應於契約解除或終止生效後30日內，接受直銷商退貨之申請、受領直銷商送回之商品，並返還直銷商購買退貨商品所付價金及其他給付多層次直銷事業之款項。

直銷商應加以注意的是，若其退出直銷市場時，也希望直銷公司買回其已購買之商品，必須在退出生效30日內提出要求，直銷商有此要求，才會形成直銷事業必須買回的義務，法律上，這個權利的行使，叫作「形成權」的行使，而法定的30日期限，則是直銷商可以行使形成權的期限，因此這30日也是直銷事業法定的「買回期限」，超過此期限，直銷事業即得加以拒絕。所以，上述30日直銷事業的「買回期限」，在法理上稱作「除斥期間」，直銷商超過此期間才主張買回，其權利便喪失，直銷事業可以不受理。

當然，多層次直銷事業買回直銷商的商品而在支付直銷商之款項時，依法是可以扣除商品返還時因可歸責於直銷商之事由致商品毀損滅失之價值，及因該進貨對該直銷商給付之獎金或報酬；另由多層次直銷事業取回退貨者，並得扣除取回該商品所需運費。

另外，應加以說明者，直銷商在主張直銷公司買回其退貨時，在法理上，既為一項特殊的買回規定，因此，直銷商必須提出買回的商品，直銷公司才有買回的義務，直銷商未提出買回的商品前，該項買回義務並未發生。

　　上述規定乃係直銷商30日猶豫期間內之解除契約、終止參加及主張退貨買回之權利，多層次直銷事業與其直銷商訂約後，直銷商有30天之猶豫期，該期間內得不具任何理由解除或終止契約，以及解除、終止契約後主張直銷公司必須買回直銷商手上所持有貨品的權利。

三、直銷商要退出退貨時，宜以書面撰寫存證信函方式 向直銷公司為意思表示

　　直銷商要主張解除或終止契約以及要主張退貨的要件，包括必須在參加契約訂約日起（並非訂貨日起）30日內，且必須以書面之要式方式通知直銷公司表示要退出，所以，在實務上直銷商可以到公司填寫書面資料或直接到郵局寄發存證信函告知直銷事業要解除或終止參加契約。又存證信函乃是保存證據的文書。而存證信函即為文書證據，是具有法律效力的一種書證，所以，直銷商要解除或終止參加契約，最好是用存證信函的方式為之。當然直銷商在退出後30日內如果也要主張直銷公司應買回其手中所持有的貨品時，最好也是用存證信函的方式為之，當然，直銷商可以同時以一份存證信函主張退出及退貨。常見存證信函適用時機，例如發生車禍加害人避不見面；或如債務人借錢屢催不還；或如買到瑕疵房屋請求減價或解約；或如承租屋屋漏水房東遲未修繕；或如建商偷工減料要求損害賠償；或如拋棄繼承通知其他繼承人；或如配偶不同居請求履行同居義務等情形。

　　撰寫存證信函時，應將人、事、時、地、物表達清楚，並應將欲發生的法律效果充分表明。郵局存證信函須以雙掛號函件寄出，並需妥善保存函件送達後的回執證明。如有寫存證信函的需要，可以向郵局購買存證信函用紙，從郵局網站所下載之電子檔案亦可使用。

　　寄件人應用中文文字書寫、繕打或影印一式最少三份（收件人為正本，寄件人、郵局存查為副本，份數視收件人人數而增加），但如寄件不願自留副本者，得僅作成副本一份。存證信函應由寄件人以書寫、複寫、打字或影印；如需增加副本由郵局證明者，增加之份數每份存證費減半繳付。

　　寫存證信函為達到預期的效果，須掌握時機與重點，切忌曖昧不明，尤其應注意人（當事人）、事（要解除或終止的契約是哪一個、事實經過）、時（發生時間）、地（發生地）、物（標的物即要退貨的是哪些貨品）等重點。存證信函不同於一般書信可任意塗改，若有增、刪文字，必須於欄外註明訂正何字、插入何字，並註明字數；並且，修改處必須要蓋章，訂正或刪除之文字須清晰可辨。存證信函正副本文字，如有塗改增刪，應於正副本之末註明「在某頁某行第幾格下塗改增刪若干字」字樣，加蓋寄件人印章。但每頁塗改增刪不得逾20字。書寫完成後至郵局用雙掛號寄出。郵局承辦人員會形式上加以檢查，如查看寄件人處或騎縫處是否有蓋章，檢查無誤後即受理寄出。

　　存證信函之「寄送收據」及「回執證明」須妥善保存，郵局掣給的「特殊郵件寄送收據」和寄件人持有的存證信函、及事後收到的「回執證明」明信片都很重要，務必妥善保存，不可遺失。

第3節　法定猶豫期間後之退出、退貨

一、猶豫期間過後，直銷事業買回退貨的條件不同於「猶豫期間」內的條件

　　依照台灣多層次傳銷管理法第21條規定：「直銷商於三十日猶豫期

間經過後，仍得隨時以書面終止契約，退出多層次傳銷計畫或組織，並要求退貨[2]。」惟斯時，直銷事業得以直銷商原購價值之百分90買回直銷商所持有之商品，且可扣除取回商品之運費；直銷商因該項交易所取得之獎金或報酬；此外，得扣除商品減損之價值；多層次傳銷管理法之所以如此規定，乃在進一步保護直銷商，避免直銷商於前條猶豫期間內如未行使契約解除或終止權，日後有意退出時，遭到多層次直銷事業的種種限制，使其無法退出，因次於多層次傳銷管理法第21條第1項規定，在30日猶豫期間經過後，直銷商仍得隨時以書面終止契約以退出直銷市場。不過，要特別加以注意的是，此時直銷商如要主張退貨，其買回的條件是與「猶豫期間」內的買回條件有所不同的。

在此所謂的「終止契約」指的是終止「參加契約」，也就是退出市場；而存貨買回則是法定義務，與終止參加契約，是不同的二件事。終止契約後之存貨買回義務，旨在防制多層次直銷事業向直銷商大量塞貨，進而達到防範變質多層次直銷之目的。惟此項買回義務令多層次直銷事業負擔較其他行銷通路更高之經營風險，因此，直銷商之退貨買回主張，必須在終止契約生效日起30日內為之，否則，直銷事業即可不予受理。再者，多層次直銷管理法為平衡直銷商與直銷事業間之權利義務，也限制了直銷商可以退貨的條件，該條件即是直銷商要退的商品必須是自可提領之日起算未逾六個月之持有商品，且直銷公司買回價格與直銷商猶豫期間內退貨

---

2 多層次傳銷管理法第21條：「傳銷商於前條第一項期間經過後，仍得隨時以書面終止契約，退出多層次傳銷計畫或組織，並要求退貨。但其所持有商品自可提領之日起算已逾六個月者，不得要求退貨。多層次傳銷事業應於契約終止生效後三十日內，接受傳銷商退貨之申請，並以傳銷商原購價格百分之九十買回傳銷商所持有之商品。多層次傳銷事業依前項規定買回傳銷商所持有之商品時，得扣除因該項交易對該傳銷商給付之獎金或報酬。其取回商品之價值有減損者，亦得扣除減損之金額。由多層次傳銷事業取回退貨者，並得扣除取回該商品所需運費。」

之買回亦不相同,此亦在避免直銷商藉大量進貨,而造成多層次直銷事業過度損失,故規定買回價格為直銷商原購價格百分之90,且並得扣除直銷商領取購買該商品之獎金、報酬及該商品減損金額以及直銷公司取回商品所需運費。故,超過猶豫期間,直銷商雖然仍得主張終止契約,但也同時限縮直銷事業必須向直銷商買回義務之責任範圍。

二、直銷事業在「猶豫期間」經過後,可以扣除商品貶值的空間較大

此處應注意者為,直銷商在30日內猶豫期間內退貨與30日猶豫期間後退貨,直銷事業得扣除商品減損價值之扣除方式不同。直銷商在30日猶豫期間內主張之退貨,直銷事業需在「可歸責」於直銷商之事由致商品毀損滅失之價值始得扣除;而在30日猶豫期間經過後,不論是否可歸責於直銷商之事由導致商品毀損滅失,直銷事業均得扣除之。

第4節　直銷事業辦理直銷商退出退貨之義務

一、不得以不當方式阻撓直銷商退貨及不當扣發獎金

為充分落實保障直銷商權益及防範變質多層次直銷,法律規範多層次直銷事業於直銷商解除或終止契約時,不得以其他不當方式阻撓直銷商退出退貨,或不當扣除直銷商應得之利益(包含佣金、獎金及其他經濟利益)。因此在多層次傳銷管理法第23條規定:「多層次傳銷事業及傳銷商不得以不當方式阻撓傳銷商依本法規定辦理退貨。多層次傳銷事業不得於傳銷商解除或終止契約時,不當扣發其應得之佣金、獎金或其他經濟利益。」

　　應特別加以說明的是，在不當阻撓退貨的行為人中，除了直銷事業本身外，尚包括其他直銷商，之所以會如此規定，本書在之前提過，上線直銷商有時會因要達成一定業績而要求下線直銷商大量囤貨，而下線直銷商在退出直銷市場時，若仍無法售罄，此時，上線直銷商擔心下線直銷商退貨會影響其獎金、獎銜，因此迭有會加以不當阻撓退貨之舉措出現，因此多層次傳銷管理法乃特予以禁止。

二、不得向直銷商請求損害賠償或違約金

　　按多層次傳銷管理法第22條規定：「傳銷商依前二條規定行使解除權或終止權時，多層次傳銷事業不得向傳銷商請求因該契約解除或終止所受之損害賠償或違約金。」此項規定旨在保護直銷商退出市場時，不受損害，亦為呼應多層次傳銷管理法第20條第1項保障締結多層次直銷契約之直銷商，得在締約後之30日期間內，不具任何理由，解除或終止契約，蓋第20條第1項既賦予參加人「猶豫權」，則參加人在行使該解除權解除契約或終止權終止契約之「猶豫權」前，即應保障直銷商「猶豫權」的行使，可不受任何損害。也因此，直銷事業事先約定行使猶豫權者應對直銷公司給付退約手續費或其他費用，與前述猶豫權行使之保障規定意旨即有不符，故多層次直銷事業所訂定之參加契約，不得包含此種或類似此種違反規定的條款。

　　不過，多層次傳銷管理法認為只在猶豫期加以保障直銷商退出直銷市場時，不受損害的規定，尚不足以保障直銷商，因此也特別明文規定，本項保障規定，不分「猶豫期間內」或「猶豫期間經過後」，也因此，只要是直銷商行使前述解除或終止權時，直銷事業均不可利用各種不合理之條件予以實質限制，如要求鉅額違約金或其他損害賠償等方法，迫使直銷

商無法退出市場，爰於多層次傳銷管理法第22條第1項明文禁止直銷事業於直銷商任何時間要退出市場時，均不得向直銷商請求損害賠償或違約金[3]。

三、必須協同第三人處理直銷商之退出退貨

為避免多層次直銷事業以代銷方式規避其退貨之買回義務，多層次傳銷管理法第22條第2項規定：「傳銷商品係由第三人提供者，傳銷商依前二條規定行使解除權或終止權時，多層次傳銷事業應依前二條規定辦理退貨及買回，並負擔傳銷商因該交易契約解除契約或終止契約所生之損害賠償或違約金。」也就是說，多層次直銷事業與第三人異業結合代銷第三人之商品者，直銷商在退出主張退貨買回時，所有直銷商依約需對該第三人應負之損害賠償責任或違約金，全部由直銷事業吸收之。

雖然舊法之公平交易法有直銷商解除或終止契約退出及退貨買回之規定，但對於直銷商如有與第三人另行締結直銷商品或服務之交易契約者，於直銷商退出退貨時，該契約關係應如何處理，則公平交易法並未進一步處理。

新法之多層次直銷管理法第22條第2項[4]之原草案，認為直銷品由第三人提供時，如直銷商退出直銷市場，此時，直銷事業應偕同直銷商向該第三人辦理退貨及買回，如直銷商因此對第三人有賠償責任或違約金時，

---

[3] 依照多層次傳銷管理法第22條第一項規定：「傳銷商依前二條規定行使解除權或終止權時，多層次傳銷事業不得向傳銷商請求因該契約解除或終止所受之損害賠償或違約金。」

[4] 依照多層次傳銷管理法第22條第2項草案原規定：「傳銷商品係由第三人提供者，傳銷商依前二條規定行使解除權或終止權時，多層次傳銷事業應偕同第三人依前二條規定辦理退貨及買回，並就傳銷商對該第三人應負之損害賠償責任或違約金，負連帶責任。」

直銷事業應與直銷商負連帶賠償責任，也就是說，直銷商仍然是賠償責任的主體，但新法於立法院審議時，則將此項賠償責任的主體，改成為直銷事業而規定直銷商品是由第三人提供者，直銷商依照多層次直銷管理法第20、21條規定行使解除權或終止權時，多層次直銷管理事業應依該二條規定辦理退貨及買回，並負擔直銷商因該交易契約解除或終止所生之損害賠償或違約金，新法之規定，確實較能充分照顧到直銷商的權益。

第5節　直銷商退出、退貨之法律效果

參加契約解除或終止生效之後，其最主要的效果就是讓當事人雙方互負回復原狀的義務，亦即解除契約的效力是讓整個契約溯及失效，回到當事人未訂約前的狀況，因此，直銷公司應將授予直銷商的「推廣銷售權」及「介紹推薦權」收回，但直銷公司也應將他向直銷商所收取的入會費全部返還給直銷商；同樣的，直銷商也必須將原受領的事業手冊（或資料袋）返還予直銷公司，以表彰雙方的參加契約溯及地失效。

終止契約係向後生效，不會影響契約終止前所生之法律效果，亦即直銷商在終止契約前的授權仍然有效，因此授權而產生的權利義務，例如已獲得的獎金、獎銜等，均屬有效，不需返還直銷事業，反過來說，直銷商因此授權關係存在，而進一步向直銷事業購買的商品，基本上也應因該買賣關係存在而不得主張不要該商品，要予以退回。但由於多層次傳銷，是一特殊的交易型態，公平交易委員會唯恐直銷商在終止契約前遭受直銷公司強迫囤貨，乃於多層次傳銷管理法中，特別明文規範直銷商在以書面完成辦理終止契約退出直銷市場後，直銷公司原則上應買回直銷商手上商品。

依據實務上，直銷公司買回商品，當然要退還直銷商購買款項，但直銷公司在返還該貨款時，最容易產生爭議的是，直銷事業「扣除」「商品減損價值」，應如何計算的問題。針對此問題，公平會亦特別加以關注，要求直銷事業在報備時，須依據不同商品的特性而訂出明確的認定標準。例如：美容保養品有效期限半年，直銷商購買後三個月後要辦理終止契約退出及退貨時，該商品有效期限剩三個月，直銷公司需扣除5成或6成的減損價值，尚屬可以接受。但如果約定需扣除9成減損價值，甚或認為該商品已完全沒有價值，應扣除全部款項，則公平會即有可能會不准許備查。

關於「商品減損價值」之認定標準，依公平會公研釋030號函釋所釋明之標準如下：「於計算取回商品之減損價額時，應斟酌該商品之交易上特性與功能性，如一般交易上均認為該商品已無交易上之價值或喪失其應有之功能，應屬本款可扣除之範圍。」

另按公平會公研釋040號函釋認為：「個別多層次直銷事業在不違背多層次直銷管理辦法第五條規定之前提下，視商品之特性，考量要求退貨商品之效用，可銷售性等因素，並參酌傳統行銷市場，對同類商品之退貨規定，在合理範圍內與參加人自行約定。」應加以強調的是，此係賦予直銷事業與直銷商可自行就商品貶損價值為約定之權利，因此，雙方不得無事先約定減損價格標準，故公平交易委員會乃要求將此約定列為直銷事業報備時之報備事項，且要求該約定須先綜合考量商品特性、剩餘效用、可銷售性，例如商品特性不會因一定期間經過腐壞者，不得以一定期間經過，作為商品貶損價值之依據。

應特別說明的是，商品剩餘效用或價值應如何認定，究應以消費者端之使用價值來看，或應以事業端之銷售剩餘價值來看，迭有不同看法，本書認為多層次傳銷管理法的強制買回，乃係強制事業買回，理由係其可能再行銷售，因此，商品剩餘價值之認定，自宜以事業端之銷售剩餘價值來

計算較能為一般所接受。當然，直銷商品若傳統行銷市場上有可參加之商品，則雙方在為約定時並應考量傳統行銷市場之慣例，雙方自行約定後，再明訂於事業手冊中並加以報備。

　　過去，在多層次傳銷管理辦法的時代，另疏未規範一定期間經過，直銷事業即可不負買回義務的問題，故在此背景下，以「時間經過」作為判斷「商品減損價格」之標準，乃當時各直銷公司不得不然的作法，蓋參加人雖無論何時皆得終止參加契約並主張退還貨品，惟「時間經過」會影響商品之效用及可銷售性進而減損其市場價格，此風險理宜由契約當事人間妥為分配，蓋商品之價值兼指使用價值及交換價值，其中使用價值繫諸於商品之使用利益，交換價值則繫諸於該商品之市場交易價值，然兩者同受時間因素之影響，蓋商品因時間經過，不論有無使用，皆會因材料、零件、使用方式、保存方式等因素而減損其使用價值，交換價值受時間經過之影響更為深遠。

　　何況，多層次直銷存在協助參加人經營「無店舖」事業，直銷事業不得要求直銷商囤貨，而直銷商亦無須自己囤貨，蓋參加人之「無店舖」經營方式，本即應待消費者同意購貨時，再直接向直銷公司進貨取貨，乃舊法時代之公平交易法第23條之2允許無「期限」退貨之規定，固在保護直銷商，但也反而可能使參加人藉此肆無忌憚大量進貨，並於領取組織獎金後辦理退出退貨，造成多層次直銷事業過度損失。所幸，此問題在2014年1月29日制訂之「多層次傳銷管理法」中已予以解決。

　　另附帶一提者，多層次傳銷管理法第20條及第21條所稱「得扣除已給付之獎金或報酬」，是否涵蓋所有因該筆進貨所已給付之獎金或報酬，包括參加人及其各相關之上線因參加人該筆進貨所已獲取之獎金或報酬？直銷實務上，雖有直銷公司會作此種主張，但依據法律條文，既已明定直銷公司可扣除者乃「因該項交易而對參加人給付之獎金或報酬」部分，故

直銷公司依法可追回獎金之對象，雖不只限於退貨人，而包括其他因爲公司賣出這批貨所曾領得佣金、獎金或其他經濟利益的相關上線直銷商；但直銷公司不能直接在返還退貨人的退款中一併予以扣除，而是要另行去對其他曾領得該項商品之佣金、獎金及經濟利益的上線直銷商請求返還，如上線直銷商不返還，直銷公司亦只能針對各該上線直銷商每月得領取之佣金、獎金或經濟利益爲抵銷，如各該上線直銷商早已退出，直銷公司亦僅得另行對各該上線直銷商提起訴訟主張權利。

另外，就扣除參加人獎金範圍之部分，倘直銷公司主張退貨直銷商辦理退出退貨前曾經有逾領的佣金、獎金，應全部予以返還，這項要求，亦與多層次傳銷管理法之規定不符，蓋從法條的規範來看，直銷公司得扣除已領取獎金或報酬的範圍是「因該項交易」而對直銷商所給付者，亦即，如果下線直銷商的退貨導致直銷商有逾領獎金必須退還部分，並不在這次退貨範圍之內，也就是，直銷公司只能單純扣除因該筆退貨所衍生的獎金。

不過，在此應說明的是，直銷公司雖不能直接在直銷商的退貨金額中扣除直銷商之前逾領的獎金，但依照民法第334條的規定：「二人互負債務，而其給付種類相同，並均屬清償期者，各得以其債務，與他方之債務，互爲抵銷。」也就是說直銷公司要求直銷商退還之前逾領的獎金與本次直銷商退貨可領回的金額，其給付的種類都是金錢，且都已屬清償期，因此，直銷公司可以主張互爲抵銷，不過，互爲抵銷，依照民法第335條規定，直銷公司必須另以意見表示向直銷商表示之。

第6節　直銷商違約被解除或終止契約之法律效果

　　以上多層次直銷相關法令對於直銷商辦理退貨之規範，僅限於直銷商主動「退出型」的退貨處理；也就是說，直銷法令保障直銷商不用擔心退出直銷組織後，手邊仍持有相關存貨，進而使其可透過法律規定返還或要求直銷公司買回商品，因此凡是直銷商是主動退出，都將涉及到上述直銷法令規範的適用。

　　相對於此，假如直銷商所要處理的不是主動「退出」退貨的問題，而是因商品銷售狀況不佳或是商品有瑕疵所要處理的退貨問題，因為直銷商與直銷公司之間仍有該項進貨之民事契約關係存在，相關權利義務即應遵循契約法規範去解決，這中間沒有涉及到直銷商自由退出直銷市場的核心問題，因此這部分便沒有直銷法令規範事項的適用。另外，直銷商如非「主動」退出，而係因違法違約被直銷公司解約或終止契約，此種「被動」被解除或終止參加契約的情形，因責任發生在直銷商身上，通說也認為不宜有上述直銷法令規範的適用。

加油站

一、多層次傳銷傳銷商猶豫期間內解除或終止契約

　　多層次傳銷管理法第20條規定，多層次傳銷傳銷商得自訂約日起算30日內以書面通知多層次傳銷事業解除或終止契約。多層次傳銷事業應於契約解除或終止生效後30日內，接受傳銷商退貨之申請，受領傳銷商送回之商品，並返還傳銷商購買退貨商品所付價金及其他給付多層次傳銷事業之款項。多層次傳銷事業依前項規定返還傳銷商之款項，得扣除商品返還時因可歸責於傳銷商之事由致商品毀損滅失之價值，及因該進貨對該傳銷商給付之獎金或報酬。由

多層次傳銷事業取回退貨者，並得扣除取回該商品所需運費。因此退出退貨牽涉雙方之權利義務，最好以書面為之。

範例參考

辦理多層次傳銷事業退出退貨範例說明

　　本人於＿＿＿＿＿＿年＿＿月＿＿日與貴公司締結參加契約，本人決定將於　　年＿＿月＿＿日與貴公司解除（或終止）契約退出貴公司傳銷組織，另本人擬辦理退出及退貨之退款，包括加入購買之輔銷商品（條列品項及數量）及傳銷商品品項計有＿＿＿＿＿＿（條列品項及數量），請貴公司依多層次傳銷管理法第20條規定處理。

二、多層次傳銷傳銷商猶豫期間後終止契約

　　多層次傳銷管理法第21條規定，傳銷商於前條第1項期間經過後，仍得隨時以書面終止契約，退出多層次傳銷計畫或組織，並要求退貨。但其所持有商品自可提領之日起算已逾6個月者，不得要求退貨。多層次傳銷事業應於契約終止生效後30日內，接受傳銷商退貨之申請，並以傳銷商原購價格90%買回傳銷商所持有之商品。多層次傳銷事業依前項規定買回傳銷商所持有之商品時，得扣除因該項交易對該傳銷商給付之獎金或報酬。其取回商品之價值有減損者，亦得扣除減損之金額。由多層次傳銷事業取回退貨者，並得扣除取回該商品所需運費。其退出退貨亦宜以書面為之。

範例參考

辦理多層次傳銷事業退出退貨範例說明

　　本人於＿＿＿＿＿＿年＿＿月＿＿日與貴公司締結參加契約，本人決定將於＿＿年＿＿月＿＿日與貴公司終止契約退出貴公司傳

銷組織，另本人擬辦理退貨之退款，傳銷商品品項計有＿＿＿＿＿＿
（條列品項及數量），請貴公司依多層次傳銷管理法第21條規定處
理。

■ 本 案 解 析 ■

1. 孫尚香在加入直銷事業後，依據多層次傳銷管理法第20條第1項規定，得於簽約後30天內，隨時解除契約，並請求返還商品價值，惟三國直銷股份有限公司得扣除「商品返還時已因可歸責於直銷商之事由致商品毀損滅失之價值」、「已因該進貨而對直銷商給付之獎金或報酬」以及「由事業取回退貨時取回該商品所需運費」。

2. 孫尚香在簽約兩個月後，依據多層次傳銷管理法第21條第1項規定，亦得終止與三國直銷股份有限公司之參加契約，並得請求三國直銷股份有限公司以產品價值之百分之90買回手上存貨，惟三國直銷股份有限公司得對孫尚香主張扣除「孫尚香就請求之退貨而已獲取獎金或報酬」與「商品減損價值」以及「由事業取回退貨時取回該商品所需運費」。此處孫尚香直銷商需注意的是，若是在30日猶豫期間後主張退貨，不論是否可歸責於直銷商之事由，而導致商品減損，直銷事業均可以主張扣除商品減損之價值。

3. 若孫尚香在簽約六個月後請求三國直銷股份有限公司買回退貨產品，三國直銷股份有限公司如發現孫尚香持有商品自可提領之日起已逾6個月時，即無須買回。以避免孫尚香藉此大量進貨後復退貨，造成事業過度損失。。

4. 因孫尚香違反多層次直銷管理法第15條第5款「從事違反本法、刑法或其他法令之傳銷活動」，責任在孫尚香，故三國直銷股份有限公司終止直銷契約，並不准孫尚香退貨之請求，通說即認沒有適用多層次傳銷管理法第20、21條保護孫尚香之必要。

CHAPTER 8

直銷糾紛之救濟管道

◎ **案例故事**

　　關羽為三國直銷股份有限公司的直銷商，聽聞2014年12月29日多層次傳銷保護基金會掛牌營運的消息，心想自己老實經營不致出現紕漏，故意願缺缺，遲未向多層次傳銷保護基金會繳納入會費及年費。

　　2015年2月1日關羽和消費者起了衝突，原因是消費者於2014年7月間時買的化妝品變質要求退貨，但關羽認為消費者將保養品長期置於陽光下曝曬，不當使用產品，不得要求退貨，二人爭執不下，關羽遂想起了多層次傳銷保護基金會，趕快於2015年2月15日繳納費用完畢並申請多層次傳銷保護基金會進行調處，不料，多層次傳銷保護基金會卻以這是直銷商和消費者的糾紛，不是直銷商和直銷公司的糾紛而拒絕調處。

　　消費者同時也向該管消費者保護官申訴，經判定結果為：關羽應賠償消費者，三國直銷股份有限公司認為該產品無瑕疵，是關羽未正確說明產品保存方式導致本件糾紛，因關羽向來與公司唱反調，故公司藉機開除關羽，獎金、獎銜亦全部沒收。有了上次經驗，關羽這次聯合了張飛等200位同樣因化妝品變質事件被三國直銷股份有限公司開除的直銷商，向多層次傳銷保護基金會申請調處。調處結果：(1)其中張飛等100位直銷商調處成立，多層次傳銷保護基金會命三國直銷股份有限公司30日內支付賠償，結果三國直銷股份有限公司逾期未支付，多層次傳銷保護基金會對張飛等進行保護機構代償；(2)另外關羽等100位直銷商調處不成立，但多層次傳銷保護基金會認定三國直銷股份有限公司違法終止契約應負起賠償責任，故協助提起訴訟。

　　最終這100件不歡而散進入訴訟程序，世事難預料，法院認定三國直銷股份有限公司經合法通知、且充分給直銷商說明機會，三國直銷

股份有限公司係合法且有效終止契約，全部勝訴。

▲ 法律問題

1. 多層次傳銷保護基金會應否受理關羽第一次的調處申請？
2. 多層次傳銷保護基金會應否受理關羽第二次的調處申請？
3. 三國直銷股份有限公司應否於調處成立後對張飛等100位直銷商負損害賠償責任？
4. 三國直銷股份有限公司及關羽等100名直銷商於調處不成立後，應如何處理後續問題？

第1節　直銷糾紛處理的新選擇

一、保護機構之設立

　　台灣為了促進直銷產業的發展，在2014年1月29日公布施行了「多層次傳銷管理法」，將多層次直銷的管理，以獨立的法律來規範，這在世界各國已不多見。為了更妥適、更貼近解決直銷商與直銷事業間的民事糾紛，多層次傳銷管理法第38條[1]以立法方式，要求主管機關應設立保護機構。

---

[1] 多層次傳銷管理法第38條：「主管機關應指定經報備之多層次傳銷事業，捐助一定財產，設立保護機構，辦理完成報備之多層次傳銷事業與傳銷商權益保障及爭議處理業務。其捐助數額得抵充第二項保護基金及年費。保護機構為辦理前項業務，得向完成報備之多層次傳銷事業與傳銷商收取保護基金及年費，其收取方式及金額由主管機關定之。完成報備之多層次傳銷事業未依前二項規定據實繳納者，以違反第三十二條第一項規定論處。依主管機關規定繳納保護基金及年費者，始得請求保護機構保護。保護機構之組織、任務、經費運用、業務處理方式及對其監督管理事項，由主管機關定之。」

　　主管機關公平交易委員會於是在2014年5月19日公布「多層次傳銷保護機構設立及管理辦法」，並指定12家直銷事業捐款，以基金會型態籌組保護機構，定名為「財團法人多層次傳銷保護基金會」，簡稱傳保會。多層次傳銷保護基金會於2014年12月29日掛牌運作，成為世界第一個為保護直銷產業所創立之保護機構。

　　法律糾紛之傳統處理機制有鄉、鎮、市、區公所調解委員會的調解，仲裁協會的仲裁以及法院的訴訟，惟這些機構，均非專業的直銷產業糾紛的處理機構，基於糾紛處理專業化的考量，以求貼近直銷產業之需求，多層次傳銷管理法乃要求設置多層次傳銷保護基金會，專司「直銷事業與直銷商之間的糾紛調處」，這讓直銷商和直銷事業產生民事糾紛時，有了糾紛處理機制的新選擇。

二、保護機構之保護範圍

　　依據多層次傳銷管理法第38條第1項，主管幾關應設立保護機構辦理「完成報備之傳銷事業」與「傳銷商」間權益保障及爭議處理業務；另依據多層次傳銷保護機構設立及管理辦法第2條第1款「調處傳銷事業與傳銷商間之多層次傳銷民事爭議」、第2款「協助提起辦法第三十條所定之訴訟」、第3款「代償及追償傳銷事業因多層次傳銷民事爭議，而對於傳銷商所應負之損害賠償」，從上可知，保護機構之保護範圍並不處理一切直銷商與直銷事業間的糾紛，而是有限制爭議對象及爭議事件之性質，直銷商若以為所有與直銷公司間的糾紛都可以請求保護機構來協助，觀念上即屬錯誤。

（一）人的範圍：限於已報備直銷事業與直銷商間的糾紛

依據多層次傳銷管理法第38條、多層次傳銷保護機構設立及管理辦法第2條之規範，可以看出保護機構僅處理「完成報備之直銷事業」與「直銷商」間的糾紛，譬如直銷事業發放獎金獎銜、直銷事業對直銷商作成處分、直銷事業與直銷商辦理訂退貨等糾紛，這些是保護機構得協助處理的，因此，直銷商如係參加未經向主管機關公平交易委員會報備的直銷事業，其彼此間發生的糾紛，即不可以請求保護機構加以協助。

至於非直銷商與直銷事業間的糾紛，如「直銷事業與直銷事業間」，譬如直銷事業不當比較他直銷事業之產品或制度、直銷事業間異（同）業結盟發放聯名卡等糾紛，這類糾紛並非保護機構受理的範圍。然而基於產業自治的角度，這類糾紛除透過司法機關外，在台灣目前已有多層次傳銷商業同業公會、中華民國直銷協會的設立，直銷事業得選擇自主、平等的對話平台，進行更有效、更便捷的溝通。

還有另一種超出以上範圍之糾紛，如「直銷商與直銷商間」，譬如下線退貨導致上線積分的異動、下線違反公司規範導致上線被連帶處分、下線集體跳換線等糾紛，這類糾紛同樣非保護機構受理的範圍。然而基於產業自治的角度，目前台灣尚未有傳銷商商業同業公會，未來渴望得儘速成立，使直銷商與直銷商間亦得有互相尊重、自主合意的對話平台。

還有超出以上範圍之糾紛，如「消費糾紛」，譬如直銷事業與消費者間，消費者於超過鑑賞期認為產品有瑕疵要求退貨、直銷事業推出新代產品無法再為舊代產品之維修更換等糾紛；譬如直銷商與消費者間，直銷商誇大、虛偽不實介紹商品或事業、直銷商短給消費者購買之商品數量等糾紛，這類糾紛同樣不是保護機構受理的範圍。慶幸的是，消費者權益的保護，在台灣另有消費者保護法專法加以管理，糾紛處理時，政府亦於行政

院設有消費者保護會、各直轄市或縣（市）府設有消費者保護官、直轄市或縣（市）設有消費者爭議調解委員會等機構協助處理糾紛，於民間亦有財團法人中華民國消費者文教基金會接受申訴，大大提供了司法機關以外的處理機制，更貼近消費者的立場來處理糾紛。

　　值得注意的是，依據多層次傳銷管理法之規定，多層次傳銷保護基金會僅處理「完成報備之直銷事業」與其直銷商的民事糾紛，因此，部分有心人士刻意操作，例如「未向主管機關報備之吸金老鼠會」，受害者無法請求多層次傳銷保護基金會進行調處，此類受害者，於權益救濟時，則可向主管機關公平交易委員會檢舉外，也可以透過司法機關救濟。

（二）事的範圍：限於直銷商與直銷事業間的民事爭議糾紛

　　依據多層次傳銷管理法第38條、多層次傳銷保護機構設立及管理辦法第2條、及多層次傳銷保護基金會捐助章程第7條規定，多層次傳銷保護基金會僅處理直銷事業與直銷商間的「民事爭議」。所謂民事爭議即獎金佣金的發放、產品退換貨等財產上的糾紛，超出民事爭議範圍，譬如涉及刑法犯罪，像是直銷商個人的犯罪行為：偽造文書、詐欺、背信等；又譬如涉及行政管理的處分，像是非藥商販售醫療器材、直銷事業未完成報備等，這類糾紛並非保護機構受理的範圍，受害者應依法向司法機關提出救濟，或向主管機關公平交易委員會提出檢舉。

（三）時的範圍

　　多層次傳銷管理法於第38條課予主管機關公平交易委員會應成立保護機構的法定義務，公平交易委員會遂於多層次傳銷保護機構設立及管理辦法第27條第2項訂有配套措施：凡直銷事業、直銷商依辦法第21條於保護

機構成立三個月內繳納保護基金[2]及年費[3]者，自管理法公告施行之2014年1月29日起向後發生的民事爭議，直銷事業、直銷商得溯及向保護機構請求協助處理糾紛，再早於2014年1月29日之糾紛，即無多層次傳銷保護基金會協助的空間。

　　直銷商倘未於保護機構成立三個月內繳納保護基金及年費者，依據多層次傳銷保護機構設立及管理辦法第27條第1項：基於使用者付費原則，直銷事業、直銷商未繳納保護基金及年費者，不得請求調處，惟嗣後補繳者，得向保護機構請求協助自補繳日起向後之當年度發生的民事爭議。至於直銷事業依據多層次銷管理法第38條第2項、第3項，被賦予應加入保護機構之法定義務，故直銷事業並無遲繳納或忘記繳納的風險；也就是說，多層次傳銷管理法係強制直銷事業必須依法繳納入會費及年費，否則構成違法，公平交易委員會可對之開罰；但多層次傳銷管理法並未強制直銷商加入保護機構，故直銷商有選擇是否加入的自由，只是直銷商如欲使用保護機構的相關機制，即應特別留意，至少應於民事爭議發生時點前繳納費用完畢，否則待民事爭議發生後始繳納費用，該已發生的民事爭議，保護機構即無法協助。

2　保護基金：依據多層次傳銷保護機構設立及管理辦法第21條，直銷事業依營業額區分八級，根據不同級距繳納新台幣5萬元至400萬元不等；直銷商繳納新台幣100元。

3　保護基金：依據多層次傳銷保護機構設立及管理辦法第21條，直銷事業依營業額區分十級，根據不同級距繳納新台幣1萬元至10萬元不等；直銷商則依公平交易委員會視基金規模，於每年1月底前公告當年度年費，2015年度年費已公告為新台幣200元。

加油站

民事爭議的發生時點？

　　民事爭議的時點應如何判斷？是依據直銷事業、直銷商不當行為作成時點？還是依據直銷事業、直銷商發現或開始調查的時點？還是依據直銷事業、直銷商作出相對應處分或訴求的時點？還是直銷事業、直銷商對第三人請求糾紛處理的時點？民事爭議的時點關係到直銷商是否完成繳納費用，而得為保護機構協助處理的對象，所牽涉之權利義務甚鉅，宜有明確的判斷標準。

　　依據財團法人多層次傳銷保護基金會業務規則第6條第3項：「民事爭議發生時點，以傳銷事業對傳銷商作成處分或經傳銷商書面請求處理逾一個月，仍未處理完畢之時點為準」，是直銷商應特別留意直銷事業作成處分的時點、及直銷商自身請求處理的時點，晚於此二時點始繳納費用，該民事爭議將無法請求保護機構協助喔！

第2節　保護機構之業務及其對直銷界之影響

　　依據多層次傳銷保護機構設立及管理辦法，財團法人多層次傳銷保護基金會掌管七項業務，分別為：

　　1.調處多層次傳銷事業（以下簡稱傳銷事業）與傳銷商間之多層次傳銷民事爭議。

　　2.協助傳銷商提起本辦法第30條所定之訴訟。

　　3.代償及追償傳銷事業因多層次傳銷民事爭議，而對於傳銷商所應負

之損害賠償。

　　4.管理及運用傳銷事業及傳銷商提繳之保護基金、年費及其孳息。

　　5.協助傳銷事業及傳銷商增進對多層次傳銷法令之專業知能。

　　6.協助辦理教育訓練活動。

　　7.提供有關多層次傳銷法令之諮詢服務。

　　由多層次傳銷保護基金會上述法定業務事項可知，多層次傳銷保護基金會今後必然會是直銷界最具影響力的機構之一，而細繹上述七大業務，其中基金年費之管理運用、法令諮詢服務、教育訓練及促進法令專業知能等業務，或為行政庶務、或其執行方式仍有待多層次傳銷保護基金會進一步凝聚共識，爰暫時排除討論，而僅先就多層次傳銷保護基金會之「民事爭議之調處」、「訴訟提出之協助」、「傳銷事業應負賠償之追償及代償」等三大重點業務進行探討。

一、民事爭議之調處

（一）調處作成之方式

　　調處作成之方式，學理上，依調處作成方式或為「當事人合意」、或為「保護機構作成調處意見」，區分為「和解類型」、「仲裁類型」。關於和解類型，保護機構提供當事人協商之平台，藉由第三人在場，使雙方作完整的意見交換，協商條件由雙方自行討論，接受與否雙方有完全之自主權，僅於雙方均合意協商結果時，調處方告成立。關於仲裁類型，保護機構聽取當事人意見後，作成類似仲裁或法院判決之調處方案或調處決議，實質上就雙方之理由、應負責任比例作成判斷，方案或決議之作成由保護機構主導，當事人僅得表示同意或不同意。

　　值得注意的是，在台灣實務上另有發展出「二階段調處」類型，亦

即，保護機構於先階段提供平台勸導、協助當事人和解協商，倘協商未能成立，保護機構於後階段介入紛爭，作成調處方案或調處決定；即本類型之保護機構係採先和解、後仲裁二階段調處。

　　保護機構對爭議作成調處意見，優點在於由第三人作成判斷，具有如同法院裁判公正、公平之特色；然而缺點在於判斷為昭信大眾，其判斷作成即須符合證據裁判主義[4]，亦即判斷者就依據證據建構之事實來判斷雙方權益，在實際紛爭處理上，倘就舉證事項無法證明，則判斷顯然缺乏了彈性空間。

　　保護機構調處作成之方式，依據多層次傳銷保護機構設立及管理辦法第29條之規定為：「調處事件經雙方當事人達成協議者，調處成立。調處成立，倘係傳銷事業應負賠償責任，保護機構應命該事業於三十日內支付賠償，逾期未支付者，就一定額度內由保護機構代償，再由保護機構向該事業追償。前項之一定額度，由保護機構擬議，報經本會核定後實施，變動亦同。有下列情形之一者，視為調處不成立：一、經調處委員召集調處會議，有任一方當事人連續二次未出席者。二、經召開調處會議達三次而仍不能作成調處方案者。調處未成立，請求調處者可循民事訴訟等其他途徑尋求救濟。已調處成立者，不得再就同一事件申請調處」，依此規定，多層次傳銷保護基金會對於調處申請事件，並不作成調處意見，而係委由直銷事業、直銷商自行協商合意，倘任一方不能認同，調解即告失敗，所以多層次傳銷保護基金會的調處作成之方式，是屬於和解的類型。

　　值得討論的是，多層次傳銷保護機構設立及管理辦法第29條另「經召開調處會議達三次而仍不能作成調處方案者，視為調處不成立」之規範是

4　裁判者適用法律以事實認定為前提，裁判者對當事人間之「事實」為認定時，必須基於「證據」行之，此即「基於證據為事實認定，始得為裁判」之原則，稱「證據裁判主義」。

否必要？由於保護機構之設立，旨在給予糾紛之當事人平等地位之對話平台，使直銷事業及直銷商得於充分溝通意見後，共同協尋最貼近彼此利益的圓滿方案。倘雙方於充分溝通意見後，一方仍無法認同他方訴求，則多層次傳銷保護基金會在充分保障雙方溝通之「機會」下：基於程序經濟原則，理應容許直銷事業或直銷商有權利決定是否迅速進入法院，進行次一「司法判斷」之階段；基於當事人處分主義[5]，倘當事人調處意思已甚爲接近，僅差些微細節或時間討論，則直銷事業或直銷商依應同有權利決定是否續行調處，尚無硬性規定調處會議達三次不能作成調處方案者視爲調處不成立之必要。換言之，調處之進行及終結，宜由當事人自主決定，保護機構不宜剝奪當事人之自主決定權利。

然而，溝通必須尊重雙力之意願，倘一方無意溝通，基於程序經濟原則，爲避免一方有意拖延時間，拒絕出面協商，造成他方權益遲遲無法實現，多層次傳銷保護基金會中之調處程序中亦設置有「明示拒絕協商」、「無正當理由於調處期日缺席二次」等視爲調處不成立之事由，以期避免調處程序因一方有意擱置，導致他方無法終結調處程序進入次一階段。

調處是直銷商與直銷事業間和平解決問題的最佳平台，有賴雙方共同珍惜，任一方如刻意抵制，問題懸而不決，長此以往，損失必大於利益。

（二）調處作成之效力

調處作成之效力，可區分爲「私法上和解契約效力」及「與確定判決

5　當事人處分主義：第一層面「當事人得決定訴訟之開始」，法院處於被動之角色地位，即所謂無訴無裁判、不告不理；第二層面「當事人得決定審判之對象、範圍」，法院應受當事人起訴內容及範圍之拘束，不得於當事人聲明之範圍外爲裁判，即所謂禁止訴外裁判；第三層面：「當事人得決定訴訟之終結」，當事人於訴訟程序進行中，對訴訟續行或終結有決定之權利，得透過捨棄、認諾、撤回、和解等方式爲之，法院不得依職權命續行程序直至判決。

有同一效力」二種類型。學理上，調處之效力往往因不同的調處作成方式
而有相對應的不同的結果，大抵上，委由當事人合意協商之和解類型，
因調處結果為私人基於利益考量下所作成之合意，通常與事實上利益正確
分配不盡然相同，故此類型調處之效力，不宜賦予過強之法律效力，是通
常只賦予「私法上和解契約之效力」，換言之，和解成立後，如發生一方
不履行和解契約的情形，其救濟方式為，另一方應至法院「訴請履行契
約」；至於由保護機構作成調處意見之仲裁類型，則因調處過程中有事件
外客觀第三人介入，故制度上傾向認定該調處認事用法較無偏頗，而具備
一定之公信力，故此類型通常會賦予該調處結果與確定判決有同一效力之
執行力與確定力，亦即他方就同一事件不得再申請調處、如一方不履行
時，他方得持此調處結果直接向法院聲請強制執行，即以調處結果作為執
行名義[6]，進行強制執行程序，毋庸先「訴請履行契約」，請求法院再作
判決。

　　保護機構調處作成之效力如何？多層次傳銷保護機構設立及管理辦法
並未規定，效力究應屬於「私法上和解契約效力」或應「與確定判決有同
一效力」，即應加以說明。基於多層次傳銷保護基金會之調處作成方式採
行當事人自行協商之和解類型，故調處結果之效力即相對應即不宜賦予如
同確定判決之效力；且基於多層次傳銷保護基金會重在提供直銷事業及直
銷商對話平台，充分保障雙方溝通之「機會」，倘賦予調處如同確定判決

6　強制執行法第4條：「強制執行，依左列執行名義為之：一、確定之終局判決。二、假
　　扣押、假處分、假執行之裁判及其他依民事訴訟法得為強制執行之裁判。三、依民事
　　訴訟法成立之和解或調解。四、依公證法規定得為強制執行之公證書。五、抵押權人
　　或質權人，為拍賣抵押物或質物之聲請，經法院為許可強制執行之裁定者。六、其他
　　依法律之規定，得為強制執行名義者。執行名義附有條件、期限或須債權人提供擔保
　　者，於條件成就、期限屆至或供擔保後，始得開始強制執行。執行名義有對待給付
　　者，以債權人已為給付或已提出給付後，始得開始強制執行。」

之效力，此時，調處方式即宜改為作成調處意見，或至少須將調處結果送請法院核定，若採前者之調處方式，則勢將因調處意見之作成，影響當事人權益重大，而走回法院裁判上針鋒相對、錙銖必較之情形，對於雙方良性溝通、犧牲部分自我權益謀求雙方最大利益等訴求即有所違背。

　　調處僅有私法上和解契約之效力，在保護機構之調處制度，申請調處並無中斷時效[7]之設計，直銷事業或直銷商對此應特別注意，避免誤會申請多層次傳銷保護基金會之調處得中斷時效。

加油站

　　調處方式若採當事人自主決定之方式，是否即不能賦予「與確定判決有同一效力」之結果？關於此問題在鄉、鎮、市、區調解條例，似乎打破了這項原則，蓋鄉、鎮、市、區公所的調解也是採當事人自主決定原則，但其調處結果卻賦予「與法院確定判決有同等效力」的結果，為什麼會這樣？之所以這樣，是鄉、鎮、市、區公所的調處結果，還要另行送請法院核定，法院在核定時會考量當事人有無違法或違反公序良俗，由於多了法院核定這道關卡，所以例外地對鄉、鎮、市、區公所的調處結果，可以在法院核定後賦予與確定判決有同一效力的結果。

7　民法第125條：「請求權，因十五年間不行使而消滅。但法律所定期間較短者，依其規定。」、民法第133條：「時效因聲請調解或提付仲裁而中斷者，若調解之聲請經撤回、被駁回、調解不成立或仲裁之請求經撤回、仲裁不能達成判斷時，視為不中斷。」

二、訴訟提出之協助

（一）訴訟協助之要件及方式

　　多數保護機構有「團體訴訟」之制度設計，亦即被害人將自身訴訟權能授予保護機構，由保護機構以自身名義為被害人爭取權益，此種訴訟制度的設計，致使保護機構介入被害人的權益事件當中，常見於監督型或對抗型的團體規章中，以同一事件致多數被害人損害為要件，因該類案件當事人一方可能為數十人、數百人，故制度其實亦包含有多數人訴訟單純化、便利訴訟進行等程序法理[8]。

　　多層次傳銷保護基金會訴訟協助之方式，依據多層傳銷保護機構設立及管理辦法第30條：「對於同一原因事件，致二十位以上傳銷商受損害或請求賠償金額達一百萬元以上者，經調處雖未成立，惟經保護機構認定，傳銷事業應負賠償責任者，傳銷商得請求保護機構就一定額度內先代為支付訴訟費及律師費。傳銷商曾經保護機構代為支付訴訟費及律師費者，未返還前述費用前，不得再行請求前項訴訟協助」，因多層次傳銷保護基金會並非監督型或對抗型機構，其旨在提供直銷事業、直銷商溝通平台，維護雙方對話之機會，故多層次傳銷保護基金會之訴訟協助並不採行團體訴訟模式。

　　依據上開保護機構辦法規定，多層次傳銷保護基金會訴訟協助傳銷商提出訴訟有三要件，即：1.「事件限制：同一原因事件，致二十位以上傳銷商受損害或請求賠償金額達一百萬元以上者」；2.「調處先行：經調處

---

[8]　民事訴訟法第41條：「多數有共同利益之人，不合於前條第三項所定者，得由其中選定一人或數人，為選定人及被選定人全體起訴或被訴。訴訟繫屬後，經選定前項之訴訟當事人者，其他當事人脫離訴訟。前二項被選定之人得更換或增減之。但非通知他造，不生效力。」

未成立」；3.「責任預判：經多層次傳銷保護基金會認定傳銷事業應負賠償責任」。惟此三要件中之責任預判要件，似非妥適：一者，多層次傳銷保護基金會旨在為提供雙方完善且能充分溝通之對話平台，不宜作成責任判斷；二者，如同調處作成之方式，多層次傳銷保護基金會於調處程序中不作成調處意見，嗣後之訴訟協助同樣不宜介入雙方糾紛，更不宜預判傳銷事業是否應對傳銷商負賠償責任；三者，倘多層次傳銷保護基金會作成責任預判，未來倘法院作成與多層次傳銷保護基金會不同之責任判斷，則多層次傳銷保護基金會之專業，亦成為疑慮。是以，本文提出修正建議，未來多層次傳銷保護機構設立及管理辦法第30條「經多層次傳銷保護基金會認定傳銷事業應負賠償責任者」文字似可刪除或修訂為：「經多層次傳銷保護基金會認定傳銷事業有應負賠償責任之虞者」。

多層次傳銷保護基金會訴訟協助之方式為「代墊訴訟費與律師費」，幫助經濟能力較差之傳銷商，解決其籌措相關費用燃眉之急，對傳銷商之權益順利主張應有所助益，同時以代墊制度取代團體訴訟制度，更定位多層次傳銷保護基金會協助直銷事業與直銷商溝通之角色，與調處作成之方式與效力相呼應。

直銷商在請求多層次傳銷保護基金會為訴訟協助時，應特別注意下列事項：其一，既稱「代墊」，直銷商即有返還訴訟費用與律師費用之義務，依據多層次傳銷保護機構設立及管理辦法第30條第2項「傳銷商曾經保護機構代為支付訴訟費及律師費者，未返還前述費用前，不得再行請求前項訴訟協助」，直銷商未返還前即無法再行請求訴訟協助。其二，依據多層次傳銷保護機構設立及管理辦法第31條第2項「前條第一項代為支付訴訟費及律師費之總額上限，由保護機構擬議，報經本會核定後實施，變動亦同」，故多層次傳銷保護基金會訴訟協助之金額有其上限，並非全數支付直銷商之需求。其三，依據財團法人多層次傳銷保護基金會業務規則

第20條第3項「代付金爲最後補充性，倘申請人依其他法律規定得請求訴訟扶助時，本會代付金即以申請人經訴訟扶助後仍不足之部分爲限」、第4項「申請人經本會通知得請求訴訟扶助仍不請求訴訟扶助者，本會得不受理該提起訴訟協助之申請」；由以上說明可知，多層次傳銷保護基金會訴訟協助係定位於補充性質，倘直銷商符合法律扶助之資格，應先請求法律扶助，多層次傳銷保護基金會僅就不足之部分提供協助。

加油站

支付訴訟費及律師費之上限？

　　財團法人多層次傳銷保護基金會業務規則第18條第3項：「協助提起訴訟事件中所稱之代付金係指本會先代爲支付之訴訟費及律師費」、第20條第2項：「代付金以一定額度內爲限，該額度由董事會另訂之」，嗣經該會董事會會議決定，支付訴訟費及律師費之上限定爲：一般案件每件代付金上限5萬元、重大案件每件代付金上限20萬元。

（二）多層次傳銷保護基金會應建立並提供已接受教育訓練之律師名單予直銷商參考

　　依據財團法人多層次傳銷保護基金會業務規則第42條「本會得開辦多層次傳銷之律師在職訓練課程，並就已接受一定時數之多層次傳銷教育訓練之律師名單造冊，以利第二十二條協助傳銷商提起訴訟」，多層次傳銷保護基金會目前與法律扶助基金會規劃辦理律師在職進修之專案教育訓練，以提供「曾接受一定時數之直銷產業教育訓練之律師名單」予傳銷商參考，畢竟直銷產業有其產業特殊性，並非所有律師均能瞭解該產業之制

度或體認該產業之核心概念，故多層次傳銷保護基金會基於協助直銷商選任適宜之訴訟代理人之立場，開辦多層次直銷之律師在職訓練課程，建構專業之律師資料庫，對直銷商之權益救濟有實質上的幫助。

三、代償直銷事業對直銷商應負之賠償

多層次傳銷保護基金會代償直銷事業對直銷商應負之賠償在實務上，簡稱為「代償業務」。

代償業務於規範上有「補償」類型、及「保護」類型之區分。關於補償類型，通常帶有補償者填補其法定責任的意涵，例如汽車交通事故特別補償基金，於汽車交通事故發生時，請求權人因特定事由無法向保險人請求保險給付之損害時，得予以補償。關於保護類型，用意則不在填補責任，充其量僅在於代償，例如證券商、期貨商違約致投資人無法取得證券、保證金、權利金等損害時，保護基金得予以代償。

多層次傳銷保護基金會代償業務，依據多層次傳銷保護機構設立及管理辦法第29條第2項「調處成立，倘係傳銷事業應負賠償責任，保護機構應命該事業於三十日內支付賠償，逾期未支付者，就一定額度內由保護機構代償，再由保護機構向該事業追償」，足見多層次傳銷保護基金會之代償業務係採代償性質而非補償性質。應特別注意者，多層次傳銷保護基金會受理代償之條件，則僅限於調處成立、且直銷事業對直銷商應負賠償責任時。

代償的時間點，一般實務作法，代償基金洵有不同之處理方式，或有以事件發生時、或有以調處成立時、或有以仲裁判斷或法院判決時。依據多層次傳銷保護機構設立及管理辦法上述第29條第2項之規範，多層次傳銷保護基金會則係採「調處成立，經保護機構命三十日內支付而傳銷事業逾期仍未支付」之時點。

加油站

代償之上限？

　　財團法人多層次傳銷保護基金會業務規則第27條第2項：「前項代償金之一定額度由董事會另訂之」，嗣經該會董事會會議決定，代償之上限定為：不分案件類型，每件代償上限為30萬元。

■ 本案解析 ■

1. 本案例中，直銷商關羽和消費者間因新銷售的化妝品品質變質而產生的退貨糾紛，因不是直銷商和直銷事業間所發生的民事糾紛，所以，多層次傳銷保護基金會依法應該拒絕調處。

2. 三國直銷股份有限公司以直銷商關羽未向消費者說明產品保存方式導致糾紛而終止與關羽之間的直銷契約，本項直銷商與直銷公司間的直銷契約應否終止，乃屬直銷商與直銷事業間的民事爭議，直銷商關羽向多層次傳銷保護基金會申請調處，多層次傳銷保護基金會依法即應受理。

3. 三國直銷股份有限公司與張飛等100名直銷商間關於直銷權是否存在的調處，既然已成立，即表示雙方已達成和解，三國直銷股份有限公司必須依據和解內容履行，如果和解內容包括必須賠償張飛等100名直銷商的損失，而三國直銷股份有限公司卻不給付賠償金時，多層次傳銷保護基金會得於命三國直銷股份有限公司於30日內支付而三國直銷股份有限公司逾期仍未支付時，在一定額度內代償之。

4. 三國直銷股份有限公司與關羽等100名直銷商有關直銷權是否存在的民事爭議，雙方進行調處後無法達成和解，此時，直銷商關羽等100名直銷商可向多層次傳銷保護基金會申請訴訟協助，如多層次傳銷保護基金會認定關羽等100名直銷商的訴求有道理，也就是說多層次傳銷保護基金會認定三國直銷股份有限公司應負賠償責任時，該基金會即可在一定額度內代支付訴訟費及律師費。

附錄 *1*

直銷法規

一、多層次傳銷管理法【103.1.29】

第一章　總則

第　1　條　為健全多層次傳銷之交易秩序，保護傳銷商權益，特制定本法。

第　2　條　本法所稱主管機關為公平交易委員會。

第　3　條　本法所稱多層次傳銷，指透過傳銷商介紹他人參加，建立多層級組織以推廣、銷售商品或服務之行銷方式。

第　4　條　本法所稱多層次傳銷事業，指統籌規劃或實施前條傳銷行為之公司、工商行號、團體或個人。

外國多層次傳銷事業之傳銷商或第三人，引進或實施該事業之多層次傳銷計畫或組織者，視為前項之多層次傳銷事業。

第　5　條　本法所稱傳銷商，指參加多層次傳銷事業，推廣、銷售商品或服務，而獲得佣金、獎金或其他經濟利益，並得介紹他人參加及因被介紹之人為推廣、銷售商品或服務，或介紹他人參加，而獲得佣金、獎金或其他經濟利益者。

與多層次傳銷事業約定，於一定條件成就後，始取得推廣、銷售商品或服務，及介紹他人參加之資格者，自約定時起，視為前項之傳銷商。

第二章　多層次傳銷事業之報備

第　6　條　多層次傳銷事業於開始實施多層次傳銷行為前，應檢具載明下列事項之文件、資料，向主管機關報備：

一、多層次傳銷事業基本資料及營業所。

二、傳銷制度及傳銷商參加條件。

三、擬與傳銷商簽定之參加契約內容。

四、商品或服務之品項、價格及來源。

五、其他法規定有商品或服務之行銷方式或須經目的事業主管機關許可始得推廣或銷售之規定者，其行銷方式合於該法規或取得目的事業主管機關許可之證明。

六、多層次傳銷事業依第二十一條第三項後段或第二十四條規定

　　　　扣除買回商品或服務之減損價值者，其計算方法、基準及理由。
七、其他經主管機關指定之事項。
多層次傳銷事業未依前項規定檢具文件、資料，主管機關得令其限期補正；屆期不補正者，視為自始未報備，主管機關得退回原件，令其備齊後重行報備。

第　7　條　多層次傳銷事業報備文件、資料所載內容有變更，除下列情形外，應事先報備：
一、前條第一項第一款事業基本資料，除事業名稱變更外，無須報備。
二、事業名稱應於變更生效後十五日內報備。
多層次傳銷事業未依前項規定變更報備，主管機關認有必要時，得令其限期補正；屆期不補正者，視為自始未變更報備，主管機關得退回原件，令其備齊後重行報備。

第　8　條　前二條報備之方式及格式，由主管機關定之。

第　9　條　多層次傳銷事業停止實施多層次傳銷行為者，應於停止前以書面向主管機關報備，並於其各營業所公告傳銷商得依參加契約向多層次傳銷事業主張退貨之權益。

第三章　多層次傳銷行為之實施

第　10　條　多層次傳銷事業於傳銷商參加其傳銷計畫或組織前，應告知下列事項，不得有隱瞞、虛偽不實或引人錯誤之表示：
一、多層次傳銷事業之資本額及營業額。
二、傳銷制度及傳銷商參加條件。
三、多層次傳銷相關法令。
四、傳銷商應負之義務與負擔、退出計畫或組織之條件及因退出而生之權利義務。
五、商品或服務有關事項。
六、多層次傳銷事業依第二十一條第三項後段或第二十四條規定扣除買回商品或服務之減損價值者，其計算方法、基準及理由。

七、其他經主管機關指定之事項。

傳銷商介紹他人參加時，不得就前項事項為虛偽不實或引人錯誤之表示。

第 11 條　多層次傳銷事業或傳銷商以廣告或其他方法招募傳銷商時，應表明係從事多層次傳銷行為，並不得以招募員工或假借其他名義之方式為之。

第 12 條　多層次傳銷事業或傳銷商以成功案例之方式推廣、銷售商品或服務及介紹他人參加時，就該等案例進行期間、獲得利益及發展歷程等事實作示範者，不得有虛偽不實或引人錯誤之表示。

第 13 條　多層次傳銷事業於傳銷商參加其傳銷計畫或組織時，應與傳銷商締結書面參加契約，並交付契約正本。

前項之書面，不得以電子文件為之。

第 14 條　前條參加契約之內容，應包括下列事項：

一、第十條第一項第二款至第七款所定事項。

二、傳銷商違約事由及處理方式。

三、第二十條至第二十二條所定權利義務事項或更有利於傳銷商之約定。

四、解除或終止契約係因傳銷商違反營運規章或計畫、有第十五條第一項特定違約事由或其他可歸責於傳銷商之事由者，傳銷商提出退貨之處理方式。

五、契約如訂有參加期限者，其續約之條件及處理方式。

第 15 條　多層次傳銷事業應將下列事項列為傳銷商違約事由，並訂定能有效制止之處理方式：

一、以欺罔或引人錯誤之方式推廣、銷售商品或服務及介紹他人參加傳銷組織。

二、假借多層次傳銷事業之名義向他人募集資金。

三、以違背公共秩序或善良風俗之方式從事傳銷活動。

四、以不當之直接訪問買賣影響消費者權益。

五、違反本法、刑法或其他法規之傳銷活動。

多層次傳銷事業應確實執行前項所定之處理方式。

第 16 條　多層次傳銷事業不得招募無行為能力人為傳銷商。

多層次傳銷事業招募限制行為能力人為傳銷商者，應事先取得該限制行為能力人之法定代理人書面允許，並附於參加契約。

前項之書面，不得以電子文件為之。

第 17 條　多層次傳銷事業應於每年五月底前將上年度傳銷營運業務之資產負債表、損益表，備置於其主要營業所。

多層次傳銷事業資本額達公司法第二十條第二項所定數額或其上年度傳銷營運業務之營業額達主管機關所定數額以上者，前項財務報表應經會計師查核簽證。

傳銷商得向所屬之多層次傳銷事業查閱第一項財務報表。多層次傳銷事業非有正當理由，不得拒絕。

第 18 條　多層次傳銷事業，應使其傳銷商之收入來源以合理市價推廣、銷售商品或服務為主，不得以介紹他人參加為主要收入來源。

第 19 條　多層次傳銷事業不得為下列行為：

一、以訓練、講習、聯誼、開會、晉階或其他名義，要求傳銷商繳納與成本顯不相當之費用。

二、要求傳銷商繳納顯屬不當之保證金、違約金或其他費用。

三、促使傳銷商購買顯非一般人能於短期內售罄之商品數量。但約定於商品轉售後支付貨款者，不在此限。

四、以違背其傳銷計畫或組織之方式，對特定人給予優惠待遇，致減損其他傳銷商之利益。

五、不當促使傳銷商購買或使其擁有二個以上推廣多層級組織之權利。

六、其他要求傳銷商負擔顯失公平之義務。

傳銷商於其介紹參加之人，亦不得為前項第一款至第三款、第五款及第六款之行為。

第四章　解除契約及終止契約

第 20 條　傳銷商得自訂約日起算三十日內，以書面通知多層次傳銷事業解除或終止契約。

　　　　　　多層次傳銷事業應於契約解除或終止生效後三十日內，接受傳銷商退貨之申請、受領傳銷商送回之商品，並返還傳銷商購買退貨商品所付價金及其他給付多層次傳銷事業之款項。

　　　　　　多層次傳銷事業依前項規定返還傳銷商之款項，得扣除商品返還時因可歸責於傳銷商之事由致商品毀損滅失之價值，及因該進貨對該傳銷商給付之獎金或報酬。

　　　　　　由多層次傳銷事業取回退貨者，並得扣除取回該商品所需運費。

第 21 條　傳銷商於前條第一項期間經過後，仍得隨時以書面終止契約，退出多層次傳銷計畫或組織，並要求退貨。但其所持有商品自可提領之日起算已逾六個月者，不得要求退貨。

　　　　　　多層次傳銷事業應於契約終止生效後三十日內，接受傳銷商退貨之申請，並以傳銷商原購價格百分之九十買回傳銷商所持有之商品。

　　　　　　多層次傳銷事業依前項規定買回傳銷商所持有之商品時，得扣除因該項交易對該傳銷商給付之獎金或報酬。其取回商品之價值有減損者，亦得扣除減損之金額。

　　　　　　由多層次傳銷事業取回退貨者，並得扣除取回該商品所需運費。

第 22 條　傳銷商依前二條規定行使解除權或終止權時，多層次傳銷事業不得向傳銷商請求因該契約解除或終止所受之損害賠償或違約金。

　　　　　　傳銷商品係由第三人提供者，傳銷商依前二條規定行使解除權或終止權時，多層次傳銷事業應依前二條規定辦理退貨及買回，並負擔傳銷商因該交易契約解除或終止所生之損害賠償或違約金。

第 23 條　多層次傳銷事業及傳銷商不得以不當方式阻撓傳銷商依本法規定辦理退貨。

　　　　　　多層次傳銷事業不得於傳銷商解除或終止契約時，不當扣發其應得之佣金、獎金或其他經濟利益。

第 24 條　本章關於商品之規定，除第二十一條第一項但書外，於服務之情形準用之。

第五章　業務檢查及裁處程序

第 25 條　多層次傳銷事業應按月記載其在中華民國境內之組織發展、商品或服務銷售、獎金發放及退貨處理等狀況，並將該資料備置於主要營業所供主管機關查核。

前項資料，保存期限為五年；停止多層次傳銷業務者，其資料之保存亦同。

第 26 條　主管機關得隨時派員檢查或限期令多層次傳銷事業依主管機關所定之方式及內容，提供及填報營運發展狀況資料，多層次傳銷事業不得規避、妨礙或拒絕。

第 27 條　主管機關對於涉有違反本法規定者，得依檢舉或職權調查處理。

第 28 條　主管機關依本法調查，得依下列程序進行：

一、通知當事人及關係人到場陳述意見。

二、通知當事人及關係人提出帳冊、文件及其他必要之資料或證物。

三、派員前往當事人及關係人之事務所、營業所或其他場所為必要之調查。

依前項調查所得可為證據之物，主管機關得扣留之；其扣留範圍及期間，以供調查、檢驗、鑑定或其他為保全證據之目的所必要者為限。

受調查者對於主管機關依第一項規定所為之調查，無正當理由不得規避、妨礙或拒絕。

執行調查之人員依法執行公務時，應出示有關執行職務之證明文件；其未出示者，受調查者得拒絕之。

第六章　罰則

第 29 條　違反第十八條規定者，處行為人七年以下有期徒刑，得併科新臺幣一億元以下罰金。

法人之代表人、代理人、受僱人或其他從業人員，因執行業務違反第十八條規定者，除依前項規定處罰其行為人外，對該法人亦科處前項之罰金。

第 30 條　前條之處罰，其他法律有較重之規定者，從其規定。

第 31 條　主管機關對於違反第十八條規定之多層次傳銷事業，得命令解散、勒令歇業或停止營業六個月以下。

第 32 條　主管機關對於違反第六條第一項、第二十條第二項、第二十一條第二項、第二十二條或第二十三條規定者，得限期令停止、改正其行為或採取必要更正措施，並得處新臺幣十萬元以上五百萬元以下罰鍰；屆期仍不停止、改正其行為或未採取必要更正措施者，得繼續限期令停止、改正其行為或採取必要更正措施，並按次處新臺幣二十萬元以上一千萬元以下罰鍰，至停止、改正其行為或採取必要更正措施為止；其情節重大者，並得命令解散、勒令歇業或停止營業六個月以下。

前項規定，於違反依第二十四條準用第二十條第二項、第二十一條第二項、第二十二條或第二十三條規定者，亦適用之。

主管機關對於保護機構違反第三十八條第五項業務處理方式或監督管理事項者，依第一項規定處分。

第 33 條　主管機關對於違反第十六條規定者，得限期令停止、改正其行為或採取必要更正措施，並得處新臺幣十萬元以上二百萬元以下罰鍰；屆期仍不停止、改正其行為或未採取必要更正措施者，得繼續限期令停止、改正其行為或採取必要更正措施，並按次處新臺幣二十萬元以上四百萬元以下罰鍰，至停止、改正其行為或採取必要更正措施為止。

第 34 條　主管機關對於違反第七條第一項、第九條至第十二條、第十三條第一項、第十四條、第十五條、第十七條、第十九條、第二十五條第一項或第二十六條規定者，得限期令停止、改正其行為或採取必要更正措施，並得處新臺幣五萬元以上一百萬元以下罰鍰；屆期仍不停止、改正其行為或未採取必要更正措施者，得繼續限期令停止、改正其行為或採取必要更正措施，並按次處新臺幣十萬元以上二百萬元以下罰鍰，至停止、改正其行為或採取必要更正措施為止。

第 35 條　主管機關依第二十八條規定進行調查時，受調查者違反第二十八

條第三項規定，主管機關得處新臺幣五萬元以上五十萬元以下罰
鍰；受調查者再經通知，無正當理由規避、妨礙或拒絕，主管機
關得繼續通知調查，並按次處新臺幣十萬元以上一百萬元以下罰
鍰，至接受調查、到場陳述意見或提出有關帳冊、文件等資料或
證物為止。

第七章　附則

第　36　條　非屬公平交易法第八條所定多層次傳銷事業，於本法施行前已從
事多層次傳銷業務者，應於本法施行後三個月內依第六條規定向
主管機關報備；屆期未報備者，以違反第六條第一項規定論處。
前項多層次傳銷事業應於本法施行後六個月內依第十三條第一項
規定與本法施行前參加之傳銷商締結書面契約；屆期未完成者，
以違反第十三條第一項規定論處。
本法施行前參加第一項多層次傳銷事業之傳銷商，得自本法施行
之日起算至締結前項契約後三十日內，依第二十條、第二十二
條、第二十四條之規定解除或終止契約，該期間經過後，亦得依
第二十一條、第二十二條、第二十四條之規定終止契約。
前項傳銷商於本法施行後終止契約者，關於第二十一條第一項但
書所定期間，自本法施行之日起算。

第　37　條　本法施行前已向主管機關報備之多層次傳銷事業之報備文件、資
料所載內容應配合第六條第一項規定修正，並於本法施行後二個
月內向主管機關補正其應報備之文件、資料；屆期未補正者，以
違反第七條第一項規定論處。
本法施行前已向主管機關報備之多層次傳銷事業，應於本法施行
後三個月內配合修正與原傳銷商締結之書面參加契約，以書面
通知修改或增刪之處，並於其各營業所公告；屆期未以書面通知
者，以違反第十三條第一項規定論處。
前項通知，傳銷商於一定期間未表示異議，視為同意。

第　38　條　主管機關應指定經報備之多層次傳銷事業，捐助一定財產，設立
保護機構，辦理完成報備之多層次傳銷事業與傳銷商權益保障及

爭議處理業務。其捐助數額得抵充第二項保護基金及年費。

保護機構為辦理前項業務，得向完成報備之多層次傳銷事業與傳銷商收取保護基金及年費，其收取方式及金額由主管機關定之。

完成報備之多層次傳銷事業未依前二項規定據實繳納者，以違反第三十二條第一項規定論處。

依主管機關規定繳納保護基金及年費者，始得請求保護機構保護。

保護機構之組織、任務、經費運用、業務處理方式及對其監督管理事項，由主管機關定之。

第　39　條　自本法施行之日起，公平交易法有關多層次傳銷之規定，不再適用之。

第　40　條　本法施行細則，由主管機關定之。

第　41　條　本法自公布日施行。

二、多層次傳銷管理法施行細則【103.4.17】

第　1　條　本細則依多層次傳銷管理法（以下簡稱本法）第四十條規定訂定之。

第　2　條　本法第六條第一項第一款所稱多層次傳銷事業基本資料，指事業之名稱、資本額、代表人或負責人、所在地、設立登記日期、公司或商業登記證明文件。
本法第六條第一項第一款所稱營業所，指主要營業所及其他營業所所在地。

第　3　條　本法第六條第一項第二款所稱傳銷制度，指多層次傳銷組織各層級之名稱、取得資格與晉升條件、佣金、獎金及其他經濟利益之內容、發放條件、計算方法及其合計數占營業總收入之最高比例。

第　4　條　本法第十條第一項第一款所稱多層次傳銷事業之營業額，指前一年度營業總額，但營業未滿一年者，以其已營業月份之累積營業額代之。
本法第十條第一項第二款所稱傳銷制度，指多層次傳銷組織各層級之名稱、取得資格與晉升條件、佣金、獎金及其他經濟利益之內容、發放條件及計算方法。

第　5　條　本法第十條第一項第五款所稱商品或服務有關事項，指商品或服務之品項、價格、瑕疵擔保責任之內容及其他有關事項。

第　6　條　本法第十八條所稱合理市價之判斷原則如下：
一、市場有同類競爭商品或服務者，得以國內外市場相同或同類商品或服務之售價、品質為最主要之參考依據，輔以比較多層次傳銷事業與非多層次傳銷事業行銷相同或同類商品或服務之獲利率，以及考量特別技術及服務水準等因素，綜合判斷之。
二、市場無同類競爭商品或服務者，依個案認定之。
本法第十八條所稱主要之認定，以百分之五十作為判定標準之參考，再依個案是否屬蓄意違法、受害層面及程度等實際狀況合理認定。

第　7　條　本法第二十條第三項及第二十一條第三項所稱傳銷商，指解除契約或終止契約之當事人，不及於其他傳銷商。

第　8　條　本法第二十一條第一項但書所稱可提領之日，指多層次傳銷事業就推廣、銷售之商品備有足夠之存貨，並以書面或其他方式證明商品達於可隨時提領之狀態。

第　9　條　本法第二十五條第一項所定組織發展、商品或服務銷售、獎金發放及退貨處理等狀況，包括下列事項：

一、事業整體及各層次之組織系統。

二、傳銷商總人數、各月加入及退出之人數。

三、傳銷商之姓名或名稱、國民身分證或事業統一編號、地址、聯絡電話及主要分布地區。

四、與傳銷商訂定之書面參加契約。

五、銷售商品或服務之種類、數量、金額及其有關事項。

六、佣金、獎金或其他經濟利益之給付情形。

七、處理傳銷商退貨之辦理情形及所支付之價款總額。

前項資料得以書面或電子儲存媒體資料保存之。

第　10　條　多層次傳銷事業於傳銷商加入其傳銷組織或計畫後，應對其施以多層次傳銷相關法令及事業違法時之申訴途徑等教育訓練。

第　11　條　多層次傳銷事業報備名單及其重要動態資訊，由主管機關公布於全球資訊網。

前項所稱多層次傳銷事業報備名單及其重要動態資訊，包括已完成報備名單、尚待補正名單、搬遷不明或無營業跡象名單及已起訴或判決名單等。

第　12　條　多層次傳銷事業辦理解散、歇業或停業者，主管機關得將該事業名稱自前條報備名單刪除。

第　13　條　主管機關對於無具體內容、未具真實姓名或住址之檢舉案件，得不予處理。

第　14　條　主管機關依本法第二十八條第一項第一款規定為通知時，應以書面載明下列事項：

一、受通知者之姓名、住居所。其為公司、行號或團體者，其負責人之姓名及事務所、營業所。

　　　　　二、擬調查之事項及受通知者對該事項應提供之說明或資料。

　　　　　三、應到之日、時、處所。

　　　　　四、無正當理由不到場之處罰規定。

　　　　　通知書至遲應於到場日四十八小時前送達。但有急迫情形者，不在此限。

第 15 條　前條之受通知者得委任代理人到場陳述意見。但主管機關認為必要時，得通知應由本人到場。

第 16 條　第十四條之受通知者到場陳述意見後，主管機關應作成陳述紀錄，由陳述者簽名。其不能簽名者，得以蓋章或按指印代之；其拒不簽名、蓋章或按指印者，應載明其事實。

第 17 條　主管機關依本法第二十八條第一項第二款規定為通知時，應以書面載明下列事項：

　　　　　一、受通知者之姓名、住居所。其為公司、行號或團體者，其負責人之姓名及事務所、營業所。

　　　　　二、擬調查之事項。

　　　　　三、受通知者應提供之說明、帳冊、文件及其他必要之資料或證物。

　　　　　四、應提出之期限。

　　　　　五、無正當理由拒不提出之處罰規定。

第 18 條　主管機關收受當事人或關係人提出帳冊、文件及其他必要之資料或證物後，應依提出者之請求掣給收據。

第 19 條　依本法量處罰鍰時，應審酌一切情狀，並注意下列事項：

　　　　　一、違法行為之動機、目的及預期之不當利益。

　　　　　二、違法行為對交易秩序之危害程度。

　　　　　三、違法行為危害交易秩序之持續期間。

　　　　　四、因違法行為所得利益。

　　　　　五、違法者之規模及經營情況。

　　　　　六、違法類型曾否經主管機關警示。

　　　　　七、以往違法類型、次數、間隔時間及所受處罰。

　　　　　八、違法後悛悔實據及配合調查等態度。

第 20 條　本細則自發布日施行。

三、多層次傳銷事業報備及變更報備準則【103.5.1】

第　1　條　本準則依多層次傳銷管理法（下稱本法）第八條規定訂定之。

第　2　條　多層次傳銷事業（下稱事業）辦理報備及變更報備，應自行登入主管機關「多層次傳銷管理系統」（下稱本管理系統）以電子文件方式為之。但有下列情形之一，得以書面方式為之：

一、本管理系統發生故障時。

二、事業因其他不可抗力或特殊因素無法使用本管理系統，經以書面向主管機關申請並獲同意者。

三、其他經主管機關同意之情形。

第　3　條　附件檔案　事業依前條但書規定以書面方式向主管機關辦理報備及變更報備者，應使用報備書及變更報備書。

前項報備書及變更報備書範本如附件一及附件二。

第　4　條　附件檔案　事業得以下列方式之一登入本管理系統：

一、憑證登入：以經濟部簽發之工商憑證登入。

二、帳號登入：以書面向主管機關申請之使用者帳號及密碼登入。前開申請應使用密碼申請書、加蓋事業及其代表人或負責人印鑑，並檢附公司或商業登記證明文件為之。密碼申請書範本如附件三。

第　5　條　事業依本法第六條第一項及第七條第一項規定為報備及變更報備時，應依主管機關於本管理系統所定格式逐項填載。

事業依本法第六條第一項及第七條第一項規定所應檢附之文件、資料，應以上傳電子檔案方式為之，其檔案之格式、位元組及上傳方式，應符合主管機關之規定。

第　6　條　事業依第二條但書規定，以書面方式辦理報備及變更報備者，應於各該事由消滅後七日內，自行至本管理系統完成資料補登。

事業依前項規定所為補登內容，主管機關認有必要時，得命其限期補正。

第　7　條　事業依前條第一項規定所為補登內容，如與書面報備資料不符時，以書面資料為準。

第　8　條　事業未依第五條及第六條規定完成報備、變更報備及補登者，不

　　　　　　　得於本管理系統再爲變更報備。

第　9　條　主管機關於本管理系統受理事業報備、變更報備或補登，其回
　　　　　　　復、通知補正或退件，得以電子文件方式爲之，不另以書面方式
　　　　　　　送達。
　　　　　　　前項主管機關以電子文件方式所爲回復及通知，以電子文件進入
　　　　　　　事業電子郵件信箱資訊系統時爲送達時間。

第　10　條　事業使用本管理系統傳送電子文件，以電子文件進入主管機關資
　　　　　　　訊系統時爲收文時間。

第　11　條　事業應提供常設電子郵件信箱，及確保爲可正常收受電子文件之
　　　　　　　狀態，於使用本管理系統傳送電子文件後，應適時查閱主管機關
　　　　　　　所爲回復及通知。

第　12　條　事業遺失主管機關所核發本管理系統密碼時，應依第四條第二款
　　　　　　　規定申請補發。

第　13　條　本準則自發布日施行。

四、多層次傳銷保護機構設立及管理辦法【103.5.19】

第一章　總則

第　1　條　本辦法依多層次傳銷管理法（以下簡稱本法）第三十八條規定訂定之。

第　2　條　本辦法所稱多層次傳銷保護機構（以下簡稱保護機構），指依本辦法設立之財團法人。

第　3　條　保護機構之任務如下：

　　　　一、調處多層次傳銷事業（以下簡稱傳銷事業）與傳銷商間之多層次傳銷民事爭議。

　　　　二、協助傳銷商提起本辦法第三十條所定之訴訟。

　　　　三、代償及追償傳銷事業因多層次傳銷民事爭議，而對於傳銷商所應負之損害賠償。

　　　　四、管理及運用傳銷事業及傳銷商提繳之保護基金、年費及其孳息。

　　　　五、協助傳銷事業及傳銷商增進對多層次傳銷法令之專業知能。

　　　　六、協助辦理教育訓練活動。

　　　　七、提供有關多層次傳銷法令之諮詢服務。

第二章　機構之設立

第　4　條　保護機構之設立，應由公平交易委員會（以下簡稱本會）所指定之傳銷事業檢附下列文件一式四份，向本會申請設立許可：

　　　　一、申請書：載明目的、名稱、主事務所所在地、財產總額、業務項目及其他必要事項。

　　　　二、捐助章程正本。

　　　　三、捐助財產清冊。捐助財產之現金部分，應附金融機構之存款證明或其他足資證明之文件；其他財產部分，應附土地、建物登記證明文件。

　　　　四、董事名冊、董事國民身分證影本及董事與監察人間之親屬關係表。

　　　　　　五、願任董事同意書。

　　　　　　六、保護機構及董事之印鑑或簽名清冊。

　　　　　　七、董事會成立會議紀錄。

　　　　　　八、監察人名冊、國民身分證影本、願任監察人同意書及其印鑑
　　　　　　　　或簽名清冊。

　　　　　　九、捐助人同意移轉捐助財產為保護機構所有之同意書。

　　　　　　十、業務計畫及資金運用說明書。

　　　　　　保護機構之董事會應自收受本會設立許可文書之日起三十日內，
　　　　　　向法院聲請法人登記，並於法院完成登記之日起三十日內，將法
　　　　　　人登記證書影本報本會備查；其於法人登記後，應向所在地稅捐
　　　　　　稽徵機關申請扣繳編號，併報本會備查。

第　5　條　保護機構之登記事項如有變更，應於變更之日起十五日內填具變
　　　　　　更申請書連同有關文件各四份，報經本會核定後向法院辦理變更
　　　　　　登記。

第　6　條　保護機構於設立許可後，捐助人應於法院登記完成後九十日內，
　　　　　　將捐助財產全部移轉予保護機構，以保護機構名義登記或專戶儲
　　　　　　存金融機構，並報本會備查。

　　　　　　前項捐助財產之種類為現金者，應以籌備處名義於金融機構開立
　　　　　　專戶儲存，並於申請許可前存入。

第　7　條　保護機構之捐助章程，應記載下列事項：

　　　　　　一、保護機構之名稱、捐助目的及主事務所所在地。

　　　　　　二、捐助財產之種類、數額及保管運用方法。

　　　　　　三、業務項目及其管理方法。

　　　　　　四、董事、監察人及調處委員名額、資格、產生方式、任期、任
　　　　　　　　期中出缺補選（派）及任期屆滿之改選（派）事項。

　　　　　　五、董事會之組織、決議之方法及其職權。

　　　　　　六、會計制度、會計年度之起訖期間及預算、決算之編送時限。

　　　　　　七、事務單位之組織。

　　　　　　八、解散後賸餘財產之歸屬。

　　　　　　九、捐助章程作成日期。

十、關於本會規定之其他事項。

第　8　條　保護機構之下列事項，應報經本會核定，修改時亦同：

一、捐助章程。

二、取得或處分固定資產處理程序。

三、內部控制制度。

四、其他依本辦法或本會規定應報經本會核定之事項。

第三章　組織

第　9　條　保護機構應設董事會，置董事九人，由本會就下列人員遴選（派）之：

一、向本會報備之傳銷事業代表二人。

二、傳銷商代表二人。

三、專家學者三至四人。

四、本會代表一至二人。

董事之任期三年，連選（派）得連任一次，每屆期滿連任之董事，不得逾全體董事人數三分之二。

董事會應由全體董事三分之二以上之出席，出席董事過半數之同意，就本會代表以外之董事選出一人為董事長，經本會核可後生效。

第　10　條　董事會職權如下：

一、基金之籌措、管理及運用。

二、董事長之推選及解聘。

三、調處委員會調處委員之遴選。

四、業務規則之訂定或修改。

五、內部組織之訂定及管理。

六、工作計畫之研訂及推動。

七、年度預算及決算之審定。

八、捐助章程變更之擬議。

九、不動產購置、處分或設定負擔之擬議。

十、保護基金代償、代為支付訴訟費及律師費最高限額之擬議。

十一、其他章程規定事項之擬議或決議。

第 11 條　董事會由董事長召集之，並為主席。董事長因故不能召集及主持
會議時，由董事長指定董事一人代理，董事長未指定代理人或不
為召集時，由董事互推一人召集及主持會議。

董事會每三個月至少舉行一次，必要時得召集臨時董事會。

第 12 條　董事會之決議應有二分之一以上董事出席及出席董事過半數之同
意。

前項會議，董事應親自出席，若有特殊事由，得載明授權範圍並
出具委託書，委託其他董事代理出席。但每名董事以代理一名為
限。

第 13 條　保護機構對於下列事項，應經董事三分之二以上出席，及出席董
事三分之二以上之同意行之：

一、章程變更。

二、組織規程之訂定及變更。

三、保護機構之解散或目的之變更。

四、不動產之購置、處分或設定負擔。

五、申請貸款。

六、基金保管運用方式之變更。

前項第一款章程變更，如有民法第六十二條或第六十三條之情
事，本會得聲請法院為必要處分。

第一項第一款至第三款及第六款事由應報經本會核定後，始得為
之。

第一項事項之討論，應於會議十日前將議程通知全體董事，報請
本會備查，本會並得派員列席。

第 14 條　保護機構置監察人一至三人，由本會就學者、專家及公正人士遴
選之。

監察人之任期三年，連選得連任，每屆期滿連任之監察人，不得
逾全體監察人人數三分之二。

監察人得隨時調查保護機構之業務及財務狀況，查核簿冊文件，
並得請求董事會提出報告。

監察人各得單獨行使監察權，發現董事會執行職務有違反法令、捐助章程或業務規則之行為時，應即通知董事會停止其行為，同時副知本會，並於三日內以書面敘明相關事實函報本會。

第　15　條　保護機構為處理爭議事件，設調處委員會，置調處委員十一至二十一人，其中一人為主任委員，均由董事會遴選具備相關專業素養或實務經驗之學者、專家、公正人士，報經本會核定後聘任。

調處委員任期為三年，期滿得續聘。

調處委員會之決議應有調處委員二分之一以上出席及出席調處委員過半數之同意。

調處委員（會）均應獨立公正行使職權。

第　16　條　有下列情事之一者，不得擔任董事、監察人及調處委員，其已擔任者，當然解任：

一、受本會監管之傳銷事業代表。

二、曾涉及從事變質多層次傳銷行為，經檢察機關起訴或經本會移送檢調機關者。

三、曾犯組織犯罪防制條例規定之罪，經有罪判決未撤銷者。

四、曾犯詐欺、背信、侵占罪，經有罪判決未撤銷者。

五、受破產之宣告，尚未復權者。

六、無行為能力或限制行為能力者。

七、未繳納保護基金或常年年費之傳銷事業代表或傳銷商。

第　17　條　董事、監察人、調處委員及工作人員於執行職務有利益衝突者，應行迴避。但董事長推選及董事改選時，不在此限。

前項所稱利益衝突，指董事、監察人、調處委員及工作人員得因其作為或不作為，直接或間接使本人或其關係人獲取利益或減少損失者。

第　18　條　董事、監察人、調處委員及工作人員不得有下列行為：

一、對非依法令所為之查詢、洩漏職務上所獲悉之秘密。

二、對於職務上或違背職務之行為，要求期約或收受不正當利益。

第 19 條　保護機構董事、監察人及調處委員得支領兼職費、或出席費及交通費，支給標準由保護機構擬定，報經本會核定後實施。

保護機構工作人員得支給薪資，支給標準由保護機構擬定，報經本會核定後實施。

第四章　財務

第 20 條　保護機構收入來源如下：

一、捐助之財產。

二、自傳銷事業及傳銷商收取之保護基金及年費。

三、財產之孳息及運用收益。

四、其他受贈之收入。

第 21 條　保護基金及年費收取金額分別如下：

一、保護基金：

（一）傳銷商每位繳納新臺幣（下同）一百元。既有傳銷商於保護機構成立三個月內繳納；新加入傳銷商當季繳納。

（二）傳銷事業依上一會計年度多層次傳銷營業額總數分為八級繳納，其金額分別如下：

1.營業額二十億元以上者，繳納四百萬元。

2.營業額十億元以上未達二十億元者，繳納三百萬元。

3.營業額三億元以上未達十億元者，繳納二百萬元。

4.營業額一億元以上未達三億元者，繳納一百萬元。

5.營業額三千萬元以上未達一億元者，繳納三十萬元。

6.營業額一千萬元以上未達三千萬元者，繳納十萬元。

7.營業額未達一千萬元者，繳納八萬元。

8.新報備傳銷事業，繳納五萬元。

（三）傳銷事業於保護機構成立三個月內向保護機構繳納；

　　　　　　新報備傳銷事業當季向保護機構繳納。

　　（四）傳銷事業營業規模晉級者，即應補足級距間之差額。

二、年費：

　　（一）傳銷商每年年費金額由本會視基金規模於每年一月底前公告實施。傳銷商於每年三月底前繳納；新加入傳銷商當季繳納。

　　（二）傳銷事業依上一會計年度多層次傳銷營業額總數分為十級繳納，其金額分別如下：

　　　　　1.營業額七億元以上者，繳納十萬元。

　　　　　2.營業額六億元以上未達七億元者，繳納九萬元。

　　　　　3.營業額五億元以上未達六億元者，繳納八萬元。

　　　　　4.營業額四億元以上未達五億元者，繳納七萬元。

　　　　　5.營業額三億元以上未達四億元者，繳納六萬元。

　　　　　6.營業額二億元以上未達三億元者，繳納五萬元。

　　　　　7.營業額一億元以上未達二億元者，繳納四萬元。

　　　　　8.營業額五千萬元以上未達一億元者，繳納三萬元。

　　　　　9.營業額五百萬元以上未達五千萬元者，繳納二萬元。

　　　　　10.新報備傳銷事業及營業額五百萬元以下者，繳納一萬元。

　　（三）傳銷事業於每年三月底前向保護機構繳納；新報備傳銷事業當季向保護機構繳納。

傳銷事業於保護機構設立時所捐助之財產可抵充其所應繳納之保護基金或年費。

參加二以上傳銷事業之傳銷商，其保護基金及年費得擇一傳銷事業繳納。

傳銷商保護基金及年費，由傳銷事業統一代收後向保護機構繳納。但保護機構於業務規則中就繳納方式另為規定者，從其規定。

傳銷事業及傳銷商已繳納之各項費用均不退還。

保護機構應製作及更新繳納保護基金及年費之名冊，每季送本會備查。

第　22　條　保護機構會計事務之處理，其會計基礎應採權責發生制，會計年度之起迄以曆年制為準，並應依其會計事務性質、業務實際情形及發展管理上之需要，制定會計制度報本會備查。

前項會計制度之內容，至少應包括下列項目：

一、總說明。

二、帳簿組織系統圖。

三、會計科目、會計簿籍及會計報表之說明與用法。

四、普通會計事務處理程序。

五、收款、付款及財產管理辦法。

第　23　條　保護機構應於本會指定之金融機構開設專戶，為收入、支出款項控管。

第　24　條　保護機構設立之捐助財產不得少於現金總額一千萬元，且於一千萬元額度內本金不得動支。

保護基金除供代為賠償、協助訴訟使用及保護機構成立第一年之營運外，不得動支。

年費供保護機構之營運。

第　25　條　保護機構每年編造次年預算報告，於十月底前，由董事會審定後報本會備查。

保護機構每年編造當年決算報告，於當年終了後六個月內，由董事會審定後，連同會計師查核報告一併報本會備查。

前二項資料應以適當方式主動公開。

第五章　業務運作

第　26　條　保護機構辦理本辦法業務應訂定業務規則，報經本會核定，修改時亦同。

前項業務規則中，應規定本辦法第三條事項。

第　27　條　傳銷事業及傳銷商未依第二十一條第一項規定繳交保護基金及年費者，不得請求調處。但嗣後已補繳者，得向保護機構請求調處

自補繳日起當年度發生之民事爭議。

保護機構成立時已完成報備之傳銷事業及其傳銷商依第二十一條第一項規定繳交保護基金及年費者，除得向保護機構請求調處外，並得溯及自本法生效時發生之民事爭議。

第　28　條　符合前條保護要件之傳銷事業或傳銷商以書面請求調處後，保護機構應派專人負責瞭解案情，由輪值之三名調處委員進行調處。受指派之調處委員應選任一名主持調處程序。重大案件，得請求召開調處委員會進行調處。

調處委員應於收到前項書面調處請求後十五日內開會。必要時或經爭議雙方當事人同意者，得延長七日。

第一項重大案件之要件及程序由保護機構擬議，報經本會核定後實施。

調處當事人，就他方當事人於調處過程所提出之申請及各種說明資料或協商讓步事項，除已公開、依法規規定或經他方當事人同意者外，不得公開。保護機構及其人員、調處委員對所知悉調處過程及相關資料，除法規另有規定或經雙方同意外，應保守秘密。

調處委員（會）應斟酌事件之事實證據進行調處，並得於合理必要範圍內，請求傳銷事業及傳銷商協助或提出文件和相關資料。

董事（會）、監察人不得介入調處個案之處理。

第　29　條　調處事件經雙方當事人達成協議者，調處成立。

調處成立，倘係傳銷事業應負賠償責任，保護機構應命該事業於三十日內支付賠償，逾期未支付者，就一定額度內由保護機構代償，再由保護機構向該事業追償。

前項之一定額度，由保護機構擬議，報經本會核定後實施，變動亦同。

有下列情形之一者，視為調處不成立：

一、經調處委員召集調處會議，有任一方當事人連續二次未出席者。

二、經召開調處會議達三次而仍不能作成調處方案者。

調處未成立，請求調處者可循民事訴訟等其他途徑尋求救濟。

已調處成立者，不得再就同一事件申請調處。

第 30 條 對於同一原因事件，致二十位以上傳銷商受損害或請求賠償金額達一百萬元以上者，經調處雖未成立，惟經保護機構認定，傳銷事業應負賠償責任者，傳銷商得請求保護機構就一定額度內先代為支付訴訟費及律師費。

傳銷商曾經保護機構代為支付訴訟費及律師費者，未返還前述費用前，不得再行請求前項訴訟協助。

第 31 條 前條律師費用不得高於法院選任律師及第三審律師酬金核定支給標準第四條之金額。

前條第一項代為支付訴訟費及律師費之總額上限，由保護機構擬議，報經本會核定後實施，變動亦同。

第 32 條 保護機構董事會及調處委員會之議事錄，應每季函報本會備查。

第 33 條 董事（會）、監察人、調處委員（會）就應執行之業務有違反相關規定、怠於執行、未確實執行或其他重大違失事由者，本會得予以撤銷決議、解任或為其他適當之處分。

第 34 條 為瞭解保護機構之業務，本會得隨時通知其提出業務及財務報告，必要時並得派員或委託會計師查核。

前項委託會計師查核費用，由保護機構負擔。

第 35 條 保護機構應保存下列文件，備供本會派員查核：

一、捐助章程。

二、董事、監察人及調處委員名冊。

三、法院核發之法人登記證書。

四、最近五年董事會紀錄。

五、最近五年調處決定及調處案相關資料。

六、財產目錄及最近十年預算書、決算書及會計師查核簽證之財務報告。

七、最近十年之帳簿及最近五年之相關憑證。

八、最近五年繳交保護基金及年費之名冊。

第 36 條 本辦法自發布日施行。

五、多層次傳銷業訂定個人資料檔案安全維護計畫及業務終止後個人資料處理方法作業辦法【103.10.24】

第 1 條　本辦法依個人資料保護法（以下簡稱本法）第二十七條第三項規定訂定之。

第 2 條　多層次傳銷事業應於完成報備後二個月內，訂定個人資料檔案安全維護計畫及業務終止後個人資料處理方法（以下合稱個人資料保護事項），並確實執行。

第 3 條　多層次傳銷事業就個人資料保護之規劃，應考量下列事項：

一、配置管理人員及相當資源。

二、界定個人資料之範圍並定期清查。

三、依已界定之個人資料範圍及個人資料蒐集、處理、利用之流程，分析可能產生之風險，並根據風險分析之結果，訂定適當之管控措施。

四、就所保有之個人資料被竊取、竄改、毀損、滅失或洩露等事故，採取適當之應變措施，以控制事故對當事人之損害，並通報有關單位及以適當方式通知當事人；於事後研議預防機制，避免類似事故再度發生。

五、對於所屬人員施以宣導或教育訓練。

第 4 條　多層次傳銷事業就個人資料之管理程序，應遵循下列事項：

一、確認一般個人資料及本法第六條之特種個人資料之屬性，分別訂定管理程序。

二、檢視蒐集、處理個人資料之特定目的，及是否符合免告知之事由，以符合本法第八條及第九條關於告知義務之規定。

三、檢視蒐集、處理個人資料是否符合本法第十九條規定，具有特定目的及法定要件，及利用個人資料是否符合本法第二十條第一項規定於特定目的內利用；於特定目的外利用個人資料時，檢視是否具備法定特定目的外利用要件。

四、委託他人蒐集、處理或利用個人資料之全部或一部時，對受託人依本法施行細則第八條規定為適當之監督，並明確約定相關監督事項與方法。

五、利用個人資料為行銷時，倘當事人表示拒絕行銷後，立即停止利用其個人資料行銷，並週知所屬人員；於首次行銷時，提供當事人免費表示拒絕接受行銷之方式。

六、進行個人資料國際傳輸前，檢視有無本會依本法第二十一條規定為限制國際傳輸之命令或處分，並應遵循之。

七、當事人行使本法第三條所規定之權利時，確認是否為個人資料之本人，並遵守本法第十三條有關處理期限之規定。

八、為維護所保有個人資料之正確性，檢視於蒐集、處理或利用過程，是否正確，發現個人資料不正確時，適時更正、補充或通知曾提供利用之對象；個人資料正確性有爭議者，依本法第十一條第二項規定處理之方式。

九、檢視所保有個人資料之特定目的是否消失，或期限是否屆滿；確認特定目的消失或期限屆滿時，依本法第十一條第三項規定處理。

第 5 條　多層次傳銷事業訂定個人資料檔案安全維護計畫，應包括下列事項：

一、資料安全管理措施。

二、人員管理措施。

三、設備安全管理措施。

四、傳銷商規範措施。

第 6 條　前條第一款之資料安全管理措施，包括下列事項：

一、運用電腦或自動化機器相關設備蒐集、處理或利用個人資料時，訂定使用可攜式設備或儲存媒介物之規範。

二、針對所保有之個人資料內容，如有加密之需要，於蒐集、處理或利用時，採取適當之加密機制。

三、作業過程有備份個人資料之需要時，比照原件，依本法規定予以保護之。

四、個人資料存在於紙本、磁碟、磁帶、光碟片、微縮片、積體電路晶片等媒介物，嗣該媒介物於報廢或轉作其他用途時，採適當防範措施，以免由該媒介物洩漏個人資料。

五、委託他人執行前款行為時，對受託人依本法施行細則第八條
　　規定為適當之監督，並明確約定相關監督事項與方式。

第　7　條　第五條第二款之人員管理措施，包括下列事項：
一、依據作業之需要，適度設定所屬人員不同之權限並控管其接
　　觸個人資料之情形。
二、檢視各相關業務流程涉及蒐集、處理及利用個人資料之負責
　　人員。
三、與所屬人員約定保密義務。

第　8　條　第五條第三款之設備安全管理措施，包括下列事項：
一、保有個人資料存在於紙本、磁碟、磁帶、光碟片、微縮片、
　　積體電路晶片、電腦或自動化機器設備等媒介物之環境，依
　　據作業內容之不同，實施適宜之進出管制方式。
二、所屬人員妥善保管個人資料之儲存媒介物。
三、針對不同媒介物存在之環境，審酌建置適度之保護設備或技
　　術。

第　9　條　第五條第四款之傳銷商規範措施，包括下列事項：
一、傳銷商自多層次傳銷事業蒐集他人個人資料，其要件及程
　　序。
二、傳銷商為從事多層次傳銷經營業務，非自多層次傳銷事業
　　蒐集之他人個人資料，相關蒐集、處理、利用行為之規範約
　　束。

第　10　條　多層次傳銷事業訂定業務終止後個人資料處理方法，應依下列方
式為之，並留存相關紀錄：
一、銷毀：銷毀之方法、時間、地點及證明銷毀之方式。
二、移轉：移轉之原因、對象、方法、時間、地點及受移轉對象
　　得保有該項個人資料之合法依據。
三、其他刪除、停止處理或利用個人資料：刪除、停止處理或利
　　用之方法、時間或地點。

第　11　條　多層次傳銷事業訂定個人資料保護事項，應以電子文件方式傳送
至本會備查，內容修訂時亦同。

第　12　條　多層次傳銷事業應參酌執行業務現況、技術發展及法令變化等因素，檢視或修訂個人資料保護事項。

第　13　條　多層次傳銷事業應採取個人資料使用紀錄、留存自動化機器設備之軌跡資料或其他相關證據保存機制，以供說明執行個人資料保護事項之情況。

第　14　條　本辦法自發布日施行。

六、公平交易委員會對於多層次傳銷案件之處理原則【103.2.21】

第一章 總則

一、公平交易委員會（下稱本會）為執行多層次傳銷管理法（下稱本法）有關
　　多層次傳銷之管理及違法案件之查處，特訂定本處理原則。

二、多層次傳銷傳銷商收入來源係由先加入者介紹他人加入，並自後加入者之
　　入會費支付予先加入者介紹佣金，而非以合理市價推廣、銷售商品或服務
　　為主，即構成本法第十八條之違反。

第二章 報備案件之處理

三、對於多層次傳銷事業報備案件，應依本法第六條規定逐項檢視資料，未依
　　規定備齊資料者，令其自報備日起三十日內補正完成，屆期不補正者，本
　　會得退回原件，令其備齊後重行報備。

四、對於多層次傳銷事業變更報備案件，應依本法第七條規定就變更事項逐項
　　檢視資料，未依規定備齊資料者，令其自報備日起二十日內補正完成，屆
　　期不補正者，本會得退回原件，令其備齊後重行報備。

五、多層次傳銷事業報備銷售之商品或服務及其相關行為，涉及其他目的事業
　　主管機關之職掌者，得檢附相關資料移請該主管機關參處，必要時並得會
　　同辦理之。

第三章 業務檢查

六、本會赴多層次傳銷事業主要營業所業務檢查時，應就下列各款事項逐一檢
　　查並記錄於檢查紀錄表：
　　（一）事業整體及各層次之組織系統。
　　（二）傳銷商總人數、各月加入及退出之人數。
　　（三）傳銷商之姓名或名稱、國民身分證或事業統一編號、地址、聯絡電
　　　　　話及主要分布地區。
　　（四）與傳銷商訂定之書面參加契約。
　　（五）銷售商品或服務之種類、數量、金額及其有關事項。
　　（六）佣金、獎金或其他經濟利益之給付情形。

（七）處理傳銷商退貨之辦理情形及所支付之價款總額。

（八）上年度傳銷營運業務之資產負債表、損益表。符合本法第十七條第二項規定者，前揭財務報表應經會計師查核簽證。

（九）其他傳銷營運業務情形。

前項檢查紀錄應經被檢查事業在場代表簽章確認。

七、多層次傳銷事業有下列情形之一，列為優先業務檢查對象：

（一）民眾反映或檢舉次數較多者。

（二）財稅資料顯示異常者。

（三）獎金制度特殊者。

（四）銷售商品特殊者。

（五）未依規定期限完成報備遭退件者。

（六）最近三年內未曾受檢者。

（七）經衛生主管機關認定該事業或其傳銷商違反衛生法規之次數較多者。

八、本會派員赴多層次傳銷事業主要營業所業務檢查時，除依第六點規定檢查外，對於受檢事業有關法令規定及管理政策之疑義，應當場婉予解說輔導。

九、檢查紀錄及相關文件等資料於陳閱後，即製作成電子檔上傳多層次傳銷管理系統。

第四章　案件之處理

十、請釋案件可依循本會已作成之解釋，依例釋復，或於法規上已明定或相當清楚且無爭議，無須再為闡釋者之處理及函復，授權承辦單位主管決行，並按月提報委員會議追認。

十一、本會收受檢舉多層次傳銷事業或其傳銷商違反多層次傳銷相關法令時，應請檢舉人以書面載明具體內容，並書明真實姓名與地址，及提供被檢舉之事業名稱（或姓名）與地址。其以言詞為之者，本會應作成書面紀錄，由其簽名或蓋章。

本會收受前項檢舉案件，基於調查事實及證據之必要，應請檢舉人檢具所涉違法態樣之相關事證。委託他人檢舉者，並應提出委任書。

十二、本會於收受檢舉文書或電子郵件時，應先就檢舉之程式進行下列事項審查：

　　（一）是否符合第十一點第一項規定。若屬未具眞實姓名或住址者，得不予受理。

　　（二）是否符合第十一點第二項規定。若屬未經檢附調查時所必要之證據，得不予受理，並函復檢舉人應檢具相關事證另案檢舉。

　　（三）來文係屬民刑事案件、他機關職掌案件者，承辦單位得以非本會職掌案件函復，或逕轉相關主管機關辦理。

　　前項各款不符檢舉程式之處理及函復，授權承辦單位主管決行，並按月提報委員會議追認。

　　檢舉案件涉及重大公共利益者，不適用第一項第一款、第二款規定。

十三、檢舉案件有下列情形之一者，得不經調查，由承辦單位簽註意見層送輪值委員審查，經主任委員或副主任委員核定後先行函復檢舉人，按月彙總提報委員會議追認：

　　（一）檢舉事實、理由與本法要件明顯不符。

　　（二）檢舉人檢舉之事實，業經本會處分所涵括。

　　（三）被檢舉人已歇業、解散（死亡）、或搬遷不明致無法進行調查。

　　（四）檢舉案件經撤回後，檢舉人無新事證，就同一事件再爲檢舉。

十四、調查中之案件有下列情形之一者，得停止調查，由承辦單位簽註意見層送輪值委員審查，經主任委員或副主任委員核定後存查或函復結案，並按月彙總提報委員會議追認：

　　（一）調查案件經函請檢舉人限期補正，逾期未補正。

　　（二）檢舉人檢舉之事實，業經本會處分所涵括。

　　（三）被檢舉人已歇業、解散（死亡）、或搬遷不明致無法進行調查。

十五、前往多層次傳銷事業營業所進行個案調查或業務檢查時，應至少二人以上同行，必要時，得商請當地警察及有關機關配合辦理。

第五章　簡易作業程序

十六、違反本法第六條第一項、第七條第一項、第九條、第十三條第一項、第十四條至第十七條、第二十五條第一項或第二十六條規定，且罰鍰金

額在新臺幣三十萬元以下者，得以簡易作業程序處理。但適用本法第三十二條第一項後段、第三十三條後段或第三十四條後段規定者，不在此限。

十七、以簡易作業程序處理之處分案件，承辦單位應擬具簡式處分書、復函稿層送輪值委員審查，經主任委員或副主任委員核定後即先行繕發，於次週提報委員會議追認。

以簡易作業程序處理之不處分案件，承辦單位應擬具處理意見、復函稿層送輪值委員審查，經主任委員或副主任委員核定後即先行繕發，於次週提報委員會議追認。

十八、簡式處分書之格式及內容如下：

（一）「公平交易委員會處分書」字樣及文號。

（二）被處分人及其代表人（負責人）、代理人之名稱及住居所。

（三）主文。

（四）事實。以條例式簡潔用語說明本會認定之違法事實。

（五）理由。簡潔說明要件事實認定之理由，倘被處分人申請調查或提出之事實或證據，有不予調查或採納者，並分段記載其理由。

（六）證據。記載調查所得相關事證，如檢舉函、傳銷制度等資料、被處分人陳述之意見、被處分人提出之資料、本會其他調查所得資料等。

（七）適用法條。列出所違法條文及法律效果規定。

（八）附註。依序為訴願教示部分及其他應載事項。

十九、第十七點之案件於審查過程中如有不同意見並經核示提會審議者，應依核示內容提請委員會議審議。

第六章 其他

二十、多層次傳銷事業有下列情形之一，經委員會議決議後，得對其進行監管：

（一）傳銷商品有虛化之虞者。

（二）違反本法第二十條第二項、第二十一條第二項、第二十二條至第二十四條規定情節重大者。

（三）違反本法第十六條或第十九條規定情節重大者。

（四）嚴重損害傳銷商權益者。

本會對於前項監管事業，應依本法第二十六條規定，令其定期提供相關資料，或派員赴其營業所檢查應備置營運資料。

二十一、經監管之多層次傳銷事業如監管事由已消失，且監管期間無前點第一項情形者，本會得經委員會議決議後解除監管。

承辦單位應於每年一月就監管中之多層次傳銷事業，檢討是否續予監管，並提委員會議審議。但監管未滿一年者，不列入檢討。

經本會監管滿二年之多層次傳銷事業，得向本會申請解除監管。但申請經本會駁回者，於駁回之日起算，未滿一年者不得再申請。

二十二、本會於報備案件、業務檢查或個案調查之處理過程中，查知多層次傳銷事業或其傳銷商涉有違反本法或其他法規時，其處理方式如下：

（一）涉有違反本法第十八條規定或其他法規刑事責任者，移送檢察或調查機關。

（二）涉有違反本法行政責任者，主動立案調查。

（三）涉有違反其他法規行政責任者，移該法規之主管機關。

前項第一款及第三款之移送案件，如嗣後獲有相關資料者，應主動提供予接受移送之機關參考。

二十三、多層次傳銷事業查無營業額資料或無營業跡象者，應移請經濟部依公司法或商業登記法處理。

附錄 2

直銷論文

以企業永續經營之觀點論直銷權義之讓與——
以台灣法令與多層次傳銷事業之制度爲探討中心[1]

On the Conveyance of the Rights and Obligations of
Multi-Level Marketing from the Perspective of
Corporation Sustainable Management-focusing on the
laws and legal systems of multi-level marketing in
Taiwan

摘要

依照行政院公平交易委員會調查結果顯示，多層次傳銷在台灣的發展，濫觴於1981年，嗣後蓬勃發展，至2010年已有331家多層次傳銷事業；如剔除同時加入兩家或兩家以上之重複參加人數，參加人數則高達457.0萬人，並逐年穩定成長中；惟因台灣多層次傳銷事業已歷經30年之發展，參加人年齡老化，必然伴隨直銷權義可否自由讓與之問題，此乃多層次傳銷事業能否永續經營發展必須面臨之新挑戰與新課題。本文即以此議題作爲探討。

本文探討方式，主要透過對台灣相關法令與各家多層次傳銷事業制度之瞭解，研析參加契約所衍生之權利義務、直銷權的法律定性以窺究直銷權之性質，並以案例爲導引，再進一步從台灣各家多層次傳銷事業對於直銷權義讓與制度之規範中，分析各家事業現行制度之特色，以及研析直

---

[1]　本文發表於第16屆兩岸直銷學術論壇。

銷權義讓與所可能涉及之相關法律，希冀能藉由相關法令與實務制度之探索，提供日後法令或多層次傳銷事業制度設計之參考。

關鍵詞：公平交易法、多層次傳銷管理辦法、參加人、直銷權義、權義讓
　　　　　與

ABSTRACT

According to the survey conducted by the Fair Trade Commission of Executive Yuan, the development of multi-level marketing in Taiwan first started in 1981 and then prospers thereafter. As yet, in the year of 2010, there are 331 multi-level marketing companies in Taiwan. In total, there are up to 4.57 million of participants and the number steadily grows each year. However, after 30 years of development, the aging generation of participants inevitably brings in the issue of conveyance of the rights and obligations of multi-level sales in the multi-level marketing industry in Taiwan. This is a new challenge that a multi-level marketing company aiming at sustainable management now encounters. This thesis is going to address this issue.

This thesis analyzes the rights and obligations in the participant contracts and the legal nature of rights of multi-level sales through the introduction of relating laws and systems on multi-level marketing companies in Taiwan. Moreover, from the study of cases and the rules regarding to the conveyance of the rights and obligations of multi-level marketing adopted by each company, this thesis further analyzes the features of the system of each company and relating laws and regulations. We hope this study on relating laws and legal systems would help law makers and direct selling companies make a better law or system in the future.

Keywords: Fair Trade Act, Supervisory Regulations on Multi-Level Marketing, participant, rights and obligations of multi-level marketing, rights and obligation conveyance

壹、前言

一、研究動機

　　由台灣多層次傳銷事業[2]主管機關行政院公平交易委員會（下稱公平會）之報備資料顯示，最早向公平會報備實施多層次傳銷之多層次傳銷事業始於1981年；而台灣之法令，係於1981年2月4日公平交易法（下稱公平法）公布施行後，始正式將多層次傳銷事業納入公平會管理。

　　於2011年6月公平會所發布「中華民國99年多層次傳銷事業營運發展狀況線上查報結果報告」中顯示，2010年底向公平會報備從事多層次傳銷事業（包含該年度報備停止實施者）計有488家，實際回報仍實施多層次傳銷之事業則計有331家，較2009年度之302家，增加29家（9.6%）。而從上開331家多層次傳銷事業之報備實施時間觀察，2007年以後實施多層次傳銷之事業計180家（占54.38%）居首，其次為2002年至2006年間實施多層次傳銷之事業計81家（占24.47%），1997年至2001年間實施多層次傳銷之事業計34家（占10.27%），1991年至1996年間實施多層次傳銷企業計25家（占7.55%），1990年以前實施多層次傳銷之事業僅11家（占3.33%）[3]。

　　如果從參加人[4]之人數來看，依據331家多層次傳銷事業資料顯示，

---

[2]　多層次傳銷事業係台灣現行公平交易法、多層次傳銷管理辦法以及多層次傳銷管理法草案之用語，但台灣傳銷實務上多使用直銷公司、傳直銷公司等用語，為求統一，本文乃以現行法令之用語，以下均以「多層次傳銷事業」稱之。

[3]　台灣公平交易法自1991年2月4日正式實施並正式將多層次傳銷納入公平法之規範範圍，為輔導及管理需要，公平會自1992年起即按年調查多層次傳銷事業之經營概況，並全面採用多層次傳銷管理系統線上填報，網址：http://lxfairap.ftc.gov.tw/ftc/report/report_13.jsp。

[4]　參加人係台灣現行公平交易法、多層次傳銷管理辦法之用語，但台灣傳銷實務上多使用直銷商、會員等用語，而多層次傳銷管理法草案則用「傳銷商」，為求統一，本文乃以現行法令之用語，以下均以「參加人」稱之。

2010年底參加人數計572.6萬人次，較2009年底556.6萬人次增加16萬人次，如剔除同時加入兩家或兩家以上之重複參加人數，估算2010年底參加人數為457.0萬人，較2009年底444.2萬人增加12.8萬人。參加人數並自1992年起呈現逐年上升之趨勢[5]。

　　從上述調查結果可知，台灣多層次傳銷事業之現狀，仍維持逐年穩定成長，至2010年底為止，台灣約莫有5分之1的人口從事多層次傳銷事業，代表了其中至少有457.0萬個以上之法律關係存在，而多層次傳銷事業歷經在台灣30餘年來之發展後，參加人之年齡逐年邁向老化即為必然之現象，因此，對於參加契約之權利義務，應如何讓與與繼承，係參加人以及多層次傳銷事業能否永續經營發展之重大課題，並為雙方所面臨之新課題，甚至是新挑戰。可惜的是，對於上述問題，目前台灣之公平法、多層次傳銷管理辦法乃至於現正送立法院審議之多層次傳銷管理法等法令，均未另以特別法詳予規定，目前公平會似亦未見相關見解，實務上多係藉由參加契約之約定，以作為多層次傳銷事業與參加人乃至於受讓人或繼承人間之行為準則。

　　眾所皆知，各家多層次傳銷事業之管理規章本各有所長，是以，渠等依循私法自治、契約自由原則，就直銷權義之讓與與繼承等制度所擬之契約條款，特色為何？倘有多層次傳銷事業未予規定時，其與參加人間之法律關係又應如何處理，均屬有趣且值討論之問題，而引發本文研究之動機。惟讓與與繼承制度所涉及之法理、各家制度及特色均不同，囿於篇幅，本文僅先討論直銷權義之讓與。

5　同前註2。

二、研究方法與範圍

在研究方法上，於討論直銷權義如何讓與之前，本文擬先釐清台灣實務上對於直銷權義內容之看法，換言之，在台灣公平交易法等相關法令，或是在多層次傳銷事業之制度規範下，參加人依照參加契約所獲得之權利或義務爲何？又該等參加契約之性質爲何？均必須先行研析，始得進一步討論該等權義如何讓與。

其次，多層次傳銷事業既爲行銷方式之一種，相較於傳統以固定店鋪之經營模式，多層次傳銷事業毋寧是更重視「人」的因素。具體來說，多層次傳銷事業起源於以固定零售店鋪以外的不固定地點（如個人住所、工作地點及其他場所，通常是沒有固定的店鋪），獨立的行銷人員以面對面的方式，透過講解和示範方式將產品和服務直接介紹給顧客的行銷行爲，故又稱爲「無店鋪事業」，也被稱作「人的事業」。由此可見，爲了商品之推廣銷售，參加人需著重於人際關係之挖掘與開展。再者，參加人除了需擴展其人際關係外，對於原已建立之組織體、組織網，亦需由其個人去努力經營，而參加人除了自己銷售產品拿到零售利潤外，還可以自直屬夥伴的銷售額或購買額中賺取佣金，也可自直屬夥伴之下線夥伴所疊構組成的組織總銷售額中賺取佣金，因此，爲凝聚組織網之向心力，參加人必須經營其組織網內之人際關係，才能爲團隊賺取更多之經濟利益，是以，當組織網愈由參加人個人延伸至多層關係，愈見「人」的關係之重要性。

職故，在此特別著重於「人」的法律關係中，如某天某參加人要求將其參加契約之權利義務均轉讓予他人，而需由受讓人接手此一由「特定人」所發展之事業時，其關係應如何視之？又應如何兼顧多層次傳銷事業與所有參加人上下線之共同利益？如何促成多層次傳銷事業之永續經營？如何確保所有參加人上下線所發展之事業得以永續發展？就此等問題，本

文即嘗試以案例為導引，兼從台灣多層次傳銷事業對於直銷權義讓與制度之規範，分析各家事業現行制度之特色，以研析直銷權義讓與所涉及之相關法律，希冀能藉由相關法令與實務制度之探索，提出本文對上述問題之淺見，期能提供日後法令或多層次傳銷事業制度設計之參考。

　　另外，本文僅隨機選擇幾家台灣多層次傳銷事業之參加契約或營運規章，作為研究對象，對於其他同具研究價值之多層次傳銷事業參加契約，限於篇幅，僅能暫且割愛；此外，目前實務上雖不乏多數人共有直銷權義之情形，然此涉及民法或參加契約關於共有人如何單獨或共同行使權利義務、對於其他共有人保護等問題，法律關係更為複雜，甚至，與此概念上相關之權利一部轉讓，亦因限於篇幅，留待日後討論。

貳、參加契約所衍生之權義與其性質

　　在探討直銷權之讓與相關法律問題前，有必要先行釐清參加人基於契約所衍生之權利義務，以及參加契約之屬性，始得進一步討論該等權利義務是否屬於讓與之適格標的。因此，本章主要先行介紹在台灣法律下對於多層次傳銷之定義，並析述由此定義下，經多層次傳銷事業與實務界之長年發展後，對於參加契約已衍生之權利義務之內容，並依上述權利義務內容，嘗試探討參加契約之法律性質。

一、台灣法律下就多層次傳銷之定義

（一）公平交易法

　　台灣目前規範並定義多層次傳銷之法律規定，主要為公平交易法。公

平交易法第8條第1項規定：「本法所稱多層次傳銷，謂就推廣或銷售之計畫或組織，參加人給付一定代價，以取得推廣、銷售商品或勞務及介紹他人參加之權利，並因而獲得佣金、獎金或其他經濟利益者而言。」

另依公平會「認識公平交易法」增訂11版之闡述：「所謂多層次傳銷……，每一個直銷商在給付一定的經濟代價後，即可加入該傳銷組織，並取得銷售商品或勞務以及介紹他人參加之權利，因此參加人除了可將貨物銷售出去以賺取利潤外，招募、訓練一些新的直銷商建立銷售網，再透過此一銷售網來銷售公司產品以獲取差額利潤，而每一個新進的直銷商亦可循此模式建立自己的銷售網。」[6]

由此可知，依照台灣目前現行法令之規定下，多層次傳銷需具備以下之定義：(1)就推廣或銷售之計畫或組織；(2)參加人給付一定代價；(3)參加人取得推廣、銷售商品或勞務之權利；(4)參加人取得介紹他人參加之權利；(5)參加人因取得上述二項權利，可因而獲得佣金、獎金或其他經濟利益。

（二）多層次傳銷管理法草案規定

近來，行政院院會更於2011年6月9日通過多層次傳銷管理法草案（下稱管理法草案），並將上述管理法草案函請立法院審議。針對多層次傳銷之定義，管理法草案第3條仍規定：「本法所稱多層次傳銷，指透過傳銷商介紹他人參加，建立多層級組織以推廣、銷售商品或服務之行銷方式」，並於立法理由中說明：「依公平交易法第8條第1項規定，多層次傳銷以傳銷商『給付一定代價』為要件，惟徵諸市場實務，多層次傳銷之運

6　參閱認識公平交易法（增訂第十一版），行政院公平交易委員會，第385頁，2007年11月。

作尚非以傳銷商參加時須給付一定代價爲必要，復參酌國外立法例，給付
一定代價常被引爲變質多層次傳銷之要件，而非多層次傳銷之一般要件。
爲免不肖業者以未要求參加之傳銷商給付一定代價爲由規避法令，或託稱
法有明文而要求參加之傳銷商須給付一定代價，以遂行不法，爰多層次傳
銷不以『給付一定代價』爲其要件。」[7]

　　依此，目前台灣法令對於多層次傳銷之定義，立法趨勢已有轉變，如
管理法草案能順利通過，則日後多層次傳銷僅需具備：(1)參加人（即管
理法草案之傳銷商）介紹他人參加；(2)建立多層級組織；(3)以推廣、銷
售商品或服務之行銷方式，等三個要件，縱然參加人（即管理法草案之傳
銷商）於參加時未給付一定代價，仍可屬於多層次傳銷之範疇。

二、由台灣法律下之多層次傳銷定義所衍生之權利義務關係

　　依據現行法令對於多層次傳銷之定義下，顯見參加人依據參加契約，
至少有推廣銷售權、介紹權，以及因此而獲取獎金之權利，然而，參加契
約並不僅是單純由參加人享有權利，參加人亦需負擔一定之義務，此等義
務雖未見於法令明文規範，但多年來經由法院實務判決，以及多層次傳銷
事業之經營與發展，逐漸可以歸納出一些重要之義務。以下，本文即參酌
公平法第8條之定義、公平會見解、法院判決以及多層次傳銷事業常見之
參加契約約定條款[8]，析論在台灣法制及實務運作下，依據參加契約所衍

---

[7]　多層次傳銷管理法草案之立法緣由，係鑑於公平交易法爲競爭法性質，多層次傳銷行
　　爲爲管制性質，兩者之性質、違法行爲之裁處標準與衡量條件均不同，爲建構完整之
　　管理法制並加強管理與監督，有關多層次傳銷管理法草案之說明及內容，可參閱公平
　　會2003年11月20日新聞資料，該會網址：http://www.ftc.gov.tw/。

[8]　各家多層次傳銷事業之參加契約，依公平法第23條之4、多層次傳銷管理辦法第5條第1
　　款、第7條第1款、多層次傳銷事業報備及變更報備須知第5點、第7點規定，須向公平

生之幾個重要且核心之權利義務關係。

（一）參加人之權利

1. 推廣銷售權

此權利參照公平法第8條第1項規定：「本法所稱多層次傳銷，謂就推廣或銷售之計畫或組織，參加人給付一定代價，以取得推廣、銷售商品或勞務及介紹他人參加之權利，並因而獲得佣金、獎金或其他經濟利益者而言。」同條第5項規定[9]：「本法所稱參加人如下：一、加入多層次傳銷事業之計畫或組織，推廣、銷售商品或勞務，並得介紹他人參加者。二、與多層次傳銷事業約定，於累積支付一定代價後，始取得推廣、銷售商品或勞務及介紹他人參加之權利者。」可知，自不待言。

2. 介紹權

再參照上述公平法第8條第1項、第5項等規定，亦見參加人因參加契約，另取得介紹他人參加之權利，此亦為多層次傳銷制度之核心[10]。

會報備，否則公平會限期命其停止、改正或採取必要措施，並得處新台幣5萬元以上2500萬元以下罰鍰，並得按次連續處罰。目前已完成報備之多層次傳銷事業名單及其參加契約、事業手冊（營運規章）等資料，可參閱公平會之多層次傳銷管理系統，網址：http://lxfairap.ftc.gov.tw/ftc/report/report_13.jsp。

[9]　2011年6月9日通過之多層次傳銷管理法草案第5條規定：「本法所稱傳銷商，指參加多層次傳銷事業，推廣、銷售商品或服務，而獲得佣金、獎金或其他經濟利益，並得介紹他人參加及因被介紹之人為推廣、銷售商品或服務，或介紹他人參加，而獲得佣金、獎金或其他經濟利益者。與多層次傳銷事業約定，於一定條件成就後，始取得推廣、銷售商品或服務，及介紹他人參加之資格者，自約定時起，視為前項之傳銷商。」，仍維持參加人（即管理法草案之傳銷商）可取得推廣銷售權之定義性規範。

[10]　2011年6月9日通過之多層次傳銷管理法草案第5條規定，亦維持參加人（即管理法草案之傳銷商）可取得介紹權之定義性規範。

3.因推廣銷售權或介紹權所獲得之佣金經濟上利益

關於參加人可以因「推廣、銷售商品或勞務」以及「介紹他人參加」，因而此獲得佣金、獎金或其他經濟利益之權利，本已規範於公平法第8條第1項：「參加人給付一定代價，以取得推廣、銷售商品或勞務及介紹他人參加之權利，並因而獲得佣金、獎金或其他經濟利益者」。而多層次傳銷管理法草案則在參加人之定義上，特於第五條規定，參加人係指：「參加多層次傳銷事業，推廣、銷售商品或服務，而獲得佣金、獎金或其他經濟利益」，及「並得介紹他人參加及因被介紹之人為推廣、銷售商品或服務，或介紹他人參加，而獲得佣金、獎金或其他經濟利益」，使參加人均得因「推廣銷售權」以及「介紹權」，分別獲取相關之經濟利益，在文義上更為清楚[11]。

（二）參加人之義務[12]

1.給付一定代價之義務

參照公平法第8條第1項規定：「本法所稱多層次傳銷，謂就推廣或

---

[11] 然而，公平法對於「獲得佣金、獎金或其他經濟利益」之用語，並未再做出任何之補充性定義，因此，「單層次抽佣關係」是否亦屬於上述經濟利益之範疇？或是上述經濟利益應僅限於「多層次抽佣關係」？則語焉不詳。對此。公平會公處字第096160號認為：「(1)參加人之收入來源『基於介紹他人加入』（即介紹他人加入所繳交之費用）顯重於『基於推廣或銷售商品或勞務之合理市價』，即已脫離多層次傳銷著重推廣、銷售商品或勞務之本質。(2)多層次傳銷『事業』設計之『推廣或銷售之計畫或組織』內容，應具備『多層級之獎金抽佣關係』，意即參加人加入之銷售或消費組織網，具有階層關係，而階層關係乃決定領取獎金之計算方法，且此獎金之計算方式具有團隊計酬之特徵。」；公平會公處字第098026號認為：「被處分人核發獎金數額係按職級高低計算，按此設計，一定職級可因組織下級之銷售業績而抽取一定成數之獎金，具有『團隊計酬』及『多層級之獎金抽佣關係』。」，似均係指限於「多層次抽佣關係」、「團隊計酬」，始屬公平法第8條所定之「佣金、獎金或其他經濟利益」。

[12] 由多層次傳銷管理辦法第三章「參加人之權利義務」，以及該辦法第11條第1項第4款規定，多層次傳銷事業於參加人加入其傳銷組織或計畫時，應告知「參加人應負義

銷售之計畫或組織，參加人給付一定代價，以取得推廣、銷售商品或勞務及介紹他人參加之權利，並因而獲得佣金、獎金或其他經濟利益者而言。」，因此，依目前現行制度來看，參加人於加入多層次傳銷事業前，應負有給付一定代價之義務[13]。

2. 發展及維護組織之義務

公平法第8條第1項雖然規定參加人得享有介紹他人參加之權利，然而，此介紹權不單只是權利而已，實務上另依多層次傳銷事業與組織網等意涵，衍生出參加人負有發展建立及維護組織之義務，此參台灣高等法院93年度上字第124號民事判決認為[14]：「多層次傳銷事業因參加人銷售該事業之商品或勞務或介紹他人銷售該事業商品勞務而獲取利益，參加人則因銷售事業商品或勞務或介紹他人銷售商品或勞務（包括被介紹人展轉介紹他人銷售或介紹）而取得佣金、獎金等經濟利益，故多層次傳銷，其參加人所介紹之人愈多或被介紹參加之人展轉介紹之人愈多，則為多層次傳銷事業銷售商品或勞務或介紹之人愈多，事業可得利益愈大，而參加人因其下線（即被介紹人及被介紹人展轉介紹之人）人數愈多，所可能銷售之商品或勞務或展轉介紹之人愈多，得取得之佣金、獎金或其他經濟利益當

務與負擔」之事項，不得有隱瞞、虛偽不實或引人錯誤之表示，可見法令乃明文肯認多層次傳銷事業得於參加契約中約定參加人之義務。

13 對此，多層次傳銷管理法草案第三條規定：「本法所稱多層次傳銷，指透過傳銷商介紹他人參加，建立多層級組織以推廣、銷售商品或服務之行銷方式。」，乃刪除「給付一定代價」之義務，其立法理由稱：「依公平交易法第八條第一項規定，多層次傳銷以傳銷商『給付一定代價』為要件，惟徵諸市場實務，多層次傳銷之運作尚非以傳銷商參加時須給付一定代價為必要，復參酌國外立法例，給付一定代價常被引為變質多層次傳銷之要件，而非多層次傳銷之一般要件。為免不肖業者以未要求參加之傳銷商給付一定代價為由規避法令，或託稱法有明文而要求參加之傳銷商須給付一定代價，以遂行不法，爰多層次傳銷不以『給付一定代價』為其要件。」

14 台灣高等法院93年度上字第124號判決全文，請參閱司法院法學資料檢索系統，網址：http://jirs.judicial.gov.tw/Index.htm。

然愈多，故多層次傳銷之性質，並非單純之買賣，尚包括勞務之提供，尤其重在組織之建立。」，可資佐證。

此外，台灣台北地方法院93年度訴字第2806號判決亦認[15]：「次按多層次傳銷是一種靠『介紹』及『銷售』二大原則共同完成銷售工作的制度，是藉著階層利益來扣緊組織，在多層次傳銷中，經銷商在進行人員訪問時，不僅要對消費者進行推銷，還必須積極尋找其下線成員，亦即，經銷商本身即是產品或服務的消費者，同時也肩負銷售產品的使命，更是扮演組織、訓練其所推薦下線經銷商的管理者，故具有注重組織及人脈關係之特性」。

是依上述之判決可知，法令雖未明文規範參加人負有發展及維護組織之義務，然而，法院已依多層次傳銷組織發展之概念，以及著重於人脈關係等精神，自行創造法令所無之法定義務，此點尤值注意，該等判決之見解，更值得作為日後業界之參考。

3. 忠實義務、競業禁止義務

忠實義務（duty of loyalty）此一概念，係源自於英美法之受託義務（Fiduciary Duty），受託義務又可分為注意義務（duty of care）及忠實義務，英美法將之引用至公司負責人與公司之關係上，在解決公司負責人與公司（依情形或指股東）間所生之利益衝突而形成之法理，此義務要求公司負責人於利益衝突的情形中，須以公司利益為上，並以此為行為準則，提供其最廉潔之商業判斷。而公司法第23條第1項於2001年增列公司負責人之「忠實執行職務」，有公司法學者認為即是忠實義務之明文化[16]。

15　台灣台北地方法院93年度訴字第2806號判決全文，請參閱司法院法學資料檢索系統，網址：http://jirs.judicial.gov.tw/Index.htm。

16　王文宇，公司法論，元照出版有限公司，第117-119頁，2006年8月。

　　競業禁止義務係忠實義務之一環，多用在於解決公司負責人與公司可能存在之利益衝突，因爲公司負責人參與公司業務之執行之決定，故常得獲悉公司營業上之機密，如允許公司負責人在公司外與公司自由競業，則難免發生利害衝突而損及公司利益之情形，故公司法第209條[17]即明文規定了董事之競業禁止義務。

　　職故，在極重視人之信任關係之契約中（尤其在屬人性、繼續性極強之契約，如：委任契約），因一方常於執行職務過程得知他方之機密，爲避免損及他方當事人之利益，雙方通常會在契約中約定，於契約關係存續中或消滅後之一段期間內，一方（通常是類似於受任人地位之人）不得從事相同或類似之業務。

　　而多層次傳銷既然重視「人」的因素，多層次傳銷事業與參加人間亦爲一持續性、繼續性之法律關係，一旦參加人加入多層次傳銷事業後，即可獲知核心之制度，並建立出屬於自己之組織網，而且，各家多層次傳銷事業常有競爭關係，倘參加人同時加入於不同之多層次傳銷事業，亦難以期待其能善盡發展及維護組織之義務，更遑論能期待單一多層次傳銷事業之公司利益，因此，多層次傳銷事業常於參加契約約定，參加人應負有忠實義務、競業禁止義務等條款。

　　上述之忠實義務、競業禁止義務，亦爲台灣實務所肯認，此有前述之台灣高等法院93年度上字第124號民事判決[18]：「承上說明，多層次傳銷因具勞務提供及組織建立之繼續性關係，則在契約履行過程中，基於誠實

---

[17] 公司法第209條第1項規定：「董事爲自己或他人爲屬於公司營業範圍內之行爲，應對股東會說明其行爲之重要內容並取得其許可」，公司法學者認爲本條規定類似於英美法上之「禁止與公司競爭」，詳見王文宇，公司法論，元照出版有限公司，第120、325-326頁，2006年8月。

[18] 同前註13。

信用原則，契約當事人應附隨有保持忠誠、禁止競業之義務，以維護契約雙方當事人之權益。」理由可參。

4. 業務推廣、商品用途之據實說明義務

多層次傳銷管理辦法第11條第1項規定，對於參加人加入其傳銷組織或計畫時，應告知特定事項，且不得有隱瞞、虛偽不實或引人錯誤之表示。上述義務，同法條第2項並規定，參加人於介紹他人加入時，亦不得就該等特定事項為虛偽不實或引人錯誤之表示。

5. 禁止囤貨之義務

多層次傳銷管理辦法第17條規定：「多層次傳銷事業不得為下列各款行為：三、要求參加人購買商品之數量顯非一般人短期內所能售罄。但約定於商品轉售後始支付貨款者，不在此限（第一項）。前項規定，於參加人準用之（第二項）。」，上述規定，雖係在限制多層次傳銷事業及已加入之參加人，禁止要求新加入之參加人大量囤貨，然而，為建立良好之經營環境，多層次傳銷事業亦常於參加契約，明文規範參加人不得向多層次傳銷事業為大量進貨、囤貨等不當行為，避免參加人藉由大量囤貨，製造出假象業績與獎衛。

6. 換線（轉線）之禁止

「換線」（轉線）係指在參加契約存續期間，將原上線（多半是原推薦人）換成其他上線，由其他上線管理、輔導，並從此成為其他上線之下線群。「換線」後，原上線會因此而永遠喪失換線者，故將嚴重影響其獎金發放制度，或甚至影響其階級，故允許任意換線之參加契約將對整個多層次傳銷組織銷售網產生重大影響。

台灣於公平法、多層次傳銷管理辦法或管理法草案等規定，均未明文規範禁止參加人換線（轉線），亦未禁止於參加契約中約定該條款。然目

前實務上，多層次傳銷事業爲避免前述弊端，亦常會於參加契約中明訂，參加人不得任意「換線」，或甚至有「搶線」之行爲。

三、參加契約的法律定性（與民法的關係）

藉由上述對於公平法、多層次傳銷管理辦法、公平會見解、法院判決等分析，可歸結出參加契約所衍生之權利義務。然而，台灣法令並未於民法專設「參加契約」之章節，因此，具有上揭權利義務意涵之參加契約，其法律上之性質爲何，究竟可相近於何種有名及無名契約之類型？亦有探究之必要，以下即以實務上常見之契約類型，從參加人因參加契約所衍生之權利義務來分析參加契約可能具有之屬性。

（一）從參加人因參加契約而具有「推廣、銷售」及「介紹他人加入」以獲得佣金之經濟上利益之整體權利義務觀之，實具有委任契約或承攬契約之屬人性性質：

1. 委任契約

民法第528條規定：「稱委任者，謂當事人約定，一方委託他方處理事務，他方允爲處理之契約」。

參加契約是由多層次傳銷事業與參加人間、參加人與參加人間多方所建立起來之繼續性信賴關係，參加人因參加契約而取得推廣銷售權，介紹權並負有發展及維護組織之義務，並可藉由履行推廣銷售權及介紹權而獲得佣金之經濟上利益。亦即，雙方相互約定，在參加契約存續中，由參加人處理推廣銷售多層次傳銷事業之商品或勞務、介紹他人加入、發展並維護組織等事務，應可認爲具有委任契約之意旨；而多層次傳銷事業則定期視參加人處理前揭事務之成果—即其銷售業績、階層以及組織整體之業

績，於參加人符合不同條件下給付不同比例之佣金[19]，上開佣金即具有委任報酬[20]之性質。

2. 承攬契約

民法第490條規定：「稱承攬者，謂當事人約定，一方為他方完成一定之工作，他方俟工作完成，給付報酬之契約。」

依公平法第8條第1項之規定，參加人取得「推廣銷售權」及「介紹權」，並因完成上述二種權利而獲得「佣金、獎金或其他經濟利益」，可見參加人須為多層次傳銷事業完成「推廣銷售」及「介紹他人參加」之一定工作，始得向多層次傳銷事業請求給付相對之報酬。此外，部分多層次傳銷事業另有約定，當參加人發展並管理一定規模之組織體時，即可領取管理獎金、團體獎金等佣金、獎金或其他經濟利益，可見在此種情形下，參加人必須完成發展並維護組織等一定工作後，始可向多層次傳銷事業領取相對應之報酬。職故，無論係由公平法之定義或係由多層次傳銷事業之契約條款來看，均可認為參加契約含有承攬契約之性質。

（二）上開參加契約，與參加人嗣後因銷售推廣而與多層次傳銷事業為經銷或代銷之契約，宜區別看待：

參加人加入多層次傳銷事業後，除為了自己使用商品而向多層次傳銷事業購買商品外，並可依公平法第8條第1項規定取得推廣、銷售商品或勞務權，讓被推薦人或消費者購得商品，此一層法律關係具有委任契約之性

---

19 關於何謂公平法第8條「獲得佣金、獎金或其他經濟利益」，公平會之見解似認為限於「多層次抽佣關係」、「團隊計酬」，請參閱公平會公處字第096160號、公平會公處字第098026號處分書，見註10。

20 民法委任契約允許雙方約定報酬（即有償委任契約），甚至於雙方未約定報酬時，受任人亦得請求報酬，此觀民法第547條：「報酬縱未約定，如依習慣或依委任事務之性質，應給與報酬者，受任人得請求報酬」即明。

質，已如前述；至於參加人嗣後為「推廣銷售」時，而與多層次傳銷事業所進行之經銷或代銷行為，則宜區別看待，目前多層次傳銷事業與參加人因「推廣銷售」而發展出之交易模式不出經銷與代銷兩種模式，其應適用各自性質較為相近之「買賣」或「居間」之民法上有名契約。

1. 經銷模式／買賣契約

所謂之經銷契約，係指多層次傳銷事業將商品以買斷方式賣給參加人後，再由參加人自行賣給非參加人之第三人或消費者；而前述多層次傳銷事業將商品以買斷方式賣給參加人、參加人將商品賣給非參加人之第三人或消費者，此兩個交易關係之定性均屬民法第345條規定之買賣契約[21]。

甚至，參加人於終止或解除參加契約後，更可依公平法第23條之1[22]、第23條之2[23]等規定，請求多層次傳銷事業買回商品，亦徵於參加契約中，存有買賣契約之性質。

2. 代銷模式／居間契約

所謂之代銷契約，則係指參加人在外尋得買賣商品之機會，並將之介紹給多層次傳銷事業，由多層次傳銷事業逕與第三人或消費者訂立買賣契約，此交易模式較接近於居間契約[24]。

---

[21] 民法第345條：「稱買賣者，謂當事人約定一方移轉財產權於他方，他方支付價金之契約。當事人就標的物及其價金互相同意時，買賣契約即為成立。」

[22] 公平法第23條之1第2項：「多層次傳銷事業應於契約解除生效後三十日內，接受參加人退貨之申請，取回商品或由參加人自行送回商品，並返還參加人於契約解除時所有商品之進貨價金及其他加入時給付之費用」、同條第3項規定：「多層次傳銷事業依前項規定返還參加人所為之給付時，得扣除商品返還時已因可歸責於參加人之事由致商品毀損滅失之價值，及已因該進貨而對參加人給付之獎金或報酬」。

[23] 公平法第23之2條第2項：「參加人依前項規定終止契約後三十日內，多層次傳銷事業應以參加人原購價格百分之九十買回參加人所持有之商品。但得扣除已因該項交易而對參加人給付之獎金或報酬，及取回商品之價值有減損時，其減損之價額。」

[24] 民法第565條規定：「稱居間者，謂當事人約定，一方為他方報告訂約之機會或為訂約之媒介，他方給付報酬之契約」。

　　原則上，多層次傳銷事業所讓參加人「推廣銷售」之交易模式，不失爲上述兩種（至於推廣銷售者如爲服務，則另當別論），各該多層次傳銷事業之模式爲何，視其經營策略而定，有些事業會擇一採行，有些則是併行。此外，上開模式在所有權之移轉與買賣契約個數上，截然不同，前者是屬於二個買斷之交易關係，後者則是一個單純的買賣關係。

（三）因參加契約效力所生之法律關係，與「推廣銷售商品」之繼續性買賣或居間契約間之關係，應屬契約之聯立關係：

　　契約之聯立（Vertragsverbindungen），指數個契約不失其個性，而相結合之謂[25]。台灣民法學者更進一步指出：「其結合情形，有下列四種：（一）單純外觀之結合：數個獨立契約，因締結契約行爲，例如依一個書面契約結合，其相互間並無任何牽連關係……各契約仍適用其固有之典型契約規定……此種單純結合之契約之聯立，在法律適用上並不生任何困難問題。（二）一方依存之結合：甲契約之存在依存乙契約之存在，而乙契約則不依存甲契約之存在……此種情形，甲契約之存立雖依存乙契約，但在法律適用上仍分別適用其固有之契約法則。（三）相互依存之結合：數個契約之結合有相互依存關係……此種情形，在適用法律上，仍各自適用其固有之契約規定。（四）擇一之結合：多數契約因某條件之發生，使甲契約失其效力而乙契約發生其效力之結合，稱爲擇一之結合……此種擇一之結合，僅適用發生效力之典型契約規定，在法律適用上亦不生任何困難」[26]。

　　與契約聯立應予辨明者係混合契約，一個契約之構成分子係由複數之

---

[25] 曾隆興，現代非典型契約論，第2頁，三民書局，1994年1月。

[26] 曾隆興，現代非典型契約論，第2-3頁，三民書局，1994年1月。

典型契約之構成分子所成立之契約，稱爲混合契約[27]。由此可知，契約之聯立爲數個有名契約在不失其個性下之結合，混合契約爲一契約混合數個有名契約之特性。

以參加契約來說，多層次傳銷事業與參加人簽訂參加契約後，參加人在參加契約關係存續中，依照參加契約所賦予之權利義務，持續推廣、銷售多層次傳銷之商品或服務、介紹他人加入多層次傳銷事業、發展並維護組織，期間並基此參加契約，與多層次傳銷事業另行訂定買賣契約（此即上述經銷模式）、居間契約（此即上述代銷模式及介紹權），並與參加契約相互結合，形成此一繼續性法律關係之內涵，核其性質，應屬參加契約與買賣／居間契約之聯立關係，但參加契約則爲必備之前提要件。

（四）小結：參加契約為屬人性極強之繼續性契約

由上述說明可知，目前尚難在民法典或其他特別法中，找到與參加契約屬性完全契合之有名契約，然而，藉由上述之分析，可見參加契約具有委任、承攬等契約性質。此外，由委任、承攬等契約屬性，亦可歸結出參加契約之法律上性質，乃具有著重於「屬人性」以及「特別信賴」關係之繼續性契約，因此，關於委任契約禁止複委任[28]或委任關係因一方死亡而消滅[29]等規定，在本文所擬探討之直銷權義之讓與之問題中，應否或如何適用？則於以下一併說明。

27　同前註26。

28　民法第537條：「受任人應自己處理委任事務。但經委任人之同意或另有習慣或有不得已之事由者，得使第三人代爲處理。」

29　民法第550條：「委任關係，因當事人一方死亡、破產或喪失行爲能力而消滅。但契約另有訂定，或因委任事務之性質不能消滅者，不在此限。」

參、直銷權義之讓與

一、案例導引

　　案例一：台灣多層次傳銷事業中，就直銷權義之讓與是否均有規範？若有，其制度特色為何？

　　案例二：在參加契約未設有相關約定之前提下，參加人得否於參加契約存續中，未經多層次傳銷事業之同意，即與第三人簽訂轉讓參加契約，將自身之參加契約讓與第三人？

　　案例三：如參加契約約定，參加人得於參加契約存續中將直銷權讓與第三人，但對於受讓人之資格未設限制，多層次傳銷事業可否以受讓人能力不足或未曾從事多層次傳銷事業為由，拒絕其加入？

二、台灣多層次傳銷事業就直銷權義讓與之規範與分析

（一）台灣多層次傳銷事業直銷權義讓與之規範[30]

公司名稱	關於直銷權義讓與之規定
台灣秀得美股份有限公司（46）	營業指南第五篇如何取得經營權：「三、經營權之維護與變更」4.經營權若移轉予他人，則必須填寫「經營權移轉（變更）申請書」，並經公司審核同意後始得辦理，若本人無法親自前來公司辦理，則代理人必須檢附本人之委託書（移轉申請書及委託書請向公司索取）。

---

[30] 以下表列之各家多層次傳銷事業之排列方式，係依據已向公平會完成報備之名單序號、由小至大排列，各家多層次傳銷事業之相關參加契約條款，均係依各家事業向公平會報備之參加契約，以上可參閱公平會之多層次傳銷管理系統，網址：http://lxfairap.ftc.gov.tw/ftc/report/report_13.jsp。

公司名稱	關於直銷權義讓與之規定
台灣妮芙露股份有限公司（47）	妮芙露直銷事業營業守則 參、規範參加人權利義務之契約內容及一般交易條款3-12直銷權之讓渡 （一）參加人為區域經理（AM）、高級區域經理（AM+）階級者，得將其直銷權讓與其直系、旁系血親三親等以內之親屬。 （二）參加人為區域總經理（AGM）階級者，得將其直銷權讓與其直系、旁系血親二親等以內之親屬，但受讓人須以該階級代理人身分參加妮芙露公司所舉辦之「區域總經理研修會」，完成後始享有該階級之權利義務。 （三）受讓人須為或加入為直銷商；已具有直銷商身分之受讓人，限隸屬於轉讓人同一上下線組織之體系者，始得為之。直銷權轉讓後，轉讓人即不具有直銷商身分及原有之直銷權。 （四）直銷權之讓渡須以書面向妮芙露公司申請，任何未經書面申請及未得公司核准之讓渡，不生效力。 （五）直銷權之讓渡，一年以一次為限。 （六）關於直銷權讓渡事宜之事項，需經妮芙露公司審核，並須收取新台幣三千五百元之手續費（此含電腦系統修改費、移轉作業費、權利金等費用）。
台灣雅芳股份有限公司（49）	政策與程序、第二章「雅芳專業美容代表資格條件及帳號之取得」中第三節「雅芳專業美容代表資格轉讓之禁止」 非經台灣雅芳公司之書面同意，雅芳專業美容代表不得將其資格、帳號及其他附隨於雅芳專業美容代表資格之權益轉讓予第三者。
安麗日用品股份有限公司（71）	安麗直銷商營業守則5.「直銷權之讓售」 5.1 直銷權得讓與（以銷售之方式）或以遺囑遺贈他人，但受讓人或受遺贈人須依據本守則，尤為守則2.1、2.4、2.5規定，成為或申請成為直銷商。 5.2 直銷商讓售或以遺囑遺贈其直銷權，須先將有關之讓售或遺贈之條件（出售價金除外），即受讓人或受遺贈人之資料以書面報請安麗日用品股份有限公司核可。倘有違反本守則之情事，安麗日用品股份有限公司得不予核可。 5.3 直銷商（不論是否為直系直銷商）得讓售其直銷權。 5.3.1 須先將有關之讓售條件（出售價金除外）以書面報請安麗日用品股份有限公司核可。 5.3.2 直銷權僅得讓售予另一直銷商，讓售之直銷權與承買的直銷商之直銷權及其推薦體系，將不會因讓售而影響其原有之獨立分開或位置。

公司名稱	關於直銷權義讓與之規定
	5.3.3 擬讓售之直銷商須以下列順序邀請另一直銷商購買其直銷權： (a)如該直銷商係經由國際推薦者，則應提請國際推薦人承買，在整個讓受議價過程中，若有任何善意第三人提出承買價格及條件而爲該直銷商所接受者，該國際推薦人有權以同等的價格及條件優先承買之。 (b)若國際推薦人拒絕承買時，須再提請代推薦人承買。 (c)若無國際推薦人，直銷權須提請該直銷商之推薦人購買，在整個讓售議價過程中，若有任何善意第三人提出承買價格及條件而爲該直銷商所接受者，該推薦人有權以同等的價格及條件優先承買之。 (d)若推薦人拒絕承買時，須提請該直銷商直接推薦之所有直銷商承買。 (e)若該直銷商直接推薦之所有直銷商均拒絕承買時，須提請其所有上手或下手直系直銷商承買。 (f)若所有上手或下手直系直銷商均拒絕承買時，得提請國內所有現任翡翠直系直銷商承買。 5.3.4 欲完成直銷權的讓售及所有權轉移，須獲得安麗日用品股份有限公司之書面核可。 5.3.5 擬讓售之直銷商欲再提出新條件時，須依照5.3之規定順序，以新條件再行邀售其直銷權。（註：價格之變更應可於議價中途時提出） 5.3.6 讓售程序完成後，該直銷權日後所產生之月結獎金，將支付予直銷權所有人，年度獎金（如翡翠及鑽石獎金等）將依安麗日用品股份有限公司所核可之讓售合約內容支付，但該直銷權前所獲頒之一切獎章與頭銜，不得轉讓予新所有人，須於新所有人承買後，銷售業績達到標準，方行頒給獎章與頭銜。 5.4 擬讓售之直銷商應依照5.3之規定順序，將其直銷權售予第一位願意承買的直銷商。 5.5 未經安麗日用品股份有限公司之書面同意，直銷權不得合併或結合。安麗日用品股份有限公司得決定是否核可，亦得附條件核可此項合併或結合。 5.6 倘直銷商取得另一直銷權，該直銷商不得將其兩個直銷權之營業額故意轉移或調整，須嚴格遵守安麗事業計畫之規定辦理。 5.7 除有守則9之情形發生外，任何直銷權均不得分割或作部分轉讓。

公司名稱	關於直銷權義讓與之規定
美商如新華茂股份有限公司台灣分公司（126）	直銷商政策與程序 1. 第三節「成為直銷商的限制條件」 　　H.直銷商經本公司事前書面同意，得按合約及適用法律允許的各種方式（包括出售、贈與或遺贈）處分、移轉或以其他方式轉讓其直銷權，本公司無正當理由不得拒絕同意。除非本公司已收到轉讓的書面通知，並以書面正式表示同意外，否則任何對本公司索認獎勵或要求本公司履行合約責任之直銷權，將不獲本公司承認為受讓人在本公司紀錄中之直銷權。本公司於直銷權轉讓前所得行使之所有救濟方法，得對受讓之直銷權主張之。 2. 第二十九節「繼承與轉讓」 　　合約對各當事人及其繼承人及受讓人均有法律約束力，並須保障各當事人及其繼承人及受讓人的利益。
美商亞洲美樂家有限公司台灣分公司（128）	政策聲明「17.出售讓與美樂家事業」 獨立事業代表在出售或轉讓其美樂家事業前（依本政策第16條所為之繼承不在此限），必須先符合下列規定： (a)該項轉讓必須由美樂家公司以書面核可，且須符合所有相關當事人（包含轉讓人、受讓人、美樂家公司及轉讓人行銷組織內成員）之最大利益。 (b)該項轉讓對受讓人而言應非僅為了購買其資格或階銜為目的。因此，獨立事業代表之實際資格必須與在轉讓時及之前一段合理時間內其本身之組織業績點數所可能符合之未來真正資格相當。而轉讓之事業代表必須是其所有親自推薦新事業代表的實際推薦人，且曾積極參與和其親自推薦的組織領導人一起工作。獨立事業代表不得與他人協議或允許、同意他人僅為提昇其階銜而轉讓美樂家事業，亦不得要約出售其事業與他人，來換取該他人協助其提昇資格。 (c)全套完整且經各當事人親自簽署之資格轉讓申請書以及組織受讓申請書正本必須送交美樂家公司核可。美樂家公司有審核、查詢之權利，俟核准後方得生效。 (d)事業之受讓人必須已填具並送交美樂家公司一份會員顧客協議書及獨立事業代表協議書，且必須在轉讓前六個月內非美樂家之事業代表。 (e)事業之受讓人必須已完成或同意接受美樂家公司所要求之訓練課程，該項要求將視其承接之事業規模大小而定。 (f)出讓之獨立事業代表及其相關之美樂家事業，必須在轉讓發生前十二個月內（包括轉讓發生當月）均完全符合美樂家公司之政策以及獨立事業代表協議書之條款規定。 (g)獨立事業代表業績目前達到或仍維持5000點數以上者，不得出售或讓予他人，因該此出售或轉讓會影響其資格或階銜。

公司名稱	關於直銷權義讓與之規定
美商賀寶芙股份有限公司台灣分公司（143）	規範及直銷商政策規則12「直銷商權的轉讓出售或移轉」 規則12-A 必須獲得賀寶芙的事前書面同意 賀寶芙事業及其權益和義務是屬於個別直銷商的個人成就。事前沒有取得加州洛杉磯賀寶芙總部法務部的書面同意，直銷商權的任何權利或獲益均不可出售、轉讓或移轉。此申請應送繳客戶服務部，再由客戶服務部代表直銷商，連同接獲的一切所需文件，轉交賀寶芙法務部門。 規則12-B 只可移轉給非賀寶芙直銷商 直銷商權只可轉讓或轉移給一名非賀寶芙直銷商的人士。如欲承擔該直銷商權責任的人士乃前賀寶芙直銷商，他／她必須符合前直銷商再度加入公司的要求條件。 規則12-C 保持組別及利益 直銷商的成就是屬於個人的。因此權益轉讓或移轉須獲批准，而直銷商所達到的地位及利益並不必隨著直銷商權而移轉。在轉讓及移轉後，受讓人仍須達到組別的所有資格及收入要求，其中包括督導組別、績優組別、假期資格或個別直銷商的任何其他資格。 規則12-D 再度加入公司的規則 如已把直銷商權轉讓或移轉給他人的直銷商欲再度成為直銷商，他必須在轉讓或移轉完畢後，依賀寶芙所定的規則7-E保持最少一年不參與活動，方可再度申請。賀寶芙保留權利拒絕此再度申請，不需要提出任何拒絕的理由。

（二）台灣多層次傳銷事業直銷權義讓與之制度特色與分析

1. 各家制度整理

項次	規範
轉讓方式	同意／核可申請文件制
	同意／核可申請文件+審核直銷商轉讓文件制
	同意／核可申請文件+完成受訓制
	原則同意制（公司無正當理由不可拒絕）

項次	規範
轉讓人之資格	需具有一定獎銜以上之直銷商
	一定業績以上之直銷商不得轉讓
	未設規範
受讓資格對象	限於直銷商
	限於一定親屬且一定代數內之直銷商
	非該公司之現行直銷商
	未設限制
優先承買權	一定代數內之直銷商可優先承買
	未設規範
期間限制	轉讓後之一定期限內不得再轉讓

2. 各家制度分析

　　由上述各家多層次傳銷事業之制度來看，在轉讓方式上，幾乎均有規範於參加契約內，至於轉讓之方式，大都規範需由事業審核或同意。再者，關於轉讓人之資格，僅有幾家事業有所限制，其中有規範需具備一定獎銜者始得轉讓，亦有事業規範具備一定業績者，反不得轉讓。又關於受讓者之資格，各家規範亦有差別，有事業規範限轉讓予直銷商，有事業反而規範不得轉讓予直銷商。此外，少數幾家事業有限制應於直銷權義轉讓前，另向其他直銷商詢問有無優先承買意願，以及設有於轉讓後一定時間不得再轉讓，或設有於一定期間內轉讓次數之限制。

三、直銷權義讓與所涉之法律研析

　　除前述參加契約之約定外，如參加人欲將此一權義轉讓與他人時，所涉及之法律規定為何？應適用債權讓與或債務承擔之規定？抑或其他規

範？以下分別討論之。

（一）債權讓與[31]、債務承擔之法律規定

　　民法第294條第1項本文規定：「債權人得將債權讓與第三人」、同法第300條規定：「第三人與債權人訂立契約承擔債務人之債務者，其債務於契約成立時，移轉於該第三人」，台灣民法係允許讓與依債之關係所生之債權，或承擔依債之關係所生之債務。

　　至於債權讓與、債務承擔時，其餘權利是否隨同轉讓或承擔，台灣民法學者孫森焱教授認為：「依債之關係所生債權之讓與或債務之承擔並不影響讓與人或原債務人之法律上地位，因此，債權讓與時，與讓與人有不可分離之關係之從屬權利並不隨同移轉於受讓人（民法第二九五條第一項但書），與債權之行使有密切不可分之關係者，例如選擇之債的選擇權催告權固可一併移轉與受讓人，若解除權、撤銷權等形成權之行使，則關係契約之存廢，惟契約當事人始得行使，自不隨同債權移轉。承擔債務時，從屬於債權之權利若與債務人有不可分離之關係者，債權人亦不得對承擔

31　參加契約權利之讓與，另涉及上開權利之意涵，是否包含法律上之「期待權」，以及「期待權」是否可以讓與等問題。所謂期待權，依台灣學者王澤鑑教授之見解，其認為：「法律行為附條件時，於條件成就前處於未確定的狀態，在此法律行為效力懸而未定的期間，當事人仍應受到其法律行為的拘束，不得單方予以撤回，尤其是發生所謂的法律行為先效力（Vorwirkung），當事人負有注意義務，使法律行為所企圖實現的法律效果於條件成就時，得獲實現。為此，民法第100條乃規定：『附條件之法律行為當事人，於條件成否未定前，若有損害相對人因條件成就所應得利益的行為者，負損害賠償責任。』附條件的法律行為，於條件存否未定前，當事人既應受其拘束，且有民法第100條規定的保護，其因條件成就得取得某種權利的先行地位，應予以權利化，學說上稱為期待權（Anwartschaftsrecht），使其得為處分或權利的客體。」，王教授並肯認期待權可以成為讓與之標的，參閱王澤鑑，民法總則，三民書局，第464頁，2000年9月。惟所有依照參加契約所生之權利，是否均可認為屬於「期待權」，恐需進一步探究各家多層次傳銷事業之制度規範，始能分析，本文在此暫不予詳論。

人行使（民法第三○四條第一項但書）」[32]。

（二）契約之概括承受

與上述之債權讓與、債務承擔須加以區別者爲契約承擔，此爲債之概括承受之一種態樣。而債之概括承受係指：「倘若契約當事人所移轉者並非單純之債權讓與或債務之承擔，亦非僅債權債務之合併移轉，乃概括承受債之關係所生之法律上地位，則有關讓與人之權利義務應一併由承受人繼受之。此際，凡與債權之讓與人或原債務人有不可分離之權利義務，亦隨同移轉而與承受人發生不可分離之關係，讓與人亦即從此脫離該項債之關係，有關解除權、撤銷權或終止權亦惟承受人始得行使之。」[33]

而契約承擔即是當事人依契約訂立之債的概括承受，亦即「契約當事人將其因契約所生之法律上地位概括移轉與承受人者，是爲契約承擔。承受人承擔者非僅限於讓與人享有之債權及負擔之義務，且及於因契約所生之法律上地位。舉凡撤銷權、解除權、終止權等與契約關係不可分離之形成權，均由承受人行使之。屬於繼續的契約者，則由承受人繼續履行債務或享受債權。」[34]

契約之承擔涉及契約主體之變動，所以契約之承擔除依法律規定者（例如民法第425、1148條）外，其依約定者均應由契約之雙方當事人及承受人三方面同意爲之。如由讓與人與承受人成立契約承擔契約，則須他方當事人之同意，始生效力。蓋契約承擔契約發生效力後，讓與人即脫離原有契約關係，契約由他方當事人及承受人繼續維持。契約之客觀的經濟

---

[32] 孫森焱，民法債篇總論下冊，第1010頁，三民書局，2007年9月。

[33] 同前註31。

[34] 孫森焱，民法債篇總論下冊，第1011頁，三民書局，2007年9月。

上作用既漸受重視，契約當事人間之主觀價值則相對的失其比重，因此契約之法律上地位逐漸趨向具有交易性，苟其移轉不影響他方當事人之契約利益，且與公序良俗無違，當無不可移轉之契約。其所以須經他方當事人參與，或須徵得其同意始能發生效力，蓋為賦予考慮之機會，避免他方當事人受不測之損害[35]。簡言之，契約之概括承受除法有明文規定外，應取得原契約之雙方與契約承受人之三方同意，始生效力。

（三）直銷權義應以契約概括承受

參加契約特別強調人的信賴關係，已如上述，因此，參加人可否將其權利全數讓予一人，而由自己負擔所有之義務？或將其所有義務讓與他人，而自己享有所有權利？即有探討之空間。就此，法律雖未明文限制不得為之，然參照多層次傳銷事業特別強調人的事業之性質，以及參加人所負之發展維持組織義務、忠實義務、競業禁止義務等等義務群，其實均是伴隨著其「推廣銷售權」、「介紹權」等權利而來，尤其是介紹權與維護組織之義務，更是一體兩面，如強將介紹權劃歸於一人，維護組織義務又歸於另一人，難能期待獲得組織上下線之信賴。因此，本文以為，除參加契約另有約定外，參加人不得將直銷權義讓與分割為之，且需經多層次傳銷事業及原參加人、受讓人三方同意，始屬有效。

四、案例解析

由上述之說明可知，台灣多層次傳銷事業有關直銷權義讓與之制度，雖然大都有所規範，實際上之細節性規定，則不盡相同，其中較有特色

---

[35]　同前註31。

者，即在於限制參加人未具一定資格者不得轉讓，以及其他參加人有優先承購權之規定。對於案例二，依照多層次傳銷事業之性質來看，參加契約未制訂相關規範時，其參加人轉讓參加契約時，應經多層次傳銷事業之同意。對於案例三，有鑑於參加契約之屬人性，以及肩負有發展及維護組織體之義務，縱然參加契約並未約定，為調和多層次傳銷事業乃至於參加人之組織體等全體利益，且參酌法律上對於屬人性契約原則上不准許複代理，以及受託之一方死亡時法律關係即已消滅等法理，多層次傳銷事業理應得以受讓人之能力或資格不符，拒絕其加入，參加人與受讓人間簽訂之債權轉讓契約應受限制，不得對多層次傳銷事業主張為有效。

五、本文建議代結論

　　多層次傳銷事業歷經在台灣30餘年來之穩定發展後，台灣約莫有5分之1的人口從事多層次傳銷事業，代表有為數甚多之參加人藉此經營、發展自己的事業，各多層次傳銷事業亦藉由旗下參加人戮力經營而得以蓬勃發展，但不可避免的，雙方均須面臨參加人之年齡逐年邁向老化，以及其事業得否永續經營之難題，從而，多層次傳銷事業在設計直銷權義制度內涵時，除應考量參加契約之「屬人性」、「繼續性契約」性質外，更應考量參加人以及多層次傳銷事業之永續經營發展。

　　是以，如多層次傳銷事業允許直銷權義得無條件讓與或未設任何同意機制即得轉讓，非但無法確保受讓人之資格、能力，而有違參加契約之「屬人性」、「繼續性契約」之要求，對多層次傳銷事業之永續經營發展，未必有利。是以，本文建議，如多層次傳銷事業採行原則讓與之機制，宜有後續訓練受讓人之機制，使受讓人符合多層次傳銷事業所要求之能力及資格，以強化受讓人與多層次傳銷事業之信賴關係，達成參加契約

「屬人性」之要求。

　　反之，如多層次傳銷事業禁止直銷權義之讓與，則在參加人因故無法或不願意繼續經營時，勢必無法維持組織網之運作並連帶影響整體事業之營運，反倒將成為多層次傳銷事業與其組織網之困擾，而有礙參加人以及多層次傳銷事業之永續經營，亦非妥適。

　　是以，本文建議，多層次傳銷事業在設計直銷權義讓與制度時，至少須在符合「三方同意條款」、「完成受訓制」條件下，原參加人始得轉讓直銷權義與受讓人，以符合參加契約「強烈屬人性」、「繼續性」之特點，並兼顧雙方利益及提供公司永續經營發展之利基。以下，以本文上開結論為基礎，試對以下多層次傳銷事業之現行制度，提出建議[36]：

公司名稱	現行制度及本文建議
台灣秀得美股份有限公司（46）	現採行同意／核可申請文件制，建議併採「完成受訓制」後得予轉讓。
台灣妮芙露股份有限公司（47）	現採行： 1. 具有一定獎銜以上之參加人始得轉讓 2. 同意／核可申請文件制＋審核直銷商轉讓文件制 3. 受讓人限於一定親屬且須為或加入為直銷商 4. 轉讓後之一定期限內不得再轉讓 建議併採「完成受訓制」後得予轉讓。
台灣雅芳股份有限公司（49）	現採行同意／核可申請文件制，建議併採「完成受訓制」
安麗日用品股份有限公司（71）	現採行： 1. 同意／核可申請文件制 2. 一定代數內之直銷商可優先承買 3. 受讓人限於直銷商 建議併採「完成受訓制」後得予轉讓。

[36] 以下表列之各家多層次傳銷事業之排列方式，係依據已向公平會完成報備之名單序號、由小至大排列，可參閱公平會之多層次傳銷管理系統，網址：http://lxfairap.ftc.gov.tw/ftc/report/report_13.jsp。

公司名稱	現行制度及本文建議
美商如新華茂股份有限公司台灣分公司（126）	現採行原則同意制（公司無正當理由不可拒絕），建議併採「完成受訓制」後得予轉讓。
美商亞洲美樂家有限公司台灣分公司（128）	現採行： 1. 同意／核可申請文件制＋審核直銷商轉讓文件制 2. 一定業績以上之直銷權不得轉讓 3. 受讓人非該公司之現行直銷商 4. 完成受訓制 建議：正視一定業績以上直銷權不得轉讓可能帶來之衝擊
美商賀寶芙股份有限公司台灣分公司（143）	現採行： 1. 同意／核可申請文件制 2. 受讓人非該公司之現行直銷商 建議併採「完成受訓制」後得予轉讓。

肆、結論

　　雖然台灣相關法律對於直銷權義之讓與並未規範，但台灣多層次傳銷事業仍多於參加契約規範直銷權義之讓與制度，惟直銷權義可否讓與以及制度之設計，實際上影響多層次傳銷事業以及參加人權益甚大，但此種端賴私法自治、契約自由原則下之處理方式，使各事業之制度百家爭鳴，未有統一之上位概念與法理基礎，未必能充分保障多層次傳銷事業以及參加人之權益。

　　實則，從多層次傳銷事業重視「人」的因素來看，參加契約之性質實為屬人性極強之繼續性契約，縱然台灣相關法令均未就直銷權義之讓與為相關規定，在多層次傳銷事業於設計相關制度時，宜考量台灣本土法下對於參加契約所衍生之權利義務內涵，並斟酌參加契約「強烈屬人性」、「繼續性」等特點，詳予規劃。此外，也期待藉由本文之分析與探討，能喚起立法機關、行政主管機關以及各家多層次傳銷事業對此等議題之重

視，能在兼顧多層次傳銷事業、參加人及其組織體等利益下，思考政策布局與制度規劃，提供一個讓多層次傳銷事業及參加人開創雙贏之永續環境。

伍、參考文獻

中文書籍

一、王文宇，公司法論，元照出版有限公司，2006年8月
二、王澤鑑，民法總則，三民書局，2000年9月
三、孫森焱，民法債篇總論下冊，三民書局，2007年9月
四、曾隆興，現代非典型契約論，三民書局，1994年1月

研究報告

一、認識公平交易法（增訂第11版），行政院公平交易委員會，2007年11月。
二、中華民國99年多層次傳銷事業營運發展狀況線上查報結果報告，行政院公平交易委員會，2011年6月公平會。

論產業自治之促進直銷產業的發展
並引導社會大眾之認同——
以台灣設立「多層次傳銷保護機構」爲探討核心[37]

Guidance on the development of the autonomy and public recognition of the direct selling industry – Discuss the core of setting up a multi-level marketing protection agency in Taiwan

摘要

　　隨著直銷產業的蓬勃發展，直銷經營已然成爲民眾重要的職業選擇，然而直銷產業著重人際關係的特色，從業人員良莠不齊，使得直銷產業有必要加以管理的呼聲從未間斷。有鑑於此，台灣於2014年公布施行「多層次傳銷管理法」，以及設立「多層次傳銷保護機構」，希望讓直銷產業耳目一新，然而保護機構的設立目的、功能爲何？究竟在於加強行政機關的管制或者在於提升產業自治的信念，尤其該保護機構的業務包括傳銷事業與傳銷商間民事爭議的調處、傳銷商對傳銷事業提出訴訟之協助、傳銷事業對傳銷商所負賠償責任之代償及追償等，保護機構如何運作始能達其功效，在在有加以深入探討之必要，本文擬以產業自治的理念（包含「橫向－同行間的自治」以及「縱向－產業上下游業者間的自治」）嘗試找到保護機構的運作之道以及獲得社會大眾認同的途徑。

---

[37] 本文發表於第19屆兩岸直銷學術論壇。

ABSTRACT

With the rapid development of the direct-selling industry, direct selling has become a noteworthy career option for individuals hoping to participate in the workforce. The distinguishing characteristic of direct selling is its necessary emphasis on interpersonal relationships. As the market is of course populated by very different individual sellers, there has arisen a need for quality assurance in this industry. Recognizing this, Taiwan's government announced in 2014 the passage of a "multi-level marketing management law", as well as the establishment of a "multi-level marketing protection agency", in hopes of refreshing change. However, what is the specific purpose of the new legislation, and what are the exact functions of this new agency? Is this a matter of strengthening administrative agencies' control, or one of enhancing the autonomy of the industry? In particular, the protection agency business includes mediation in civil disputes between MLM (Multi-level marketing (MLM) companies and their distributors; lawsuit assistance for distributors against MLM's; and assistance for seeking compensation and recovery due to the liability of MLM's for distributors.

What is the best manner of regulating the direct-selling industry so that it can reach its full economic potential? These issues will be discussed in depth herein. This article is meant to explore the ways in which protection (regulation) is actually conducive to the industry's autonomy, in particular, "lateral" as well as "vertical" protection; and the ways in which direct selling might gain greater legitimacy and recognition in the public consciousness.

壹、前言

一、研究動機

　　眾所皆知,所謂直銷乃是「無店舖銷售」之經營模式,亦即,直銷是不透過商場或零售店,而是透過銷售員直接向消費者推銷產品,這種銷售模式完全經由人際網路關係在進行,簡言之,直銷之特色,乃透過人際關係、面對面銷售、無店舖經營,無存貨成本,所以迷人,對於想要創業的人有其一定的吸引力。

　　台灣為了促進直銷產業的發展,在2014年1月公布施行了「多層次傳銷管理法」,將多層次傳銷的管理,以獨立的法律來規範,這在世界各國已不多見,而為了解決傳銷商與傳銷事業間的民事糾紛,更在2014年5月間公布了「多層次傳銷保護機構設立及管理辦法」,並由公平交易委員會(下稱公平會)指定12家傳銷事業[38]各捐款200萬元,即刻以基金會型態籌組該保護機構,預定2015年1月1日正式掛牌運作。說2014年是台灣多層次傳銷爆炸的一年也不為過。

　　台灣直銷產業的環境概況,依據公平會截至2013年底止的統計,台灣目前實際經營的傳銷事業呈現微幅減少[39]的現象,這種現象也同樣反映在傳銷商人數上[40],然而儘管家數與人數減少,但直銷產業的營業額卻反

---

[38] 安麗日用品股份有限公司、美商亞洲美樂家有限公司台灣分公司、美商如新華茂股份有限公司台灣分公司、葡眾企業股份有限公司、美商賀寶芙股份有限公司台灣分公司、台灣雅芳股份有限公司、綠加利股份有限公司、雙鶴企業股份有限公司、馬來西亞商科士威有限公司台灣分公司、台灣妮芙露股份有限公司、八馬國際事業有限公司、麗富康國際股份有限公司。

[39] 參考公平交易委員會2013年多層次傳銷事業經營發展狀況調查結果,頁2(網址:http://www.ftc.gov.tw/upload/1d0a71b1-a32e-4d68-bcd7-451fd0d9f16a.pdf),2013年傳銷事業回報實施多層次傳銷者計有352家,較2012年之363家,減少了11家。

[40] 前揭註,頁4,2013年傳銷商人數計有211.9萬人,較2012年308.9萬人,減少了97萬人。

而突破700億大關，創造了歷史高峰[41]，顯示台灣目前直銷產業環境，雖有部分傳銷事業因市場競爭結果遭到淘汰，以及部分傳銷商退出，但主要在退出不良事業，所以，反而有呈現集中於產品優良、體制完善之傳銷事業的趨勢，顯示台灣多層次傳銷產業趨臻成熟，而為市場上重要的職場選擇。

值得警惕的是，部分不良事業的不肖案例仍時有所聞，在在促使社會大眾對直銷產業的不放心，這些案例如以互助會形式違法吸金，假藉中國南寧投資專案直銷之亂象等，也因此直銷產業急需自清與自治，而台灣2014年公布的「多層次傳銷保護機構設立及管理辦法」，其目的究竟是要管制這種亂象，還是要促使產業自治，這項核心問題如不深入探討，保護機構的運作即無法發揮其真正的目的、功能與價值。

首先就這次設立保護機構的資金來源而論，已不同於台灣過往成立保護機構需由政府出資的情況，而改由公平會指定傳銷事業捐助財產，亦即該保護機構的資金來源完全是由民間出資設立，但這樣的設計是否已足構建產業自治的前景？

其次，保護機構的主要業務為：「傳銷事業與傳銷商間民事爭議之調處」、「傳銷商向傳銷事業提出特定訴訟之協助」及「傳銷事業對傳銷商應負損害賠償之代償與追償」等三項，其制度之設計應如何強化，始能符合產業自治之精神，凝聚直銷產業間各成員之向心力，則又屬另一重要課題，再者，基於產業自治的理念，保護機構僅著重事後保護之概念，是否畫地自限而不能成功？

最後，隨著大陸直銷產業的蓬勃發展，直銷事業與直銷商間的摩擦、

---

[41]　前揭註，頁7，2013年傳銷營業總額716.70億，較2012年658.16億，增加了58.54億，且突破700億，為自統計以來歷史最高峰。

產業管理及發展亦是大陸直銷產業必須面對之課題，因此，台灣多層次傳銷保護機構制度之設計探討、及產業自治精神提出等，應有值得大陸直銷產業參考及借鏡之處。有鑒於此，本文擬由法律觀點出發，評析台灣保護機構辦法之制度設計，並探討完善產業自治之具體作為，作為兩岸直銷產業如何改進之參酌，俾期兩岸直銷產業在面對產業自治課題時能與時俱進。

二、研究方法與範圍

研究方法上，本文擬先行分析產業自治，並探討產業自治落實於法律之相應概念；次由法律概念，將研究歸納的台灣各種保護機構業務的制度設計方式，評析各該制度之屬性及妥適性，以作為今後改進之方向；最後，以完善產業自治之角度，試提出保護機構未來業務發展之具體作為。

貳、產業自治與法律連結之探討

一、產業自治之意涵

翻開產業發展史，過去普遍以政府「指令─控制」式管理產業，然而在政府財政困難、社會價值紛歧、社會力量蓬勃發展的今日，若仍採用過去「指令─控制」式的管理思維邏輯，恐將難以符合當前之社會需求[42]；且隨著社會分工的細緻化、專業化，倘政府對產業需求不能理解、對產業成員信心不足，為了方便管理而設立許多管理規定與限制，甚至將嚴苛的

---

[42] 廖義銘，從「產業自律管制」看國家新治理模式之實踐條件與要素，公共行政學報，第18期，2006年3月。

影響產業的活動空間與發展能力。

　　產業自治可區分為「橫向—同行間的自治」以及「縱向—產業上下游業者間的自治」（圖示如下）。前者在台灣應包括傳銷事業成立同業公會進行自治（台灣傳銷事業目前有成立直銷協會，但並非同業公會，所以傳銷事業並不強制入會，為健全產業自治，直銷協會或可發展成傳銷事業商業同業公會）以及傳銷商成立同業公會（台灣目前已籌組有傳銷商商業同業公會，但該公會兼容並蓄傳銷商與傳銷事業，依本文之管見，公會不宜雞鴨同籠，應有檢討將之單純化為傳銷商商業同業公會之必要。再者，該公會目前僅允許法人組織之傳銷商加入，而不允許個人之傳銷商加入，亦有檢討之空間）進行自治。至於後者，則應架設傳銷事業與傳銷商間的溝通平台，台灣2014年設立的「多層次傳銷保護機構」，能否往產業自治的道路上前進，是業界很大的期待，原因如上所述，「指令—控指」式的管理模式已難符合當今社會分工精緻化及專業化的需求，而產業自治由業者自訂商德約法、自設溝通平台，相互信任、尊重，找到共同利基應較能逐步解決產業之橫向及縱向問題，並讓消費者對這個產業產生信心，這樣直銷產業才能永續發展，因此產業自治是必走的道路，可惜，這個概念仍然不是直銷業者、直銷商普遍的認知，而有待進一步凝聚共識。

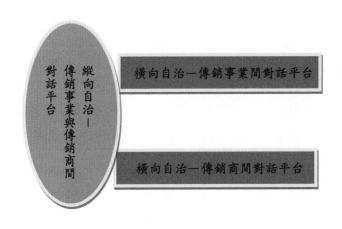

基上說明，上、下游產業間之溝通平台是產業縱向自治的根本，而肩負溝通平台功能的台灣多層次保護機構，現已正式定名為多層次傳銷保護基金會（以下簡稱傳保會）的設立，也就愈形重要，底下我們將分別從傳保會的基金、組織等設立面及業務功能面來檢討直銷產業對於傳保會的設立有無產業自治的認知。

最後，產業自治之實踐，政府與產業成員間之主觀上均須認知：1.「以溝通取管制是必要的途徑」，管制具有外在制裁力，而溝通則無制裁問題，因此，對於非強制性、非懲罰性之溝通型式所能產生之效應必須抱持耐性與信心；2.「以促進學習才是目標」，必須促進彼此間之學習能力與意願，而放棄以管制手段；「以信任、尊重為基礎」，惟有政府對產業成員，以及產業成員間，對彼此的學習和溝通能力，及其所能產生的功效，抱持較高程度之信任及尊重，才能避免重新走回「指令—控制」之管理模式[43]。

二、產業自治與法律之連結

基於以上論述，產業自治落實於法律，須符合產業成員自主合意、衡平法則之彈性運用、以及溝通平台之進行程序明確性和彼此尊重性等要求：

（一）當事人自主合意原則

雙方完整的交換意見後，以不具強制性、不違背自己意思之前提下，同意他方的訴求；產業自治之落實重在真誠溝通，無礙於以自己利益為出

---

[43]　前揭註。

發考量，雙方應認識合意失敗即開啓下一次的溝通，故以自己意思充分表達、自己意思不受委屈爲要點。

（二）衡平原則

雙方協商之進行，在符合公平、公義之前提下，認事用法宜有彈性空間；產業自治旨在解決雙方糾紛，倘形式上證據主義卻會造成實質上舉證困難之窘境，則應適用衡平原則，綜合一切情狀，依通常社會經驗取捨，以符合實質正義，故協商之進行宜有衡平原則適用之必要。

（三）溝通平台之進行程序明確性及彼此尊重性原則

雙方程序之進行，以未侵害他方提出說明權利之前提下，程序宜簡明確實，當然，若能同時達成迅速經濟的要求，當屬最佳，惟產業自治較於政府管制，常無法以效率爲惟一考量，配合當事人自主合意往往需經過無數次的溝通，故雙方溝通的程序以明確化及彼此尊重爲首要。

三、小結

產業自治要落實於直銷產業，如上所述，不僅傳銷公會（包括傳銷事業商業同業公會及傳銷商商業同業公會）要做好「橫向自治」亦即傳銷事業成員間彼此要有自己的對話平台，而傳銷商成員彼此間也要有自己的對話平台，另外，傳保會更要做好「縱向自治」亦即作爲傳銷事業與傳銷商間的對話平台，大家職司各自不同的重要角色，在對話平台陸續就定位下，產業自治即可逐步落實。

由於篇幅所限，本文不擬探索傳銷事業商業會公會的自治問題，也不擬探討傳銷商商業同業公會的自治問題，而僅就台灣2014年設立之

保護機構制度為著墨，並試就傳保會之組織、業務、未來方向等為探討，俾期大家對產業自治落實於「縱向自治」，有更深一層的認識。

參、從產業自治角度評析傳保會的資金及組成

　　傳保會設立之資金，依據傳銷管理法第38條第1項「主管機關應指定經報備之多層次傳銷事業，捐助一定財產，設立保護機構，辦理完成報備之多層次傳銷事業與傳銷商權益保障及爭議處理業務。其捐助數額得抵充第二項保護基金及年費」，公平會並依法指定12家傳銷事業各捐款200萬元。足見台灣傳保會設立之資金係完全由民間所籌措而不假藉政府之撥用款項，金錢獨立，跨出產業自治的第一步。

　　傳保會之董事會組成，依據保護機構辦法第9條第1項「保護機構應設董事會，置董事九人，由本會就下列人員遴選（派）之：一、向本會報備之傳銷事業代表二人。二、傳銷商代表二人。三、專家學者三至四人。四、本會代表一至二人」，董事會之組成，規範上是由業界代表占四席、學者代表占三至四席、公平會代表一至二席，以「4：4：1」或「4：3：2」比例為之。

　　然而，依據傳保會第一屆董事會之董事名單「業界代表四席、公平會代表二席，另三席則由公平會指定素與公平會有淵源的學者三人」，是公平會實際掌握了五席表決權，能夠實質決定傳保會業務及運作方向。由於傳保會甫行成立運作，各項典章制度、業務措施等均亟待建立，公平會勇於任事引導董事會當是用心良苦，然而公平會對於傳保會的「管制」心態，亦應加釐清，如果公平會仍有此顧慮，而將傳保會視為政府單位之延伸，未體認到傳銷管理法委由民間出資，引導「產業自治」的意涵，實屬

可惜，而為今後應正視之問題。

　　產業自治對產業的維護及發展，如前所述，較能切中時弊，這需要政府對產業的信任，包括信任產業自治能力、產業商德規約的自我約束能力。為了產業的發展茁壯，政府應適度放下限制與猜疑、相信產業自我力量、並引導產業成員逐步就定位。本文希望藉此激起各產業成員的自治使命感，產業能夠自我管理，才能免除外來的干預，並試圖說明，公平會對傳保會態度宜由「管制」轉換為「產業自治」，如此對直銷產業必能帶來更多能量。

肆、從產業自治角度評析傳保會的業務制度

　　依據台灣多層次傳銷保護機構設立及管理辦法第3條，傳保會掌管七項業務，分別為：1.調處傳銷事業與傳銷商間之多層次傳銷民事爭議、2.協助傳銷商提起保護機構辦法第30條所定之訴訟、3.代償及追償傳銷事業因多層次傳銷民事爭議，而對於傳銷商所應負之損害賠償、4.管理及運用傳銷事業及傳銷商提繳之保護基金、年費及其孳息、5協助傳銷事業及傳銷商增進對多層次傳銷法令之專業知能、6.協助辦理教育訓練活動、7.提供有關多層次傳銷法令之諮詢服務。

　　由於基金年費之管理運用、法令諮詢服務、教育訓練及促進法令專業知能等業務，為傳保會之行政庶務及訂定方針式之概括立法，本文以下擬暫排除，而僅就「民事爭議之調處」、「訴訟提出之協助」、「傳銷事業應負賠償之追償及代償」三大業務探討之。

一、傳保會業務——民事爭議之調處

（一）調處作成之方式

調處作成之方式，學理上，依調處作成方式或為「當事人合意」、或為「保護機構作成調處意見」，而區分為「和解類型」、「仲裁類型」。前者，保護機構提供當事人協商之平台，藉由第三人在場，使雙方作完整的意見交換，協商條件由雙方自行討論，接受與否雙方有完全之自主權，僅於雙方均合意協商結果時，調處方告成立。後者，保護機構聽取完當事人意見後，作成類似仲裁或法院判決之調處方案或調處決議，實質上就雙方之理由、應負責任比例作成判斷，方案或決議之作成由保護機構主導，當事人僅得表示同意或不同意。

值得注意的是，在台灣實務上另有發展出「二階段調處」類型，亦即，保護機構先階段提供平台勸導協助當事人和解協商，倘協商未能成立，保護機構後階段介入紛爭，作成調處方案或調處決定；本類型保護機構採先和解、後仲裁二階段調處。

保護機構對爭議作成調處意見，優點在於由第三人作成判斷，具有如同法院裁判公正、公平之特色；然而缺點在於判斷為昭信大眾，其判斷作成即須符合證據裁判主義[44]，亦即判斷者就依據證據建構之事實來判斷雙方權益，在實際紛爭處理上，倘就舉證事項無法證明，則判斷顯然缺乏了彈性空間。

傳保會調處作成之方式，依據保護機構設立及管理辦法第29條「調處

---

[44] 裁判者適用法律以事實認定為前提，裁判者對當事人間之「事實」為認定時，必須基於「證據」行之，此即「基於證據為事實認定，始得為裁判」之原則，稱「證據裁判主義」。

事件經雙方當事人達成協議者，調處成立。調處成立，倘係傳銷事業應負賠償責任，保護機構應命該事業於三十日內支付賠償，逾期未支付者，就一定額度內由保護機構代償，再由保護機構向該事業追償。前項之一定額度，由保護機構擬議，報經本會核定後實施，變動亦同。有下列情形之一者，視為調處不成立：一、經調處委員召集調處會議，有任一方當事人連續二次未出席者。二、經召開調處會議達三次而仍不能作成調處方案者。調處未成立，請求調處者可循民事訴訟等其他途徑尋求救濟。已調處成立者，不得再就同一事件申請調處」。

　　傳保會並不作成調處意見，委由當事人協商合意，倘任一方不能認同，調解即告失敗，屬於和解的類型，本文基於產業自治之角度認為可茲贊同，基此，設立辦法中另以「經召開調處會議達三次而仍不能作成調處方案者，視為調處不成立，即屬不必要，蓋產業自治重在給予糾紛之當事人平等地位之對話平台，倘於充分溝通意見後，一方仍無法認同他方訴求，則傳保會在充分保障雙方溝通之「機會」下，基於程序經濟原則，理應容許當事人有權利決定是否迅速進入法院，進行次一「司法判斷」之階段，但也有權決定是否續行調處，所以基於產業自治的精神，調處之進行及是否終結，宜由當事人自主決定，保護機構沒有取代當事人自主權之功能需求，事實上也沒有這個必要。

　　然而，值得觀察之事項，溝通必須尊重雙力之意願，倘一方無意溝通，基於程序經濟原則，為避免一方有意拖延時間，拒絕出面協商，造成他方權益遲遲無法實現，傳保會中之調處程序中亦設置有「明示拒絕協商」、「無正當理由於調處期日缺席二次」等視為調處不成立之事由，以期避免調處程序因一方有意擱置，導致他方無法終結調處程序進入次一階段，本文認為此配套措施固然可行，但實際操作上也宜另尊重到場當事人是否續行的意願。

調處作成之類型及舉例說明整理表格如下：

類型	規範	內容
一、保護機構不作成調處意見（和解類型）	衛生福利部醫療爭議調處作業要點	【第九點】 調處委員，得以其認為適當之程序，依案件之性質、爭議之內容、雙方之期望及有無速為調處之必要等情事，引導當事人達成調處。
	消費者文教基金會友善調處聯盟消費糾紛處理規則	【第（二）條】 糾紛自主解決原則 本規則以自主迅速解決糾紛為處理原則。 本聯盟成員與申訴消費者對申訴處理過程和結果，均應本於自由意願達成合意。
二、保護機構作成調處意見（仲裁類型）	中華民國旅行業品質保障協會辦事細則（會員無法繼續經營時）	【第21條第1項但書】 但如會員因財務困難無法繼續營業致無法調處時，由調處委員依查得之事證審核逕行認定，並依章程第六條第二項及本辦事細則第二十四條第三項規定辦理代償。
	不動產經紀業營業保證基金管理委員會組織及基金管理辦法	【第11條】 本會之調處，應依下列規定辦理： 一、本會受理調處案件應於受理日起二十日內開會討論之。 二、調處會議應邀請當事人及相關人士列席說明或提供書面資料。 三、當事人無正當理由，於調處日期不到場者，視為調處不成立。 四、調處決議應於決定後十五日內通知當事人。
三、保護機構二階段調處（二階類型，先和解後仲裁）	證券投資人及期貨交易人保護法	【第25條】 調處事件經雙方當事人達成協議者，調處成立。 調處事件，達成協議有困難者，調處委員會得斟酌一切情形，求雙方當事人利益之平衡，經全體委員過半數之同意作成調處方案，並定四十五日以下期間勸導雙方當事人同意；必要時，得再延長四十五日。 當事人未於前項所定期間內為不同意之表示者，視為雙方當事人依調處方案調處成立。 多數具有共同利益之一造當事人，其中一人或數人於第二項所定期間內為不同意之表示者，該調處方案對

類型	規範	內容
		之失其效力，對其他當事人視為調處成立。但為不同意表示當事人之人數超過該造全體當事人人數之半數時，視為調處不成立。 調處委員會依第二項規定為勸導者，視適當情形公開該調處方案。
	金融消費者保護法	【第23條第2項】 金融消費者申請評議後，爭議處理機構得試行調處；當事人任一方不同意調處或經調處不成立者，爭議處理機構應續行評議。 【第23條第6項】 金融消費者已依其他法律規定調處或調解不成立者，得於調處或調解不成立之日起六十日內申請評議。 【第28條】 評議委員會之評議決定應以爭議處理機構名義作成評議書，送達當事人。 前項送達，準用民事訴訟法有關送達之規定。 【第29條】 當事人應於評議書所載期限內，以書面通知爭議處理機構，表明接受或拒絕評議決定之意思。評議經當事人雙方接受而成立。 金融服務業於事前以書面同意或於其商品、服務契約或其他文件中表明願意適用本法之爭議處理程序者，對於評議委員會所作其應向金融消費者給付每一筆金額或財產價值在一定額度以下之評議決定，應予接受；評議決定超過一定額度，而金融消費者表明願意縮減該金額或財產價值至一定額度者，亦同。 前項一定額度，由爭議處理機構擬訂，報請主管機關核定後公告之。

（二）調處作成之效力

　　調處作成之效力，可區分為「私法上和解契約效力」及「與確定判決有同一效力」二種類型。學理上，調處之效力因不同調處作成方式而相對應不同。大抵上，委由當事人合意協商者（類似和解），因該調處結果為

私人基於利益考量下所作成之合意，通常與事實上利益正確分配不盡然相同，故此類型調處之效力不宜賦予過強之法律效力，而其救濟方式為，調處成立後一方反悔，另一方應至法院「訴請履行契約」；至於由保護機構作成調處意見者（類似仲裁），多因調處已有事件外客觀第三人介入，故制度上傾向認定該調處認事用法並無偏頗，而具備一定之公信力，故此類型通常會賦予該調處結果執行力與確定力，亦即他方就同一事件不得再申請調處、當事人得持此調處結果作為執行名義[45]，進行強制執行程序，毋庸再次請求法院判斷。

　　傳保會調處作成之效力如何，保護機構辦法並未規定，效力即應回到「私法上和解契約效力」。本文對此認為可茲贊同，一者，和解契約效力與傳保會委由當事人合意協商之調處方式相對應，並無不妥，二者，基於產業自治重在提供平台，充分保障雙方溝通之「機會」，倘賦予調處如同確定判決之效力，勢將因調處作成影響當事人權益重大，而走回法院裁判上針鋒相對、錙銖必較之情形，對於產業自治雙方良性溝通、犧牲部分自我權益謀求雙方最大利益等訴求即有所違背。

　　值得注意事項者，由於調處僅有私法上和解契約之效力，故制度設計上，申請調處並無中斷時效[46]，為避免當事人誤會申請傳保會之調處亦能

---

[45] 強制執行法第4條：「強制執行，依左列執行名義為之：一、確定之終局判決。二、假扣押、假處分、假執行之裁判及其他依民事訴訟法得為強制執行之裁判。三、依民事訴訟法成立之和解或調解。四、依公證法規定得為強制執行之公證書。五、抵押權人或質權人，為拍賣抵押物或質物之聲請，經法院為許可強制執行之裁定者。六、其他依法律之規定，得為強制執行名義者。執行名義附有條件、期限或須債權人提供擔保者，於條件成就、期限屆至或供擔保後，始得開始強制執行。執行名義有對待給付者，以債權人已為給付或已提出給付後，始得開始強制執行。」

[46] 民法第125條：「請求權，因十五年間不行使而消滅。但法律所定期間較短者，依其規定。」、民法第133條：「時效因聲請調解或提付仲裁而中斷者，若調解之聲請經撤回、被駁回、調解不成立或仲裁之請求經撤回、仲裁不能達成判斷時，視為不中斷。」

中斷時效，調處委員應就此注意事項充分告知，傳保會就此亦應充分推廣宣傳。

調處效力之類型及舉例說明整理表格如下：

類型	規範	內容
一、私法上和解契約（訴請履行和解契約）	民法	【第736條】 稱和解者，謂當事人約定，互相讓步，以終止爭執或防止爭執發生之契約。 【第229條】 給付有確定期限者，債務人自期限屆滿時起，負遲延責任。 給付無確定期限者，債務人於債權人得請求給付時，經其催告而未為給付，自受催告時起，負遲延責任。其經債權人起訴而送達訴狀，或依督促程序送達支付命令，或為其他相類之行為者，與催告有同一之效力。 前項催告定有期限者，債務人自期限屆滿時起負遲延責任。
二、與確定判決有同一之效力（確定力、執行力）	鄉鎮市調解條例	【第26條】 鄉、鎮、市公所應於調解成立之日起十日內，將調解書及卷證送請移付或管轄之法院審核。 前項調解書，法院應儘速審核，認其應予核定者，應由法官簽名並蓋法院印信，除抽存一份外，併調解事件卷證發還鄉、鎮、市公所送達當事人。 法院移付調解者，鄉、鎮、市公所應將送達證書影本函送移付之法院。 法院因調解內容牴觸法令、違背公共秩序或善良風俗或不能強制執行而未予核定者，應將其理由通知鄉、鎮、市公所。法院移付調解者，並應續行訴訟程序。 調解文書之送達，準用民事訴訟法關於送達之規定。
	金融消費者保護法	【第30條】 金融消費者得於評議成立之日起九十日之不變期間內，申請爭議處理機構將評議書送請法院核可。爭議處理機構應於受理前述申請之日起五日內，將評議書及卷證送請爭議處理機構事務所所在地之管轄地方法院核可。 除有第三項情形外，法院對於前項之評議書應予核可。法院核可後，應將經核可之評議書併同評議事件卷證發還爭議處理機構，並將經核可之評議書以正本送達當事人及其

類型	規範	內容
		代理人。 法院因評議書內容牴觸法令、違背公共秩序或善良風俗或有其他不能強制執行之原因而未予核可者，法院應將其理由通知爭議處理機構及當事人。 評議書依第二項規定經法院核可者，與民事確定判決有同一之效力，當事人就該事件不得再行起訴或依本法申訴、申請評議。 評議書經法院核可後，依法有無效或得撤銷之原因者，當事人得向管轄地方法院提起宣告評議無效或撤銷評議之訴。 前項情形，準用民事訴訟法第五百條至第五百零二條及第五百零六條、強制執行法第十八條第二項規定。

二、傳保會業務－協助提出訴訟

（一）訴訟協助之要件及方式

　　多數保護機構設計有團體訴訟之制度，亦即被害人將自身訴訟權能授予保護機構，由保護機構以自身名義爲被害人爭取權益，此種訴訟制度的設計，致使保護機構介入被害人的權益事件當中，常見於監督型或對抗型的團體規章中，通常其協助均以同一事件致多數被害人損害爲要件，因該類案件當事人一方可能爲數十人、數百人，故制度其實亦包含有多數人訴訟單純化、便利訴訟進行等程序法理[47]。

---

[47] 民事訴訟法第41條：「多數有共同利益之人，不合於前條第三項所定者，得由其中選定一人或數人，爲選定人及被選定人全體起訴或被訴。訴訟繫屬後，經選定前項之訴訟當事人者，其他當事人脫離訴訟。前二項被選定之人得更換或增減之。但非通知他造，不生效力。」

　　傳保會訴訟協助之方式，依據保護機構辦法第30條「對於同一原因事件，致二十位以上傳銷商受損害或請求賠償金額達一百萬元以上者，經調處雖未成立，惟經保護機構認定，傳銷事業應負賠償責任者，傳銷商得請求保護機構就一定額度內先代為支付訴訟費及律師費。傳銷商曾經保護機構代為支付訴訟費及律師費者，未返還前述費用前，不得再行請求前項訴訟協助」，足見傳保會之訴訟協助並不採行上述團體訴訟的模式，蓋傳保會並非監督型或對抗型機構，而係縱向溝通平台之機構。

　　依據上開保護機構辦法規定，傳保會訴訟協助傳銷商提出訴訟有三要件，即「事件限制：同一原因事件，致二十位以上傳銷商受損害或請求賠償金額達一百萬元以上者」、「調處先行：經調處未成立」、「責任預判：經傳保會認定傳銷事業應負賠償責任」，其中責任預判之要件筆者認為不妥適，蓋傳保會之任務應為提供雙方完善且能充分溝通之對話平台，如同調處程序保護機構並不作成調處意見，是傳保會於嗣後之訴訟協助同樣不宜介入雙方糾紛，更不宜預判傳銷事業是否應對傳銷商負賠償責任。是以，本文認為保護機構辦法中「經傳保會認定傳銷事業應負賠償責任者」文字應予刪除，似較妥適。

　　次者，傳保會訴訟協助之方式為「代墊」訴訟費與律師費，幫助經濟能力較差之傳銷商，解決其籌措相關費用燃眉之急，對傳銷商之權益順利主張應有所助益，而「代墊」制度的設立，也讓傳保會能進一步發揮其協助角色，是一適宜的制度設計。

　　協助提出訴訟之類型及舉例說明整理表格如下：

類型	規範	內容
一、賦予保護機構訴訟實施權，保護機構得受讓受害者權利，以保護機構名義實施訴訟	消費者保護法	【第50條】 消費者保護團體對於同一之原因事件，致使眾多消費者受害時，得受讓二十人以上消費者損害賠償請求權後，以自己名義，提起訴訟。消費者得於言詞辯論終結前，終止讓與損害賠償請求權，並通知法院。 前項訴訟，因部分消費者終止讓與損害賠償請求權，致人數不足二十人者，不影響其實施訴訟之權能。 第一項讓與之損害賠償請求權，包括民法第一百九十四條、第一百九十五條第一項非財產上之損害。 前項關於消費者損害賠償請求權之時效利益，應依讓與之消費者單獨個別計算。 消費者保護團體受讓第三項所定請求權後，應將訴訟結果所得之賠償，扣除訴訟及依前條第二項規定支付予律師之必要費用後，交付該讓與請求權之消費者。 消費者保護團體就第一項訴訟，不得向消費者請求報酬。
二、傳保會代為支付訴訟費及律師費	多層次傳銷保護機構設立及管理辦法	【第30條】 對於同一原因事件，致二十位以上傳銷商受損害或請求賠償金額達一百萬元以上者，經調處雖未成立，惟經保護機構認定，傳銷事業應負賠償責任者，傳銷商得請求保護機構就一定額度內先代為支付訴訟費及律師費。 傳銷商曾經保護機構代為支付訴訟費及律師費者，未返還前述費用前，不得再行請求前項訴訟協助。

（二）提供在傳保會接受教育訓練之律師名單給傳銷商作為進行訴訟之參考人選

　　傳保會為進一步發揮其協助角色，除了以「代墊費用」方式協助傳銷商提出訴訟外，傳保會目前更規劃辦理律師在職專案教育訓練，以提供「曾接受傳銷產業教育訓練之律師名單」予傳銷商參考，俾期傳銷商得以選任適宜之訴訟代理人，畢竟傳銷產業有其產業特殊性，並非所有律師均能瞭解產業制度或體認傳銷精神。是以，基於產業自治之精神，本文認

為，傳保會若能積極教育訓練相關專業人才，提升律師在傳銷產業之專業知能，如此應能對事涉糾紛之傳銷商有實質上的幫助。

三、傳保會業務—代償及追償傳銷事業對傳銷商應負之賠償責任

代償、追償業務於規範上有「保護」類型、及「補償」類型之區分，後者稱之「補償」，通常帶有補償者填補其法定責任的意涵。例如汽車交通事故特別補償基金，補償汽車交通事故發生時，請求權人因特定事由無法向保險人請求保險給付之損害等。至於「保護」類型，用意不在填補責任，充其量在於代償，例如證券商、期貨商違約致投資人無法取得證券、保證金、權利金等損害時之代償。

傳保會代償、追償業務，依據保護機構辦法第29條第2項「調處成立，倘係傳銷事業應負賠償責任，保護機構應命該事業於三十日內支付賠償，逾期未支付者，就一定額度內由保護機構代償，再由保護機構向該事業追償」，其項目特定於調處成立而傳銷事業應負賠償責任者，本文認為，基於當事人合意所成立之調處，作為代償、追償之基礎，符合產業自治之精神。

至於傳保會代償的時間點，究竟以事件發生時、調處成立時、或仲裁判斷（包括判決）時，較為妥當？坊間之代償基金洵有其不同之處理方式，而傳保會則係採調處成立時，為方便比較，茲將坊間常見之代償作法，包含傳保會的代償作法，以表列方式說明如下：

類型	規範	內容
一、 代償、追償項目為明確受害事件	證券投資人及期貨交易人保護法	【第21條第1項】 證券投資人及期貨交易人有下列情形時，保護機構得動用保護基金償付之： 一、證券投資人於所委託之證券商因財務困難失卻清償能力而違約時，其於證券交易市場買賣有價證券並已完成交割義務，或委託該證券商向認購（售）權證之發行人請求履約並已給付應繳之價款或有價證券，而未取得其應得之有價證券或價款。 二、期貨交易人於所委託之期貨商因財務困難失卻清償能力而違約時，其於期貨交易市場從事期貨交易，而未取得其應得之保證金、權利金，及經期貨結算機構完成結算程序後之利得。
二、 代償、追償項目為執行名義、經仲裁、決議支付調處之內容	不動產經紀業營業保證基金管理委員會組織及基金管理辦法	【第19條】 受害人取得對經紀業或經紀人員之執行名義、經仲裁成立或本會調處經決議支付者，本會應於接獲通知後十五日內償付受害人。 前項支付金額超過經紀業依本條例第七條第三項所應繳存之一定金額者，其超過部分，在經紀業應繳存之營業保證金範圍內，應由本基金先行償付，並由仲介業全聯會或代銷業全聯會立即通知擔保金融機構按保證函所載擔保總額如數撥付至指定基金專戶。
三、 代償、追償項目原則為調處成立之內容；例外調處未成立時，經申請人確定其債權	中華民國旅行業品質保障協會章程	【第21條第1項、第2項】 經受理之案件，由本會依查得之事證審核，送交輪值調處委員，並由本會通知承辦該次旅遊之會員及申請人定期到會協調。但如會員因財務困難無法繼續營業致無法調處時，由調處委員依查得之事證審核逕行認定，並依章程第六條第二項及本辦事細則第二十四條第三項規定辦理代償。 前項協調結果應予賠償者，由違約之會員十日內支付，逾期未付者，由本會保障金項下代償之。但如屬會員倒閉案件，依第十六條規定辦理。 【第22條第2項】 申訴案件經調處不成，須由法院裁判賠償責任者，申請人自本會通知調處不成時起算六個月內應依法提起訴訟及行使保全程序，確定其債權，並通知本會，否則不予代償。

類型	規範	內容
四、代償、追償項目為調處成立之內容	多層次傳銷保護機構設立及管理辦法	【第29條第2項】 調處成立，倘係傳銷事業應負賠償責任，保護機構應命該事業於三十日內支付賠償，逾期未支付者，就一定額度內由保護機構代償，再由保護機構向該事業追償

四、小結

　　傳保會作為「縱向自治—傳銷事業與傳銷商間對話平台」，其制度設計及未來實施咸應以符合「當事人自主合意原則」、「衡平原則」、「溝通平台之進行程序明確性及彼此尊重性原則」為方向，在不介入雙方糾紛之前提下，確保雙方平等、充分溝通之機會，並充實保護機構各式軟體及專才人員，俾雙方溝通過程得以近用，並確實解決雙方紛爭。從以上觀點來看，傳保會目前之業務制度設計雖或有些許應改進之處，惟大抵上符合產業自治精神，應給予鼓勵支持。

伍、產業自治未來可思考方向

一、完善、統整產業自治平台

　　產業自治落實於傳銷產業，應注意「傳銷事業橫向自治」、「傳銷商橫向自治」及「傳銷事業與傳銷商縱向自治」三個面向，為堅實產業自治，三個面向均宜設立對話平台，俾產業成員糾紛解決、業務合作、發展溝通等均能各有其所。

　　目前台灣正在籌備設立「縱向自治—多層次傳銷保護基金會」及「橫

向自治─傳銷商商業同業公會」，是邁向產業自治的正確道路上，然而「橫向自治─傳銷事業商業同業公會」尚未明確，傳銷事業為產業發展的重要推手，未來當應儘速設立，目前台灣已有多數會員之直銷學會未來是否轉型，值得期待。

　　各面向對話平台就定位後，除辦理各自面向之業務外，平台間亦應相互交流，或可設計定期或不定期的學術、實務研討會，相信不同面向的發聲應能帶來不同的思維，對傳銷產業的發展定能有所貢獻。

二、橫向自治業務

（一）消極面向

　　傳保會設立的消極目的在於辦理傳銷事業與傳銷商間業務及糾紛，並基於產業自治的理念採「使用者付費原則」，因此，透過傳保會這個溝通平台解決紛爭的當事人，必須繳納費用。在此前提下，許多事件類型是傳保會不須處理的，例如傳銷事業與未繳納基金費、年費之傳銷商間、傳銷事業與人頭傳銷商間、未報備之傳銷事業與傳銷商間等，這些未來可能遇到的糾紛看似存在傳銷事業、傳銷商縱向關係上，然而其糾紛本質實肇生於傳銷事業、傳銷商之個別問題，故此類糾紛應屬傳銷事業商業同業公會、傳銷商商業同業公會之橫向自治範疇。

（二）積極面向

　　產業自治的面向不應僅包含事後的糾紛處理，亦應有事前預防的觀念。可得辦理之業務諸如：「訂定傳銷事業商德約法、傳銷商商德約法」溝通經營傳銷應具備之價值與觀念；「優良傳銷制度之認證」例如就傳銷

事業進行銷售始發予獎金、傳銷權得繼承或轉讓、不得囤貨之存貨銷售比、獎金發放標準之合理性等制度審查其是否優良；當然從產業自治面而言，產業能否訂定一套標準，自行決定何人具備如何之條件始可進入到直銷產業，亦為直銷產業獲得社會大眾認同的要件，因此「開辦教育訓練課程」、「公益企業」等議題，均宜逐步擴展。

　　各該業務之施行，若無「產業自治平台成員同意平台對成員有懲戒之權利」例如罰金、限制期間不得經營、開除會員籍等事實上，產業自治亦不容易成功，惟平台如何才能具有公信力，其所作的懲戒處分獲得成員信服，則又是另一嚴峻課題。

三、縱向自治業務

　　產業自治中縱向自治，主要在強化不同性質成員之磨合，於焉溝通是產業自治成功與否之關鍵。目前傳保會業務重心多僅止於糾紛排除的消極面向，本文以為基於產業自治的角度，傳保會應開展積極面向業務，例如「辦理傳銷事業、傳銷商聯合研討會」建立二者良性之溝通平台；以及「潤滑傳銷事業、傳銷商二平台之關係」適時就傳銷事業平台、傳銷商平台之業務及決議，表達強化互動、相互尊重之意見，以減少平台間之摩擦等。簡言之，縱向平台之任務任重道遠，傳保會不宜畫地自限，應以傳銷事業、傳銷商間共存共榮為己任。

陸、結論

　　今年，在台灣，傳銷產業正積極籌備設立「多層次傳銷保護基金會」、「多層次傳銷商商業同業公會」，傳銷產業民間力量的覺醒，已捎

來不同以往的信息。在社會分工細膩化、專業化的今日，為產業之效率發展，產業自治課題實有探討之必要。為此，本文以台灣傳保會之基金來源、組成及業務為探討主軸，嘗試檢討其制度設計，並提出產業自治的精神及未來方向，雖完全以台灣直銷產業環境為探討背景，但相信對大陸直銷產業也可以起「他山之石，可以攻錯」的效益，相互取經借鏡並藉此激起產業自治的使命感，希望今後大家在產業的各位置、各面向都能注入更積極的思維，共同促進直銷產業之發展與茁壯。

柒、參考文獻

中文書籍／期刊論文

廖義銘，從「產業自律管制」看國家新治理模式之實踐條件與要素，公共行政學報，第18期，2006年3月。

研究報告

一、公平交易委員會2012年多層次傳銷事業經營發展狀況調查結果。
二、公平交易委員會2013年多層次傳銷事業經營發展狀況調查結果。

直銷企業允許直銷商網路行銷之法律衝擊及其因應之道——以直銷產業的核心價值及制度維護爲探討中心[48]

The legal impact when direct-selling businesses allow their direct distributors to perform online marketing, and ways of addressing the issue: Focusing on the core value of directing-selling businesses and methods for maintaining it

摘要

隨著網際網路的進步，上網購物儼然成爲新的、重要的消費者消費管道，然而依照行政院公平交易委員會調查結果顯示，在台灣直銷企業對於網路行銷的態度仍趨保守，尚在摸索直銷產業與網路行銷的調和之道。有鑑於此，各直銷企業面對網路行銷的因應及其經營政策，每有不同，有些企業採全面禁止；有些企業採部分准許部分禁止態度，例如禁止直銷商於網路上銷售產品但得推廣事業；有些企業則採准許態度或有條件准許態度，例如，需接受企業必要管制或符合特定資格者始准許網路行銷；以上各種因應之經營政策，不可避免地必須面對其特有的法律問題及其法律風險，本文即以此議題作爲探討並檢討其配套制度，以期各企業之制度嚴謹化能更臻完善。

---

[48] 本文發表於第18屆兩岸直銷學術論壇。

　　本文探討方式，先檢視網路行銷對直銷產業核心價值的衝擊；次再透過對台灣各直銷企業之制度整理，歸納出幾種直銷企業對直銷商經營網路行銷之態度；接著分析網路行銷易孳生之法律問題的行為態樣及其法律責任；最後探討各家企業面對網路行銷的配套制度之嚴謹程度，俾供直銷企業參考。

關鍵詞：網路行銷、直銷產業價值核心、經營政策、產品銷售、事業推廣

ABSTRACT

With the development of the internet, online shopping has become a new and important venue for consumers to make purchases. However, a recent FTC survey has revealed that directing-selling businesses in Taiwan still hold conservative attitudes toward online marketing, and are still trying to determine the role-if any-that online marketing should play in the framework of direct selling. For this reason, each direct-selling business has different operating policies regarding online marketing. Some direct-selling businesses entirely forbid online marketing. Others adopt policies where direct marketing is conditionally allowed; for example, they forbid direct distributors from selling products online, but allow them to otherwise promote their goods on the internet. Some direct-selling businesses are more liberal, allowing online marketing provided that, for example, the process of direct distribution is regulated or distributors meet certain compliance criteria. However, each type of policy faces its own unique set of legal issues and inevitable risks. This article will discuss these issues and risks in order to determine the appropriate policies direct-marketing businesses might adopt in response to the relatively new phenomenon of online marketing.

In organization, this article will first examine the effects of online marketing on the core value of direct-selling businesses. Secondly, we will closely discuss the actual system of direct-selling businesses in Taiwan, drawing a conclusion about the attitudes toward online marketing adopted by direct-selling businesses in Taiwan. Next, we will analyze the legal questions and obligations that arise from online marketing. Finally, we will discuss the appropriate balance between accommodating online marketing and restricting it, in order to provide a legal reference point for direct-selling businesses.

Keywords: online marketing, the core value of directing selling businesses, business operation policies, to sell products, to popularize business

壹、前言

一、研究動機

　　眾所皆知，傳統的直銷，乃是謹守「面對面銷售」之經營模式，亦即，直銷產業係不透過商場或零售店向消費者推銷產品的「無店舖事業」，其核心價值在於透過人際網路關係，由銷售人員與消費者直接進行面對面的銷售[49]，藉此從中節省人事及管銷成本，讓直銷員享受更多的佣金獎金回饋。這種銷售模式與「店舖銷售」不同，但二者鼎足而立，同時蔚為行銷界二大潮派，然而，近年來隨著科技的進步，消費者透過網際網路購物之消費生態迅速崛起，不僅衝擊店舖行銷，也衝擊無店舖行銷。

　　就台灣而言，公平交易委員會（下稱公平會）於100年首次就多層次傳銷事業採行網路行銷情形進行調查[50]，並於101年多層次傳銷事業經營發展狀況調查結果報告中顯示：「截至101年底，採行網路行銷之多層次傳銷事業，其中，傳銷事業提供線上訂購者，共有130家（占35.81%），另外，傳銷事業設置網路商城者，共有78家（占21.49%）[51]。」足見近年來網路行銷於直銷產業已生不容忽視之影響，然而，直銷商利用網路行銷而設立虛擬化店面，畢竟與直銷事業本身之交易電子化不同，尤其前者更直接衝撞了直銷產業之本質，讓直銷企業必須更認真思考如何調和網路行銷與直銷產業核心價值，提出因應之道，已是刻不容緩的議題。

---

[49]　參照重慶《知識經濟》雜誌社主編，「直銷為王」，頁13、14，天凱彩色印刷有限公司，2003年5月。

[50]　參照參考公平交易委員會2011年多層次傳銷事業經營發展狀況調查結果，頁7（網址：http://www.ftc.gov.tw/upload/097f3b17-a575-4677-b6ff-b9eddbf1d310.pdf）。

[51]　參考公平交易委員會2012年多層次傳銷事業經營發展狀況調查結果，頁7（網址：http://www.ftc.gov.tw/upload/117b712f-24a7-403d-904a-71984b1bc2b1.pdf）。

　　因此，台灣近年來便有部分直銷事業嘗試跳脫傳統直銷必須面對面、拓展人際關係之經營方式，兼採網路行銷。換言之，傳統面對面、拓展人際關係之行銷，是由銷售人員主動、登門拜訪「潛在」消費者，勢不可免除被拒絕交易或介紹失利等風險而含有程度上的射悻性；反觀網路行銷卻是銷售人員被動、等待「已有需求」之消費者前來查詢問價，二者交易型態、成交機會自是截然不同。是以，如何拿捏滿足消費者需求、維護直銷商間公平競爭環境、及爭取最大商業利益的平衡點，各直銷企業無不費盡心思，為網路行銷之特性及直銷產業核心價值調和出各種不同的因應態度：例如直銷企業自行架設線上專賣店、網路商城企業網站直接與消費者接觸；准許直銷商網路行銷─產品銷售或准許直銷商網路行銷─推廣事業但仍禁止產品銷售等等態樣。

　　然而，網路行銷模式究竟與傳統直銷模式有別，網路行銷常見的法律問題在傳統直銷模式下顯得格外陌生；尤其當企業政策禁止直銷商網路行銷時，踰矩者將帶給遵守企業政策而未進行網路行銷之直銷商及直銷企業莫大的傷害，前者例如以網路行銷方式蒐集大量訂單後人為排線，迅速擴展組織深度獲取不當位階組織獎金，又例如以大量訂單壓縮訂貨成本後，再以較低售價吸引更多消費者向其尋求交易，間接侵害以面對面、拓展人際關係銷售直銷商的成交推廣機會，後者則例如侵害公司商標、著作權，又例如壟斷市場、廣告誇大、推廣事業不當帶給企業負面形象。這些都是除商業利益考量外，直銷產業不得不正視之法律風險。

　　再者，隨著網際網路的進步，大陸亦有不少知名的網路拍賣網站，像淘寶、易趣、拍拍等是，這些網站今後也可能成為大陸直銷員利用，作為與消費者間削價販賣的平台，也是大陸直銷企業今後必須面臨的管理課題，因此，在台灣目前各種「全面禁止」、「全面准許」或「部分禁止部分准許」等態度所相對應之法律問題及其因應之道，應有值得大陸直銷企

業參考及借鏡之處。有鑑於此，本文擬由法律觀點出發，研析台灣直銷事業在各種網路行銷政策下常見之法律問題，以及台灣直銷企業的面對政策，最後檢視各企業所採取之制度之嚴謹程度，以作為各企業今後是否需改進及得為如何改進之參酌，俾期兩岸直銷業在面對網路行銷課題時能與時俱進。

二、研究方法與範圍

研究方法上，本文擬先行檢視網路行銷對直銷產業核心價值的衝擊，次由隨機搜尋之幾家台灣傳直銷事業為研究素材，彙整各該企業對於直銷商實施網路行銷之政策，究竟是禁止？准許？還是部分禁止、部分准許？或有其他態樣？將之歸納成幾種事業之經營類型，並進一步分析台灣整體直銷環境對於網路行銷之態度如何？再次，將網路行銷常見之問題做行為態樣之檢視，相關法律責任如何？最後提出因應之道及思考方向，並對所採樣之事業制度分析其暴露於法律糾紛之風險程度高低。

此外，本文擬將研究之範圍限縮於「直銷企業對直銷商網路行銷態度」之探討，包括是否禁止或准許直銷商於網路上銷售產品及推廣事業。至於直銷企業商務電子化例如開放會員線上查詢即時業績、會員線上訂貨等便利會員事項，則不在本文探討之列；又直銷企業除產品銷售外，是否開放網路加入會員、網路推薦新人等組織議題雖同屬產業之重大領域，惟礙於篇幅，本文只得將其排除討論之外。最後，本文之研究方向，限縮於企業與直銷商間常見網路行銷之「法律責任」上，就行銷方式、經營管理、制度優劣等事項亦不在本文討論之範圍。

貳、網路行銷對直銷產業核心價值之衝擊

一、傳統行銷業務方式為「實體店鋪經營」

　　傳統行銷業務透過「大盤商—中盤商—小盤商—零售商」之銷售過程鏈結，最終端消費者於零售商之實體店鋪中進行產品買受。傳統之店鋪銷售方式，具備使消費者可直接看到實品之優點，然而因實體店鋪經營需要租金、人力管理等成本支出，故經營者將此成本分攤於消費者，勢將造成販售價格的提升。

二、直銷方式為「無實體店鋪經營」

（一）直銷的定義

　　依據世界直銷聯盟（WFDSA）對直銷的定義為：以面對面的方式，直接將產品及服務銷售給消費者，銷售地點通常是在消費者或他人家中、工作場所，或其他有別於永久性零售商店的地點。直銷通常由獨立的直接銷售人員進行說明或示範，而這些銷售人員通常被稱為直銷人員[52]

　　換言之，傳統的「直銷（Direct selling）」又名「無店鋪銷售」，係不透過商場或零售店直接向消費者推銷產品之銷售方式。

（二）直銷的特點

　　直銷的特點係透過門對門（door to door）及人際網路之方式推廣並銷售商品、並拉近銷售練開端與終端距離：「直銷企業—直銷商—消費

---

[52]　參照中華民國直銷協會網站（網址：http://www.dsa.org.tw/p4_2.htm）

者」，節省下店面租金、大中小盤商、零售商等層層銷售成本，而直接向最終端之消費者推廣之。是以人際關係拓展通路節省廣告費用、無店舖經營模式節省開店設備人事成本，於晚近經濟不景氣時期，直銷產業因所需成本較少反而異軍突起，在台灣蓬勃發展[53]。

三、網路行銷崛起對實體店鋪及直銷產業的衝擊

（一）銷售方式虛擬化、無限化

　　網路行銷方式藉由網際網路無遠弗屆特性，打破地理、時空上限制，即消費客層可由四面八方而來，且消費者亦無需親至店面看貨或提領商品，亦無需再由直銷人員與消費者進行面對面的拜會，一切交易均可透過網際網路進行而虛擬化。

　　進步言之，網路行銷之建置較實體店鋪及直銷產業推廣事業減省相當程度之成本，且可讓消費者與店家或直銷人員在虛擬之網路位置，快速取得及分享行銷資訊，以即時因應彼此需求並視情形迅速加以改善；換言之，實體店鋪與直銷產業在網路行銷崛起之前，其「銷售端」「受制於空間地理位置之限制、機動性較小之主動行銷」之手法，在網路行銷崛起後，因「消費者可不受空間限制而主動地」登入網站消費，讓交易衍成無限的可能性。

---

[53] 參考公平交易委員會2012年多層次傳銷事業經營發展狀況調查結果，頁7（網址：http://www.ftc.gov.tw/upload/117b712f-24a7-403d-904a-71984b1bc2b1.pdf）。截至101年底止向本會報備之多層次傳銷事業計542家；參加人數為276.3萬人，另依內政部統計101年底我國總人口數2,332萬人估算，平均每百人中有11.85人加入多層次傳銷；加入傳銷率（即參加傳銷人數占全國總人口數之比率）約11.85%。

（二）銷售對象隱匿化

由於網路行銷的本質，可以省去店家或銷售人員與消費者面對面之接觸機會，因此，在採取網路行銷之模式下，可以想見藉由網路交易，消費者並無須實際出面進行消費行為，較傳統實體店鋪與直銷產業之經營更能保障隱私且更為便利之交易模式，此種模式讓交易對象隱匿化。

四、網路行銷對直銷產業核心價值之衝擊

就網路行銷對直銷產業核心價值之衝擊而言，由「量」的面向以觀，網路行銷係作為打破銷售地域及時間限制之技術性銷售手段，換言之，其擴張直銷商之服務範圍，得以不受地理、時空之限制，大大提升交易媒合之機會，且因網路行銷具有易於且即時取得商品資訊之特性，使銷售量較面對面拜會潛在消費端明顯增加，交易所需之媒合時間更為縮短而迅速。

此外，就「質」的面向觀察，網路行銷係消極地大量接受訂單，無須積極主動拜會潛在消費端，如此將根本地改變直銷產業原先是著重在「人與人間」就商品或服務之推廣與銷售、於商品下訂後始由消費者進行取貨等交易型態之本質；且直銷產業具有需透過活絡人際網路關係以開拓其下線之特質，然今一旦得透過網路方式為行銷時，則勢將導致直銷商因此興起無須再「費心」於壯大組織之動念，進而亦容易出現渠等操弄排線制度等弊端之情形。

參、台灣直銷企業對於直銷商網路行銷之態度

一、類型態樣

　　本文隨機採樣數家台灣多層次傳銷事業之制度[54]，並整理各該企業對於其直銷商進行網路行銷之相關規定，歸納出以下五類態樣，即：（一）禁止以網路為產品銷售及事業推廣之行銷；（二）禁止以網路為產品銷售，但准許以網路為事業推廣之行銷；（三）原則上禁止網路行銷，但例外許可；（四）准許以網路為產品銷售及事業推廣之行銷，但企業得為必要限制；（五）似無禁止或准許之規定等。為方便閱讀，茲將各類型之直銷企業之相關制度以表格化方式說明之：

（一）禁止以網路為產品銷售及事業推廣之行銷

企業	規範
安麗	【安麗直銷商營業守則】 3. 直銷商職責 　3.3 為貫徹安麗產品直銷之理念以及保障消費者對安麗產品安全使用之充分瞭解，直銷商不得有下列行為： 　3.3.1 於零售場所，諸如商店、攤位、市場、網際網路，包括市集及其他類似場合，銷售或展示安麗產品及業務輔銷品； 　3.3.2 提供或銷售安麗產品及業務輔銷品，以供他人於零售場所轉售。
美樂家	【政策聲明】 35. 廣告之限制，網際網路推廣和資料之銷售 會員顧客或事業代表不得從事下列行為： (a) 以直接或間接之方式製作、發行、出售、使用、陳列、或散布任何有關美樂家公司及其產品、服務、佣金制度或事業機會之文件、錄音帶、錄影帶、電子媒體（包括電子郵件、電腦公布欄、網路聯繫和電話廣告及信息）。

---

[54] 以下各該多層次傳銷事業之制度，乃是參照公平交易委員會傳銷事業報備名單之已完成報備名單（網址：http://lxfairap.ftc.gov.tw/ftc/report/report_13.jsp）。

企業	規範
綠加利	【會員營業規章】 三、會員權利與義務 3.4.3 為貫徹綠加利商品多層次傳銷之事業精神，保障消費者對綠加利商品安全使用之認知權利，會員不得自行、且亦不得提供綠加利商品予他人於零售或公開場所（包括但不限於商店、攤位、零售市場、市集、賣場、批發市場、批發商及網站等），陳列、銷售、介紹或推廣綠加利商品及業務輔銷品。
易健	【營運政策與程序】 2. 經銷商的權利與義務： 2.5.7 凡屬本公司之文件或產品，易健經銷商均不得透過網站銷售，所謂的網站包括且不僅限於線上購物中心、線上拍賣會、網路商店或購物網站。亦不得以不當之直接訪問買賣影響公司商品市場交易秩序或造成消費者損失，倘若發生上述情形，本公司得視情節輕重，依「營運政策與程序」相關規定辦理，情節重大者，得逕行終止其經銷權。如本公司因此蒙受任何損失，概由該經銷商賠償。
葡眾	【直銷商營業守則】 3. 直銷商職責 3.3 為貫徹葡眾直銷之理念以保障消費者對產品安全使用之充分瞭解，直銷商不得有下列行為： 3.3.1 於零售場所，如商店、攤位、市場、網際網路，包括市集及其他類似場合，銷售或展示葡眾產品及業務輔銷品。 3.3.2 提供或銷售葡眾產品及業務輔銷品，以供他人於零售場所（包括網際網路）轉售。
永久	【營運方針】 16.02 進行禁止行為可能造成獨立直銷代理權被終止或賠償責任，這些行為包含但不僅限於下列行為： (j) 網路銷售：獨立直銷代理商不得透過任何網路頻道、網路商場或拍賣網站，例如：eBay、Yahoo、Amazon.com……等來銷售永久產品。
克緹	【特定違約事項及處理辦法】 二十一、直銷商於推廣、銷售產品時 （三）不得在未經本公司許可之任何商店銷售或陳列克緹產品。 （五）產品之宣傳由本公司統籌辦理，直銷商不得擅自設計、製作、宣傳非經本公司同意之業務輔助品，並不得以任何方式如網際網路、傳真文宣、廣告DM、手機簡訊……等刊登或傳播任何形式之廣告。

（二）禁止以網路為產品銷售，但准許以網路為事業推廣之行銷

企業	規範
美商寰泰	【直銷商政策與程序】 2.13 非實體銷售媒體之使用 　2.13.1 您不可以在拍賣網站、虛擬網路商城、電視購物頻道、郵購或其他非實體銷售媒體上販賣寰泰產品。 2.15 網站、電子媒體及公司商標之使用與註冊 　2.15.1 網站之使用：本公司網站為www.mannatech.com;另提供本公司製作之直銷商專用網站（MannaPages）。直銷商亦可使用個人的網站、部落格、以及其他的電子媒體（諸如YouTube, MySpace, Facebook,Twitter等等）（以下統稱為「直銷商個人網站」），依據下列規定來宣傳寰泰事業機會。
如新	【政策與程序】 7.1 使用網際網路推廣直銷商業務 　只有獲得本政策與程序的第3章第7.2節或第7.3節規定的授權，而且也同時符合本政策與程序的規定包括第3章第2、3、4和5節的規定，以及公司制定的網際網路之書面指導原則時，您才可以使用網際網路推廣公司的產品。公司禁止其他以使用網際網路的方式推廣公司、產品或銷售獎勵計畫。 7.6 網路銷售 　公司產品之網路銷售只可以透過公司網站進行銷售而不能透過直銷商任何種類的網站或任何其他網際網路形式進行銷售，包括網路影像和音像、社群網站、社交媒介或申請、及其他主要為使用者參與或使用者發布資訊的論壇、資訊公布欄、網誌、維基及podcasts（例如Facebook, YouTube, Twitter, Wikipedia, Flickr）。藍鑽直銷商的網際網路行銷網站可以連結至公司網站。禁止網路銷售的項目包括但不限於，網路拍賣和分類廣告網站例如ebay.com或craigslist.org。

（三）原則上禁止網路行銷，但例外許可

企業	規範
雅芳	【政策與程序】 第四節　違反傳直銷精神之網路拍賣行為 為維護直銷市場秩序及直銷商權益，雅芳美麗事業代表未經授權擅自於網路拍賣交易平台或於自行架設之網頁，刊登雅芳商品銷售資訊或推薦會員、雅芳美麗事業代表之行為者，凡經檢舉查證屬實，台灣雅芳公司有權立即取消其美美麗事業代表資格。
妮芙露	【業務須知】 貳、販售公司商品應注意事項 四、參加人非經事前取得妮芙露公司之書面同意，不得將妮芙露商品置於網路拍賣、郵購或相關類似通路進行販售與拍賣；違反者，妮芙露將解除或終止其直銷商資格，或於通知其有違約之事實起，將其視為消費型直銷商，不再核發獎金，且將核發而尚未支付之獎金，亦視為懲罰性違約金，由妮芙露公司予以沒收。

（四）准許以網路為產品銷售及事業推廣之行銷，但企業得為必要限制

企業	規範
美安	【專業手冊】 第十八章：網際網路與網路中心政策 第一節　美安台灣公司的網站是唯一經核准的網路銷售點 (A)只有美安台灣公司的個人化入門網站和網路中心，才是經核准的在網上銷售美安台灣產品和服務的銷售點（point of sale）（這裡指透過網上結帳、「購物車」或接受網上付款的方式所做的銷售） 第二節　不可在網路的拍賣網站或購物網站上銷售或宣揚美安台灣產品 第三節　於推廣美安台灣公司或美安台灣產品的所有次級網站必須登記 (A)次級網站應先在美安台灣公司規章監管部門登記，才能獲准開通供公眾瀏覽。

企業	規範
	(B)用電子郵件把你網站的網址（URL）寄至webregistration@markettaiwan.com.tw，即可完成登記。 (D)網站完成登記並不構成網站內容得到認可；所有網站都應接受美安台灣公司定期檢查，以確保符合美安台灣網際網路政策。 (F)凡是沒有按照美安台灣網際網路政策登記的次級網站，必須立即從網路上撤下。經銷商在得到公司監管人員通知並進行改正期間，不得繼續開通此網站。擁有或掌握網站的經銷商若違反登記政策，除受到紀律處分和其他適當糾正外，還會在得不到事先通知的情形下被阻止進入unfranchise.com.tw。 第十二節　社交網站 (A)在不違反美安台灣公司網際網路政策的前提下，經銷商可以在網路上的社交網站提及美安台灣超連鎖事業和美安台灣產品。
仙妮蕾德	【生意指南】 仙妮蕾德亦提供機會，讓符合資格之特許經營企業家設立個人網站，稱為「仙妮蕾德特許經營企業家聯網」。「仙妮蕾德特許經營企業家聯網」由仙妮蕾德所設計、主持及運作，是向準店主介紹仙妮蕾德最有效且經濟之方式。特許經營企業家申請「仙妮蕾德特許經營企業家聯網網站」，前一個月須達NT$200,000店鋪ABO價營業額。仙妮蕾德授權使用「特許經營企業家聯網」之特許經營企業家直接連結至任何仙妮蕾德網站。當透過「特許經營企業家聯網」之「網上購物」連結購買產品時，仙妮蕾德將自動計算所購買之產品數量和相對之ABO價營業額總額。特許經營企業家不得「頁框」（frame）「仙妮蕾德特許經營企業家聯網」—亦不得改寫其他網域名稱至「特許經營企業家聯網」。 非特許經營企業家聯網之網站包括但不限於非由仙妮蕾德主持之「特許經營企業家聯網」、部落格及線上簡介。特許經營企業家被授權利用非特許經營企業家聯網之網站推廣其仙妮蕾德事業，且得提供非特許經營企業家聯網之網站至「特許經營企業家聯網」之連結。如所提供之內容符合以下所有規定，則非特許經營企業家聯網之網站得重製和參考現行仙妮蕾德或仙妮蕾德官方網站中，未受密碼保護區域之行銷資料，有關仙妮蕾德歷史、產品資訊、仙妮蕾德訊息、仙妮蕾德善舉、仙妮蕾德獎項、仙妮蕾德產品及設備之照片和其他公司資訊等。仙妮蕾德不允許特許經營企業家透過其個人網站或在網際網路銷售仙妮蕾德產品。非特許經營企業家聯網之一切內容須符合下列所有規定。 所有非特許經營企業家聯網網站必須： …… 只要其使用不與上述或「特許經營企業家生意指南」之規定相衝突，特許經營企業家得藉由付費方式列名於搜尋引擎或指南上，包括使用仙妮蕾德商標或產品名稱於其「仙妮蕾德特許經營企業家聯

企業	規範
	網」或非特許經營企業家聯網網站。所有付費之列名必須遵守「特許經營企業家生意指南」，標示該特許經營企業家之網域名稱並不得使用「Sunrider.com」或其他仙妮蕾德網域名稱。在上網列名前，須於abo.sunrider.com上填具申請表，送交仙妮蕾德審核其內容。
無限極	【權利與義務規章】 第六章　推薦無限極國際有限公司產品及創業機會 K.使用網路。直銷圈可通過無限極國際有限公司的網路創造一個個人的網站，以使用網路推廣無限極國際有限公司事業。直銷商不可使用其他網路推廣其業務。 (1) 直銷商必須使用無限極國際有限公司提供在「個人網站」計畫中的範本設計其網站。 (2) 所有直銷商的網站務必經由無限極國際有限公司直銷商法務部門之複審及許可。 (4) 直銷商的網站不應展示非無限極國際有限公司產品資料，……所有產品資料僅可通過連結到無限極國際有限公司網頁而傳達給網路的使用者。 (5) 直銷商的網站可載有下列特定的有關個人、產品、以及機會見證及推動性資料：…… (6) 直銷商網站可吸引顧客購買產品，但須符合以下限制： (a)直銷商在網站展示其電話號碼、傳真號碼、電子郵件地址。 (b)網站上可使用推車，但購物手推車： 　(i)僅能提供無限極國際有限公司產品，並且； 　(ii)包含授予直銷商因任何理由而拒絕交易之權利的聲明。 (c)網站上只可展示所建議的無限極國際有限公司的顧客零售價目。

（五）似無禁止或准許之規定

科士威	【事業手冊】 3.1 遵守eCosway營利計畫 業主必須遵守本公司正式文件內所列明的eCosway營利計畫之條規。除依本公司正式文件內所特別註明的方法或者業主得本公司另行出具之書面同意，否則業主不得透過或連同其他系統、計畫或行銷方法提供eCosway的商機，亦不得要求或鼓勵其他現有或潛在購物者及業主簽署任何協議或合約以成為eCosway業主。另外，除了經正式的eCosway刊物鑑定為推薦或指定的購物或付款以外，業主不得要求或鼓勵其他現有或潛在業主或購物者向任何個人或團體購物或付款以參與eCosway的營利計畫。

二、小結

　　依據上述分析可知，就台灣多層次傳銷事業關於企業是否允許直銷商網路行銷之態度，可分為：（一）禁止網路行銷—包括產品銷售、事業推廣；（二）准許部分網路行銷—禁止產品銷售但可為事業推廣；（三）准許准許網路行銷—包括產品銷售、事業推廣；以及（四）似無禁止或准許規定者四類。在（三）准許准許網路行銷—包括產品銷售、事業推廣之類型，可包括：1.原則上禁止網路行銷，但例外許可；2.准許以網路為產品銷售及事業推廣之行銷，但企業得為必要限制等二種。

　　為釐清台灣整體直銷環境—企業對直銷商網路行銷之態度，本文先以「准許直銷商於網路上銷售產品」為較開放指標、「准許直銷商於網路上推廣事業、但禁止銷售產品」為次開放指標、「禁止直銷商於網路上銷售產品、推廣事業」為較保守指標，整理表格及光譜如下；次參照如前之隨機採樣，多數企業傾向禁止直銷商網路行銷活動，或保留管理條件或符合特定資格始例外准許；再參考公平會之統計，2011年[55]提供「線上訂購」及設置「網路商城」之事業占全部直銷事業之35%、23%，2012年[56]的35%、21%；可見台灣整體直銷環境企業對於是否准許直銷商網路行銷之經營政策上仍持較保守態度。

---

[55] 參考公平交易委員會2011年多層次傳銷事業經營發展狀況調查結果，頁7（網址：http://www.ftc.gov.tw/upload/097f3b17-a575-4677-b6ff-b9eddbf1d310.pdf）。100年首次就多層次傳銷事業採行網路行銷之情形進行調查，其中，傳銷事業提供線上訂購者，100年共有118家（占35.33%），另外，傳銷事業設置網路商城者，共有78家（占23.35%）。

[56] 參考公平交易委員會2012年多層次傳銷事業經營發展狀況調查結果，頁7（網址：http://www.ftc.gov.tw/upload/117b712f-24a7-403d-904a-71984b1bc2b1.pdf）。101年採行網路行銷之多層次傳銷事業，其中，傳銷事業提供線上訂購者，共有130家（占35.81%），另外，傳銷事業設置網路商城者，共有78家（占21.49%）。

准許直銷商於網路銷售產品	准許直銷商於網路推廣事業	類型	光譜
✕	✕	(一) 禁止以網路為產品銷售及事業推廣之行銷	較保守
✕	○	(二) 禁止以網路為產品銷售,但准許以網路為事業推廣之行銷	
△	△	(三) 原則上禁止網路行銷,但例外許可	
○	○	(四) 准許以網路為產品銷售及事業推廣之行銷,但企業得為必要限制	
?	?	(五) 似無禁止或准許之規定	較開放

肆、網路行銷常見問題之相關法律責任

一、削價競爭

(一) 行為態樣

　　網路行銷在直銷商無法與消費者面對面互動下,因產品同源於直銷事業而品質近似、直銷商服務透過文字圖樣說明有其極限、透過網路比價迅速且便利等因素,使價格高低成為網路消費者初步且主要之考量,促使削價競爭於網路行銷模式下更顯頻繁且益添混亂;而削價競爭之結果將破壞直銷商間公平競爭之環境,或企業以直銷商位階不同而予以不同進貨成本,或雖進貨成本相同、但部分直銷商以其較高之組織利益填補銷價競爭資金缺口等等,然而不論何種方式,削價競爭將因高位階直銷商具備較豐厚資源而造成「位高者勝」之不公平的競爭環境。

（二）直銷企業對於直銷商產品販售價格是否得以限制之法律問題？

參照台灣公平交易法之規定[57]係採「價格自由決定主義」：任何事業對於交易相對人轉售價格不得為限制，否則即負有相關限制競爭或妨礙公平競爭之責任[58]。公平會並曾對「上游廠商寄送價格建議表予下游廠商」之行為，裁罰高達新台幣10萬元罰鍰。

然而，直銷事業是否適用「價格自由決定」之規定？實務上或可參考公平會81年4月30日函釋[59]，區分直銷企業與直銷商間究為「經銷」或「代銷」關係而異其法律權利義務，前者有公平法第18條規定適用，後者則否；另公平會85年8月24日解釋[60]，則認為代銷或經銷關係應視「契約

---

[57] 台灣公平交易法第18條：「事業對於其交易相對人，就供給之商品轉售與第三人或第三人再轉售時，應容許其自由決定價格；有相反之約定者，其約定無效。」

[58] 台灣公平交易法第19條：「有左列各款行為之一，而有限制競爭或妨礙公平競爭之虞者，事業不得為之：……四、以脅迫、利誘或其他不正當方法，使他事業不為價格之競爭、參與結合或聯合之行為。……六、以不正當限制交易相對人之事業活動為條件，而與其交易之行為。」
台灣公平交易法第36條：「違反第十九條規定，經中央主管機關依第四十一條規定限期命其停止、改正其行為或採取必要更正措施，而逾期未停止、改正其行為或未採取必要更正措施，或停止後再為相同或類似違反行為者，處行為人二年以下有期徒刑、拘役或科或併科新台幣五千萬元以下罰金。」

[59] 台灣公平會民國81年4月30日公釋字第004號函：「（一）是否為代銷契約，不能僅從其契約之字面形式而應就其實質內容加以認定。（二）如確屬代銷契約，有關公平交易法之適用問題說明如左：1.關於代銷契約中約定有銷售價格者，因代銷之事業所獲得之利潤並非因購進商品再予轉售而賺取其間之差額，因此無轉售價格之問題，不適用公平交易法第十八條之規定。2.關於代銷契約中定有銷售地區之約款者，因代銷契約係由本人負擔銷售風險，本人之事業為自己利益而設之上開約款，不適用公平交易法第十九條第六款之規定。」

[60] 台灣公平會民國85年2月24日公研釋字第102號：「代銷與經銷之區別，不宜僅從其契約之字面形式判斷，而應就其實質內容加以認定。兩造交易關係究屬代銷抑或經銷，應考量其商品所有權已否移轉、銷售風險及經營成本負擔、為何人計算、以何人名義作成交易及有無佣金給付給各節為斷。倘上下游事業已就商品所有權移轉，則該二事業屬經銷關係無疑，自有公平交易法第十八條、十九條之適用。」

實質內容」具體認定之。

　　本文認為，直銷企業對於直銷商產品價格應得為必要程度上之限制。蓋由1.購貨發票之名義人為直銷企業，2.由直銷商獲得訂單後再向企業訂貨之銷售模式及企業提供商品退換貨機制，囤貨風險由企業負擔3.及企業依直銷商業績給予佣金等情節，綜合觀察之，應可認為依直銷事業之本旨，該買賣契約關係存在於「直銷企業」與「消費者」間，直銷商僅為企業之代理人，其間權利義務應為「代銷」關係，故直銷企業對直銷商銷售之產品價格應有程度上之限制權利。

　　實則，實務上對此尚未有確立見解，究竟企業與直銷商間權利義務關係如何、企業得否限制銷售價格、若可限制則程度如何等問題仍有待進一步釐清。

二、聯合壟斷市場

（一）行為態樣

　　於網路行銷模式下，若部分直銷商進行串聯，即透過網路統合市場需求數，藉以爭取高額業績獎金以降低進貨成本，進而壓低販售價格，將可能吸引大量消費者向其購買，惟如此週期循環恐使其得以較低價格排擠其他採用面對面方式銷售、或未加入串聯之直銷商，進而造成市場壟斷，而有破壞公平競爭環境之疑慮。

（二）法律責任

　　所謂聯合行為，參照台灣公平交易法之規定，謂事業[61]：1.以契約、

---

[61] 台灣公平交易法第2條：「本法所稱事業如左：一、公司。二、獨資或合夥之工商行號。三、同業公會。四、其他提供商品或服務從事交易之人或團體。」

協議或其他方式之合意；2.與有競爭關係之他事業共同決定；3.商品或服務之價格，或限制數量、技術、產品、設備、交易對象、交易地區等；相互約束事業活動之行為。

又依據台灣公平交易法之規定，事業除有益於整體經濟與公共利益，且經申請中央主管機關許可者外，不得為聯合行為。如發現經中央主管機關限期命其停止、改正其行為或採取必要更正措施，而逾期未停止、改正其行為或未採取必要更正措施，或停止後再為相同或類似違反行為者，行為人可能有處三年以下有期徒刑、拘役或科或併科新台幣一億元以下罰金之相關刑責。

三、人為組織排線

（一）行為態樣

在網路行銷模式下，直銷商可能於初步統合市場需求後，再將需求讓渡予特定下線達成組織業績要求，如此即破壞了組織壯大過程中具有射倖性，而上線須認真以達成組織完備之遊戲規則。舉例而言，直銷商具有7條下線，但因各自業績可能只有一條合格腿，現卻以網路行銷方式統合需求後再予以人為排線，此時可能雖僅有3條下線，業績卻都得達到標準而成為三條合格腿，致使該名直銷商得以晉升下一位階。

（二）法律責任

於人為組織排線情形，直銷商：1.行使詐術，以排線方式達到獎金發放標準，而該標準是若非依詐術行為則應無法達成者；2.造成企業陷於錯誤，以為該直銷商確實達到獎金發放標準；3.因而為組織獎金發放；4.導

致企業受有若該直銷商非依排線之詐術方式則未達標準，企業毋庸爲該獎金發放之損害；5.該直銷商受有以人爲排線行爲所獲得其如未爲排線所無法獲致之不當組織獎金利益。依據台灣刑法之規定，該名直銷商可能涉有詐欺罪之相關刑責，可處五年以下有期徒刑、拘役或科或併科一千元[62]以下罰金。

四、獲致不當銷貨業績獎金

（一）行爲態樣

　　直銷事業，若爲銷售員「主動」拜訪消費者進行面對面之銷售模式，即有面臨消費者有拒絕交易、介紹失敗等風險；而網路行銷則是「被動」展示通路，待有需求之消費者前來查詢問價之銷售模式，且不受限於交通、時間等因素。因此，以網路行銷方式除較面對面行銷方式減少了成本花費、心神勞力外，反得到較多的交易機會及較少的風險。

　　本行爲態樣限縮於企業與直銷商之參加契約中訂有「禁止網路行銷條款」之情形。是直銷商因網路行銷方式較面對面銷售方式所獲致較多的銷售空間，在市場總需求不變下，此多所獲得之銷售空間即機會，實係侵害其他未爲網路行銷直銷商之權益。

62　台灣刑法施行法第1-1條：「中華民國九十四年一月七日刑法修正施行後，刑法分則編所定罰金之貨幣單位爲新台幣。九十四年一月七日刑法修正時，刑法分則編未修正之條文定有罰金者，自九十四年一月七日刑法修正施行後，就其所定數額提高爲三十倍。但七十二年六月二十六日至九十四年一月七日新增或修正之條文，就其所定數額提高爲三倍。」

（二）法律責任

　　1.依據台灣刑法之規定，「企業」可能得對該「直銷商」提出違約，甚或背信罪之控訴：(1)參加契約之訂定，是直銷商受有企業委託向第三人推廣、販售產品；(2)則直銷商以網路行銷方式販售即為違背任務之背信行為；(3)致使企業受有因較豐之業績而給予較高之業績獎金、或因較高之訂貨量而給予較低之進貨成本，受有損害。當然，該直銷商對企業也可能因涉犯背信罪，而有五年以下有期徒刑、拘役或科或併科一千元以下罰金之相關刑責。

　　2.其他「未為網路行銷之直銷商」對「網路行銷之直銷商」就此得為如何法律主張？如前所述，參加契約中明訂直銷商不得網路行銷者，則違犯之直銷商勢必將減損其他直銷商成交之機會，他直銷商也確實因他人不遵守契約行為受有銷售空間被擠壓之損害，然此處可能產生與法律扦格之處為：該損害係屬潛在交易機會之喪失，則如何具體化損害數額？又此類似期待之權益受損是否為法律保護之客體？又網路銷售直銷商違背其與企業間之參加契約，契約外第三人如何就他人契約主張權益受損？凡此在在皆是難處。或許受侵害之直銷商得考慮提出「三角詐欺」[63]理論主張相關刑責，惟本文暫不擬就此深入探討。

63　詐欺犯罪於通常情形下，受詐騙人即為受損害人；惟亦可能存在「施行詐術行為人—受詐騙而處分財產之人—受損害人」三方當事人之情形，此種詐欺犯罪形式即稱為「三角詐欺」。

五、商標權、著作權侵害

（一）行為態樣

於網路行銷模式下，直銷商於網站上常有標誌直銷事業之商標、產品實際圖樣或引述事業對該產品相關介紹文字等需要。如參加契約中明訂「禁止網路行銷」，則相關未經過企業授權同意之商標、著作標誌行為即有侵害商標權、著作權之可能；然如參加契約中未訂定禁止條款，亦不代表直銷商得逕自使用各該商標、著作，如未經企業授權同意、或直銷商使用範圍超出企業授權同意範圍，則相關標誌行為仍同有侵害企業商標權、著作權之疑慮。

（二）法律責任

1.依據台灣商標權法之規定，企業以其與他人相區別之標誌向經濟部智慧財產局申請商標註冊並經公告時起，即依法受有商標權之保障，直銷商若未經企業授權同意、基於行銷之目的使用[64]該商標於網站頁面上，以表彰相關產品或服務源自特定企業，即有構成侵害商標權之可能，有三年以下有期徒刑、拘役或科或併科新台幣二十萬元以下罰金之相關刑責。

2.依據台灣著作權法之規定，企業於完成著作[65]時依法享有著作財產

---

[64] 台灣商標權法第5條：「商標之使用，指為行銷之目的，而有下列情形之一，並足以使相關消費者認識其為商標：一、將商標用於商品或其包裝容器。二、持有、陳列、販賣、輸出或輸入前款之商品。三、將商標用於與提供服務有關之物品。四、將商標用於與商品或服務有關之商業文書或廣告。前項各款情形，以數位影音、電子媒體、網路或其他媒介物方式為之者，亦同。」

[65] 台灣著作權法第5條：「本法所稱著作，例示如下：一、語文著作。二、音樂著作。三、戲劇、舞蹈著作。四、美術著作。五、攝影著作。六、圖形著作。七、視聽著作。八、錄音著作。九、建築著作。一〇、電腦程式著作。前項各款著作例示內容，由主管機關訂定之。」

權，舉例而言，如產品簡介之語文著作、圖樣文字組合排版之美術著作、產品或其他如製造生產線、事業聚會之攝影著作等，直銷商若未經企業授權同意而重製[66]該等著作，即為侵害他人之著作財產權，有三年以下有期徒刑、拘役，或科或併科新台幣七十五萬元以下罰金之相關刑責。

六、廣告不當

（一）行為態樣

　　直銷商對交易相對人推廣、銷售產品時，常見於廣告、宣傳上有不實或誇大之宣稱，例如減肥、防止老化、增強抵抗力等；或論及產品具備醫療效能，例如降肝脂、降血壓、補腎健脾等；或參加人未具藥商身分而進行藥物廣告、刊播未經許可之藥物廣告等，凡此等皆有可能涉及不當廣告之相關責任。

（二）法律責任

　　廣告宣傳不實、誇張或易生誤解、及宣稱相關醫療等情，依據台灣食品衛生管理法[67]之規定得處新台幣4萬元至100萬元不等之罰鍰，對違規廣告並應按次連續處罰至其停止刊播為止；健康食品管理法[68]之規定，得處

66　台灣著作權法第3條：「五、重製：指以印刷、複印、錄音、錄影、攝影、筆錄或其他方法直接、間接、永久或暫時之重複製作。於劇本、音樂著作或其他類似著作演出或播送時予以錄音或錄影；或依建築設計圖或建築模型建造建築物者，亦屬之。」

67　台灣食品衛生管理法第19條第1項、第2項：「對於食品、食品添加物或食品用洗潔劑所為之標示、宣傳或廣告，不得有不實、誇張或易生誤解之情形。食品不得為醫療效能之標示、宣傳或廣告。」

68　台灣健康食品管理法第14條第1項、第2項：「健康食品之標示或廣告不得有虛偽不實、誇張之內容，其宣稱之保健效能不得超過許可範圍，並應依中央主管機關查驗登記之內容。健康食品之標示或廣告，不得涉及醫療效能之內容。」

新台幣十萬元至二百萬元不等之罰鍰；化妝品衛生管理條例[69]之規定，得處新台幣五萬元以下罰鍰。另如不具藥商資格而爲藥物廣告、刊播未經許可之藥物廣告，依據藥事法[70]之規定，得處新台幣二十萬元以上五百萬元以下罰鍰。

七、小結

　　觀察實務較常發生之法律問題，多肇生於企業禁止直銷商網路行銷環境下，其行爲態樣率多係因網路行銷便捷化；不受時空限制且可被動等待消費者前來媒合等特性，致採行網路行銷之直銷商交易範圍擴張，壓縮了採行面對面銷售之直銷商的生存空間。惟本文並非認爲企業准許直銷商網路行銷即無相關法律問題之困擾，僅爲表達採禁止網路行銷政策的事業，此等問題將更爲凸顯，又若直銷商違犯，將嚴重衝擊公平競爭之環境。

　　另本文綜合觀察採樣之企業制度並分析其衍生之法律問題，發現開放網路行銷之事業多非爲多層次傳銷之銷售模式，其或爲單層次直銷、或爲加盟類型、或爲代理銷售等變形銷售模式，而其共通點即爲「上下線組織觀念較爲薄弱」。是以，「多層次組織之架構」於是否採取網路行銷決策中可能係決定性的因素！然本文礙於篇幅，於此僅提出觀察現象，不擬再深入探討。

---

[69] 台灣化妝品衛生管理條例第24條第1項：「化粧品不得於報紙、刊物、傳單、廣播、幻燈片、電影、電視及其他傳播工具登載或宣播猥褻、有傷風化或虛偽誇大之廣告。」

[70] 台灣藥事法第65條：「非藥商不得爲藥物廣告。」、第66條第1項、第2項：「藥商刊播藥物廣告時，應於刊播前將所有文字、圖畫或言詞，申請中央或直轄市衛生主管機關核准，並向傳播業者送驗核准文件。原核准機關發現已核准之藥物廣告內容或刊播方式危害民眾健康或有重大危害之虞時，應令藥商立即停止刊播並限期改善，屆期未改善者，廢止之。」

伍、直銷企業對直銷商網路行銷因應之道

一、直銷企業與直銷商間利益衝突之解決：以美國雅芳為例

探討這項問題乃因台灣已有直銷企業選擇設置如線上專賣店、網路商城等企業網站，開放消費者直接向企業線上購物。於此情形，消費者係直接與企業訂定買賣契約，則企業與直銷商間勢必為消費者選擇何種消費管道，產生競搶客源之利益衝突關係，此不論在企業禁止或准許直銷商網路行銷，都是個極待重視與解決之先決問題。

美國雅芳公司在面對這項衝突時，其所採行的方式為：顧客得自行選擇，從雅芳公司直接訂貨、或在網上找到距離社區最近的雅芳銷售代表；如果顧客網上下訂單、由公司送貨，銷售代表將獲得20%～25%的回扣，如果由銷售代表親自上門送貨，則其將可以獲得30%～50%的回扣[71]。

雅芳公司上述的處理方式，我們或可歸納其機制如下：1.事業外部給予消費者誘因：當企業與直銷商同於網路上行銷時，消費者如向直銷商訂購可獲較高回扣；2.事業內部給予直銷商誘因：如直銷商於消費者訂貨後親自上門送貨，該直銷商可獲得較企業送貨方式為高之佣金；3.顯示範圍內登記之直銷商：推廣直銷商登記服務範圍，使消費者於網路搜尋時知悉現有附近之直銷商，增加面對面銷售之誘因；4.由消費者選擇：將各種銷售管道、不同誘因展現後，由消費者投其所好，選擇以何種管道買受產品。

解決企業與直銷商間之利益衝突勢必尚有多種機制，本文認為「賦予

---

[71] 參照倪德玲，「雅芳直銷極速致富」，頁37、38，祥峰實業股份有限公司，2006年10月。

各消費管道不同誘因」及「消費者決定消費管道」應為最重要之核心價值，企業於消費者未向其訂貨時介紹直銷商之管道，而最後將選擇權交予消費者，當可減少消費糾紛，此二機制應有助益於直銷企業與直銷商間利益衝突之紓解。

二、直銷企業對直銷商網路行銷因應之道

自由企業體制下，企業於滿足消費者的需求同時亦應維護會員的權益，如何提倡公平競爭之理念及創設公平競爭的環境是企業刻不容緩的議題，是此擬從直銷企業之制度面向探討企業禁止或准許網路行銷相關因應之道。

（一）「直銷企業禁止直銷商以網路為產品銷售及事業推廣行銷」之制度應有的配套措施

直銷企業禁止直銷商以網路為產品銷售及事業推廣行銷之制度，直銷商若有違犯者，將侵害公平競爭之環境，其中尤以「削價競爭」及「人為排線」最為嚴重，而其他相關衝擊如上肆、網路行銷常見問題之相關法律責任所述。為防堵相關法律問題之發生，直銷企業常採行的因應之道如下，茲為方便閱讀，試將其表格化：

措施＼類型	直銷企業禁止直銷商以網路為產品銷售及事業推廣行銷制度常見的配套措施
(1)	直銷商訂貨、領貨、退換貨，應親為或親至現場，不得由他直銷商代理[①]
(2)	應配置人力對違規網路行銷之直銷商進行查處
(3)	應設置相對應懲罰規範[②]

(4)	建制對於違規者所獲取之利益應有扣抵或追回之法源[3]
(5)	建制懲罰性賠償金制度[4]
(6)	對於違規人為排線之直銷商應予除名

（二）「禁止以網路為產品銷售，但准許以網路為事業推廣行銷」之制度應有的配套措施

企業准許直銷商以網路推廣事業，則因網路行銷之特性，而使得「人為排線」問題，形成不可避免之毒瘤，而直銷企業常見的相關因應之道如下，茲以表格說明之：

措施＼類型	「直銷企業禁止直銷商以網路為產品銷售，但准許以網路為事業推廣行銷」之制度常見的配套措施
(1)	應配置人力嚴格查緝人為排線之錯誤行銷行為
(2)	應設置相對應懲罰規範
(3)	對於違規人為排線之直銷商應予除名

（三）「直銷企業准許直銷商以網路為產品銷售及事業推廣行銷，但企業得為必要限制」之制度應有的配套措施

直銷企業准許直銷商以網路方式為產品銷售及事業推廣行銷者，因網路之各種特性，其所應著重之點自有不同，除「削價競爭」、「人為排線」仍無法避免外，較其他事業制度類型，「商標、著作權侵害」及「不當廣告」等行為態樣肇生頻率將更顯頻繁，直銷企業常見的因應之道，茲為方便閱讀，試以表格說明之：

措施 \ 類型	「直銷企業准許直銷商以網路為產品銷售及事業推廣行銷，但企業得為必要限制」之制度常見的配套措施
(1)	企業與直銷商參加契約改為代銷制度⑤
(2)	須經由企業提供之平台、網域
(3)	直銷商不得表明優惠、折扣⑥
(4)	廣告由企業統一製作
(5)	必須使用企業提供之產品說明
(6)	不得為誇張、虛偽之廣告，尤其是超出事業官方說明以外部分
(7)	直銷商不得與他直銷商或非事業會員共用同一網路帳號
(8)	網站、網域名不可與企業名稱近似
(9)	不得表明為官方，或表明俱樂部、粉絲專頁等可能使他人誤解為官方經營或與官方有關之類似字樣
(10)	企業保留網站內容之審核權，直銷商應聽從建議修改或撤除網站內容；如經建議而未改善，企業得取消該直銷商對該平台、網域之使用權限
(11)	如直銷商經取消平台、網域使用權限後仍有再犯情事，應有相對應懲罰規範

（四）「直銷企業原則上禁止直銷商網路行銷，但例外許可」之制度應有的配套措施

在原則上禁止直銷商網路行銷，但例外許可制度下：既然企業原則上禁止，則禁止以網路產品銷售、推廣事業之相關規範，企業於其事業制度中皆應有所制定，否則即有漏未規範致不利管理之疑慮；反之，既然企業例外許可，則准許以網路產品銷售、推廣事業之相關規範，企業亦宜有所明訂，使經公司授權許可網路行銷之直銷商得有相關規範遵守、企業得以管制，若無相關規範，得網路行銷之直銷商將嚴重侵害其他未得企業准許網路行銷之直銷商銷售、推廣空間，使公平競爭環境破壞殆盡。是以，

在「原則上禁止網路行銷，但例外許可」之制度下，規範密度反應更為嚴密，上開（一）、（三）之因應管道企業皆應訂入事業制度，茲試以表格方式說明如下：

類型\措施	「直銷企業採原則上禁止直銷商網路行銷，但例外許可」之制度常見的配套措施
(1)	應配置人力對違規網路行銷之直銷商進行查處
(2)	應設置相對應懲罰規範
(3)	建制對於違規者所獲取之利益應有扣抵或追回之法源
(4)	建制懲罰性賠償金制度
(5)	對於違規人為排線之直銷商應予除名
(6)	企業與直銷商參加契約改為代銷制度
(7)	須經由企業提供之平台、網域
(8)	直銷商不得表明優惠、折扣
(9)	廣告由企業統一製作
(10)	必須使用企業提供之產品說明
(11)	不得為誇張、虛偽之廣告，尤其是超出事業官方說明以外部分
(12)	直銷商不得與他直銷商或非事業會員共用同一網路帳號
(13)	網站、網域名不可與企業名稱近似
(14)	不得表明為官方，或表明俱樂部、粉絲專頁等可能使他人誤解為官方經營或與官方有關之類似字樣
(15)	企業保留網站內容之審核權，直銷商應聽從建議修改或撤除網站內容；如經建議而未改善，企業得取消該直銷商對該平台、網域之使用權限
(16)	如直銷商經取消平台、網域使用權限後仍有再犯情事，應有相對應懲罰規範

（五）似無禁止或准許之規定者之因應之道

　　企業對網路行銷政策未有規定，則理應推定爲直銷商「得」以網路爲產品銷售及事業推廣行銷。是以，本文認爲事業制度仍應有相關規範如上述（三）之制定：

類型　措施	「似無禁止或准許之規定」之制度應有的配套措施
(1)	企業與直銷商參加契約改爲代銷制度
(2)	須經由企業提供之平台、網域
(3)	直銷商不得表明優惠、折扣
(4)	廣告由企業統一製作
(5)	必須使用企業提供之產品說明
(6)	不得爲誇張、虛僞之廣告，尤其是超出事業官方說明以外部分
(7)	直銷商不得與他直銷商或非事業會員共用同一網路帳號
(8)	網站、網域名不可與企業名稱近似
(9)	不得表明爲官方，或表明俱樂部、粉絲專頁等可能使他人誤解爲官方經營或與官方有關之類似字樣
(10)	企業保留網站內容之審核權，直銷商應聽從建議修改或撤除網站內容；如經建議而未改善，企業得取消該直銷商對該平台、網域之使用權限
(11)	如直銷商經取消平台、網域使用權限後仍有再犯情事，應有相對應懲罰規範

　　上開直銷企業常見的因應措施，其中較應進一步說明者乃：

（一）人為排線之解決措施：直銷商間不得代訂、代領[①]產品之問題

　　在正常情形下，訂貨人本應爲領貨人，然實務上常出現由他人代訂貨

及代領貨情事，如此容易衍成人爲排線，是或可從執行層面著手，嚴格要求訂貨、領貨之直銷商親爲或親至現場，或可抑制部分人爲排線情事。

（二）網路行銷禁止規範應有相對應之懲罰方式[②]

　　觀察隨機採樣之事業制度，常見禁止規範後並無制定相對應之懲罰方式，大多回歸制度最末之罰則概括條款。本文認爲，類如「本公司得視個案情節、直銷商態度等因素，逐案決定制裁方式」之概括條款，稍嫌過於不確定、適用上易茲糾紛；宜將懲罰方式明確列舉出，使規範明確化、杜絕爭議，亦期警惕各直銷商切勿違犯，如此對公平競爭環境之維護應有所助益。舉例說明如下：

　　直銷商如有違反網路行銷政策之行爲，本公司得視違反情節輕重、直銷商態度及其他因素擇一或併處予下列處分：1.給予口頭或書面之警告；2.處販售總金額一倍以下之懲罰金；3.處販售總金額二倍以上五倍以下之懲罰金；4.取消海外旅遊受邀資格；5.取消獎銜資格，並於一定期間內不承認任何獎銜；6.撤除成功榜名條；7.一定期間內停止直銷權；8.終止直銷權；9.列入黑名單，永久禁止加入事業。

（三）違規行為所獲利益之追回[③]

　　直銷商違規網路行銷時，企業常見的、最強烈制裁手段爲終止直銷權；然而違規所獲業績獎金如無因應方式處置，可能使不肖直銷商甘冒風險；故宜就違規行爲所獲利益制定追回之規定。

　　將金發放事項上可區分爲：1.「未發放之獎金」，如與違犯事項有關聯則應予扣下不再發放；但如與違犯事項無關仍應續爲發放，始爲合理：2.「已發放之獎金」──同理，如與違犯事項關聯則應得要求退回；

若無干係則要求退回應無理由。舉例說明，如年度獎金之發放，設直銷商於會計下半年度始於網路商城拍賣事業產品，則下半年度之業績超出部分與違犯行為關連，故得扣下不予發放，惟會計上半年度之業績仍應予以計算發放獎金，蓋上半年度之業績與下半年度之違犯行為兩者間並無關聯。

（四）懲罰性賠償金之設置④

　　事業制度可否設置懲罰性賠償金之制裁方式？依據契約自由原則、是否違犯取決於直銷商個人意願，應可認為答案是肯定的。事實上，台灣實務亦曾有案例，依事業制度之規範，法院判違反事業政策進行網路行銷之直銷商應賠償企業懲罰性違約金；惟個案相關數額過高，法院酌減至新台幣10萬元[72]。

　　是懲罰性賠償金制度之設置既屬可行，本文參考台灣消費者保護法之規定[73]，認為依違犯情節輕重、直銷商主觀惡意及事後態度等因素，就違犯行為所獲利益金額對該直銷商裁處一倍到三倍以下懲罰性賠償金應是容許可行的。

---

[72] 台灣台北地方法院96年訴字第8558號判決：「被告既有二次違反與原告之約定，而於網路上拍賣原告之產品，即應依原告營運方針之規定，每次給付原告20萬元之懲罰性違約金。然違約金不問懲罰性違約金或賠償總額預定性違約金，均有民法第252條由法院依職權酌減規定之適用。本院參酌本件違約金之性質僅係懲罰性，原告尚得另外請求債務不履行損害賠償之客觀事實，及被告違約之程度，與被告多年未參與原告公司之活動，與原告間聯繫關係已屬淡薄等一切情狀，認原告請求按每次違約各付20萬元違約金之標準，尚屬過高，應以每次違約各付5萬元違約金為適當。」
該判決嗣後因違犯營運方針之直銷商並不具備直銷商資格之事實原因被廢棄，可再參考台灣高等法院97年上易字第265號判決。

[73] 台灣消費者保護法第51條：「依本法所提之訴訟，因企業經營者之故意所致之損害，消費者得請求損害額三倍以下之懲罰性賠償金；但因過失所致之損害，得請求損害額一倍以下之懲罰性賠償金。」

（五）削價競爭之解決措施：改為代銷制度⑤

如常見問題相關法律責任所述，在台灣採「價格自由決定主義」，事業對於交易相對人再轉售之價格不得限制之；除法律面上有企業與直銷商間究為「經銷」、「代銷」關係可茲探討外；於產銷面上觀察，削價競爭之本質為企業提升品質、降低成本、削價謀求與銷售量間最大利益化，反觀直銷商無法決定產品之品質、進貨成本因直銷商位階高低有所不同等環境條件，於直銷事業中的削價競爭已然背離了原本削價競爭之本質。

是欲徹底解決削價競爭問題，應從直銷產業制度面著手：將企業與直銷商間之參加契約明訂為「代銷契約」（而非經銷契約）。在代銷契約之權利義務關係中，直銷商為代理、代替企業銷售產品，自然不得就銷售價格再為反於約定價格之銷售；如此，斷絕直銷商以不當降價方式吸引消費者之動念，則所餘方式即為更優良之服務態度、更完善之產品說明以吸引消費者選擇向其交易；是以，將參加契約明訂為代銷關係，對整個直銷之公平競爭環境維護、使消費者更能清楚認知產品、事業之權益保障，都是個良好的促進機制，應有可採之價值。

（六）削價競爭解決之折衷方式：不得表明優惠折扣⑥

誠如上所述，為抑制不合理之削價競爭，本文認為應徹底改變參加契約之性質。惟此，或因實務見解未明確表示企業得否限制直銷商銷售價格，或擔慮公平會對上游廠商寄送價格建議表予下游廠商認定為限制競爭及妨礙公平競爭[74]等情，本文試提出較和緩之機制：即直銷商不得標示優

---

[74] 公平交易委員會公處字第102081號處分書：「被處分人於向拍賣網站提出智慧財產權侵權通知後，再寄發建議售價表予涉及侵權者，並促使其維持建議售價避免削價競爭之行為，為以不正當方法使他事業不為價格之競爭，有限制競爭及妨礙公平競爭之虞，違反公平交易法第19條第4款規定。」

惠、折扣等相關訊息。

　　現行實務下企業如不宜要求直銷商標示建議售價，則退而次之，爲求維護公平競爭之環境，企業於事業制度層面仍應至少要求直銷商不得標示優惠、折扣等相關訊息，禁絕部分之消費者誘因或可稍稍抑制惡性削價競爭；惟本文建議仍應從問題根源著手，徹底明訂企業、直銷商間代銷契約始得收完全之功效。

三、事業制度法律規範嚴謹性之分析

　　茲將前述應有之配套措施，檢視所採樣各直銷企業制度對直銷商網路行銷之態度，彙整、分析各企業制度規範密度及嚴謹性，於各常見問題下之風險程度[75]，以省視事業制度是否完備、有無需改進之處及得爲如何改進等面向[76]：

（一）「禁止以網路為產品銷售及事業推廣行銷」類型

　　採行此類型之直銷企業，因其政策爲禁止，所以也較會忽略相關的配套措施，因此其法律風險也相對較高，茲表述如下

法律關係	直銷事業法律風險程度高低
削價競爭	較高
聯合壟斷市場	較高

---

[75] 以下係以法律風險高低之比較程度作爲分析結論，僅供參考，並非代表個案之結論。蓋實務案例千差萬別，不一而足，實無法徒以抽象之法律概念論定最終法律責任之歸屬。風險程度由高至低之代表，分別爲：確定、高、較高、中、低、較低、無。

[76] 由於所採樣之事業制度爲數不少，於此僅選出各類型中事業制度規範較嚴謹之事業爲代表檢視之。

法律關係	直銷事業法律風險程度高低
人爲組織排線	中
獲致不當銷貨業績獎金	中
商標、著作權侵害	較低
廣告不當	較低

（二）「禁止以網路為產品銷售，但准許以網路為事業推廣行銷」類型

　　採此類型之直銷企業，對於應有的配套措施，較有風險意識，例如美商寰泰，其配套措施，已具備前述常見措施之第(2)(3)項，因此，此類型的直銷企業所面臨的法律風險，均較能適度降低，茲試表列說明如下：

法律關係	直銷事業法律風險程度高低
削價競爭	中
聯合壟斷市場	中
人爲組織排線	中
獲致不當銷貨業績獎金	中
商標、著作權侵害	較低
廣告不當	較低

（三）「准許以網路為產品銷售及事業推廣行銷，但企業得為必要限制」類型

　　採此類型的直銷企業，對於其制度上的法律風險，亦有較高之風險意識，茲以美安公司爲例，其配套措施，至少已具備前述常見措施之第(2)

(3)(4)(5)(6)(8)(9)(10)項，是其法律風險相對爲低，茲試以表列方式述之：

法律關係	直銷事業法律風險程度高低
削價競爭	低
聯合壟斷市場	低
人爲組織排線	較低（事業兼採代理經營）
獲致不當銷貨業績獎金	較低（事業兼採代理經營）
商標、著作權侵害	低
廣告不當	低

（四）「原則上禁止網路行銷，但例外許可」類型

　　採此類型之直銷企業，雖因制度爲原則上禁止，故亦同「禁止以網路爲產品銷售及事業推廣行銷」類型，較易忽略相關配套措施；惟因其仍於例外情形許可，故一定程度上加以修正，茲以妮芙露公司爲例，其配套措施，已具備前述常見措施第(3)(4)(5)(9)(11)項，是其法律風險相對「禁止以網路爲產品銷售及事業推廣行銷」類型已屬較低，茲以表列方式述之如下：

法律關係	直銷事業法律風險程度高低
削價競爭	較高
聯合壟斷市場	較高
人爲組織排線	中
獲致不當銷貨業績獎金	中
商標、著作權侵害	低
廣告不當	低

（五）似無禁止或准許之規定類型

採此類型之直銷企業，因其未加規範，其法律風險自然較高，茲表列如下：

法律關係	直銷事業法律風險程度高低
削價競爭	高
聯合壟斷市場	高
人為組織排線	高
獲致不當銷貨業績獎金	高
商標、著作權侵害	中
廣告不當	中

四、小結

透過網路行銷之模式為時勢所趨，但各直銷企業則有：1.「禁止直銷商網路行銷」；2.「准許直銷商部分網路行銷―事業推廣」；3.「准許直銷商網路行銷」等等各種類型。雖然網路行銷與直銷產業核心價值並非完全互斥，然而直銷事業欲創出各自的風格，須有完整與精密之配套措施才有討論調和之實益，否則冒然採取全面禁止態度勢將流失部分網路消費者、無法更上層樓，貿然採取全面開放態度亦可能導致直銷產業核心價值的崩解；方法無他，就是企業研擬行銷政策後制訂完善的事業制度！如此不但減少不必要的法律紛爭，亦就公平競爭環境之維護有所助益，對企業之形象更有加分效果。

陸、結論

　　近來，在台灣部分直銷企業對於直銷商經營網路行銷之態度，逐漸採取開放之姿態後，直銷事業在網路行銷所面臨之法律風險，實有研究之必要。為此，本文際嘗試以此角度，拋磚引玉，依據各該事業採取之態度及常見之法律問題，綜合並提出法律風險評估及因應之道等淺見，均如上述。然而，此等研究亦非僅於業界之層面，本文亦希冀藉此喚起主管機關及法院對本文議題之重視，與時俱進，依據直銷事業面對網路行銷各種經營態度，就制度面、價值面能有更深入之探討，規劃並創製俾讓業界遵循之準繩。

柒、參考文獻

中文書籍／期刊論文

一、重慶《知識經濟》雜誌社主編，「直銷為王」，天凱彩色印刷有限公司，2003年5月。

二、倪德玲，「雅芳直銷極速致富」，祥峰實業股份有限公司，2006年10月。

研究報告

一、公平交易委員會2011年多層次傳銷事業經營發展狀況調查結果。

二、公平交易委員會2012年多層次傳銷事業經營發展狀況調查結果。

附錄 3

作者林天財律師出席直銷界活動照片集錦

2014年林天財律師、曾浩維律師於武漢大學舉辦之「第19屆兩岸直銷學術論壇」作專題演說

2011年林天財律師、張國璽律師於北京郵電大學舉辦之「第16屆兩岸直銷學術論壇」發表論文

2014年12月29日林天財律師受聘擔任多層次傳銷保護基金會調處委員會主任委員

2014年12月29日林天財律師受邀於多層次傳銷保護基金會揭牌開幕時致詞

2015年3月27日林天財律師於公平交易委員會競爭中心講授「傳直銷法律實務（上）」

2015年4月22日林天財律師於公平交易委員會競爭中心講授「傳直銷法律實務（下）」

2010年林天財律師在南區律師公會律師聯合在職進修授課課程的相關報導

2014年5月29日林天財律師受邀參加「直銷新風貌」電視座談會

敬愛的 林律師 ，您好

　　感謝您百忙之中撥冗參加中華民國直銷協會與聯合報媒體集團合作主辦之「直銷新風貌」座談會，承蒙您在會談中給予的建議與指導，為本座談增添豐富多元的角度與見解。

　　期待透過座談會，匯集官方、產業、學者專家意見，一同創造直銷產業的新氣象，增進大眾對於多層次傳銷產業的認識與正面觀感。

　　座談會節目及報導預計將於7月刊播，待確認正式刊播日期前，將另行通知您！

　　敬此 銘謝

　　並祝 端午佳節愉快

中華民國直銷協會
理事長　姜惠琳 敬上

直銷的初心／
公益的直銷

徐國楦

現任

中華民國多層次傳銷商業同業公會秘書長

傳智國際資深顧問

美加康營銷事業有限公司營運長

經歷

中國北京泛太直銷研究院研究員

中國北京世紀成功論壇特約講師

社團法人花蓮縣老人暨家庭關懷協會輔導委員

台灣立法院第二、三、四、五屆國會助理

建構直銷產業慈善義舉模式，以傳情遞愛為例

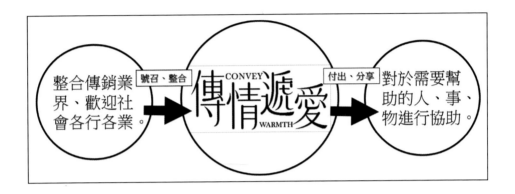

　　傳情遞愛不侷限只有多層次直銷業，傳情遞愛也歡迎社會上的各行各業；透過傳情遞愛的整合及號召，對於傳情遞愛認同的人士加入後，一起散播歡樂散播愛；不僅僅只是號召而已，因為付出生命中最美好的一種成就，所以我們更熱於分享跟幫助；讓傳情遞愛承襲直銷產業的初衷，一起為社會和諧及淨化人心付出心力。

　　所謂滴水成河，走向穩健的未來，需要長期關注，更要贏在深耕力；如果要說傳情遞愛及多層次直銷的價值，我想就是透過人的連結，將所有好的、健康的、正面的人事物串連起來，營造出更陽光、更具能量的社會大愛環境。

傳情遞愛緣由

　　傳情遞愛之真義乃是傳遞濃濃情意、散播大愛精神，藉以整合多層次直銷事業及其下所有慈善組織之精神，用實際行動協助需要幫助的人、事、物，最終希望在多層次直銷業之號召下，為社會和諧及淨化人心付出心力。傳情遞愛之任務內容及精神真義為下：

任務	精神真義	內容
第一點	孩童優先	傳情遞愛將優先針對這些孩童深情關懷,「傳情」並「遞愛」,注重孩童兒時生活,將定期舉辦慈善或非慈善類活動;為導正視聽,並舉辦相關兒童教育座談。
第二點	志工培養	建立協會內部專業志工服務相關訓練課程,強調服務熱心向下紮根之重要性,並且藉由舉辦大型慈善相關活動,使志工們有實務操練之機會,並讓其具備專業能力,積極及整合推動建立志工服務機制。
第三點	建立平台	建立平台,廣邀慈善界之產、官、學、媒界專家集思廣益、提供建言,並與多層次直銷或其他相關產業之非營利組織合作,舉辦慈善類演講,座談會等相關活動,推動各項公益活動、互助運動之發起與交流,發揚慈善精神。加強聯繫,整合多方之意見。
第四點	規劃投標、舉辦活動	規劃投標政府相關單位慈善類專案、排定一系列慈善相關科目課程或接受學校及其他社團等邀約演講,以及民間團體教育訓練有關慈善或社工服務項目。最終協助產業及志工媒合就業服務機會。
第五點	兩岸交流	鑑於兩岸交流頻繁,加強及蒐集多層次直銷或其他相關產業之慈善活動動態及發展,增加交流、互訪及觀摩之機會。
第六點	宏觀國際	栽培及訓練會員國際觀,讓慈善無國界,吸收及學習各國多層次直銷或其他相關產業推動慈善活動成功之處,推展國際各族群慈善文化、運動之認識及交流,引進國外慈善品牌,協助國內外慈善產業之溝通與交流。
第七點	彙整資訊	提供直銷、慈善業界及直銷產業慈善義舉市場分析及調查報告,提升會員的市場敏銳度。
第八點	其他	其他慈善及熱心公益產業相關事項。

傳情遞愛實績活動

傳情遞愛慈善義舉，為社會大眾奉獻	內容
2014年 七三一高雄石化氣爆	傳情遞愛初聲試啼、一鳴驚人 傳情遞愛於去年（2014）七三一高雄石化氣爆發生第一時間，由中華民國多層次傳銷商業同業公會號召下，直銷事業捐款及捐資不落人後，募集了5,700支手電筒，透過林岱樺立法委員服務處轉送至災區；也募款近2,000萬台幣至高雄市社會局。這是直銷業的善心義舉首次在短短的時間內一同團結為社會意外事件努力。
2015年4月29日 贊助花蓮慈善團體舉辦獨居老人至台北一日遊活動	不僅號召而已，傳情遞愛熱衷付出 傳情遞愛真義為傳遞濃濃情意、散播大愛精神，雖然以整合、提供一完整之平台為最主要使命，但傳情遞愛承襲傳銷業界熱於付出、分享之產業獨特性，於今年4月29日於花蓮慈善團體舉辦台北一日遊活動，贊助其活動午餐費用，讓傳情遞愛為這些獨居老人奉上具有美好愛心的饗宴。
2015年5月2日 力克胡哲萬人演講活動	傳情遞愛挺身而出，傳銷業界共襄盛舉 傳情遞愛目前所預計之任務當中，對於栽培及訓練會員國際觀，讓慈善無國界，引進國外慈善品牌及活動，協助國內外慈善產業之溝通與交流。於是在今年擔任「力克胡哲」來台萬人演講會的主要協辦單位，直銷業界又再一次團結起來，募集了500張門票分贈給殘障人士、弱勢團體等，使其能聆賞並激勵其生命鬥志。

傳情遞愛──建立志工服務機制

　　傳情遞愛的任務規劃當中，即對於在慈善業界中扮演極重要角色的志工進行培訓。建立協會內部專業志工服務相關訓練課程，強調服務熱心向下紮根之重要性，並且藉由舉辦大型慈善相關活動，使志工們有實務操練之機會，並讓其具備專業能力，積極及整合推動建立志工服務機制。

　　傳情遞愛的價值來自於個人成就的擴大，社會責任也是成功者的，也就是服務人群愛心傳播也是成功者的內涵之一；因此，傳情遞愛是一個平台，讓多層次直銷業以及有心創造最大價值的成功者得以凝聚並且擴增力量，再次「從心出發、從新開始」。過去在志工培訓中所累積的經驗，我發覺傳情遞愛時就是要從心出發，結果不僅是重新開始，而是一個全新的開始，力量更為強大，可以做更多的事。因此，我極力邀請各位成功人士，或者即將成為成功人士，或者有心成為成功人士的人，一起來傳情遞愛，當志工、做愛心，將社會責任轉化成個人責任，一同為自己及社會創造美好的未來。

人在　心在　幸福在

　　生活當中，當我們碰到任何狀況，「觀念」是一個影響我們做任何事情判斷的關鍵。「從心出發、從新開始」乃是我人生的最高價值觀。任何狀況若是以這個價值觀來面對都會迎刃而解。也讓我提醒自己，再一次不藏私地對於其精神真義，跟大家分享。

好的開始是成功的一半，但是不好的開始肯定事倍功半

　　當我自己了解到「從心出發、從新開始」這種觀念、精神之重要性之後，開始利用生活當中的各種機會去告訴、宣傳、甚至是影響了許多人；這過程中當然需要一定的時間，而緣分的醞釀也是在這個時間點漸漸地培養開來。我開發了以「從心出發、從新開始」為核心的課程，期望所有人展翅高飛，這需要身心靈的開啓，課程本身是有效的，但參與其中的人才是開啓自己身心靈的鑰匙，因此有三種人的行為很難擁有鑰匙，也是我比

較不建議的：首先，雖然人在現場參加我的課程，但是心卻不在現場，或許是生活當中有其他重要的事羈絆著他；其次，人沒有赴約到現場，但是心卻掛念著我的邀約，或許在那個時候有更重要的事必須要先處理；當然還有另一種，身及心皆不在現場就無需多說了，因為代表著一開始就拒絕讓這個重要的精華進入其內心。但若是人、心都在現場參與課程，即呼應我所提出的「人在、心在、幸福在」，因為這才是真正的進入了我的理念。以過去的經驗來說，當身與心都在我的理念中，靈魂也隨著一起參與，想必效果更是事半功倍。

從心出發，從新開始並活在當下，生命不是現在就是太遲

當我把自己所有人生歷練的過程植入這一系列的理念的時候，開始與有緣人起了漣漪，但要真正了解到「從心出發，從新開始」，就必須從當下開始。從我們人生的成長過程，我們失敗跌倒、學到一些新的東西，然後又再站起來繼續向前，大部分的人都忘記人生是活到老學到老；如果時時刻刻都有著開放心胸的心態接受新知，我想持續成長的能量會一直跟著我們到人生的最後，即使每個階段都有不同的任務要完成，這也和我所提倡的「從心出發」相互呼應。若是我們真正要跨出成功的第一步、要卸下心防，先是「把心打開」、「改變自己」、然後是「改變自己而且自己改變」而最後是「引發眾人的力量一起往前」，就是自己修身的幾個關鍵步驟。

實際自己體會、真正自己融入，跌倒才會得到收穫

修身必有行動，只要行動必有挫折，沒有挫折的行動是運氣，以為自己能力強，殊不知運氣可能是偶然事件，也因此挫敗時容易怨天尤人，覺

得上天沒有眷顧自己；有挫折的行動是福氣，真正有福氣的人都是不斷行動、不斷面臨挫折的人，也因此在通過考驗時特別容易感恩，覺得上天特別眷顧自己。兩相比較，有時挫折反而是一帖良藥，讓勇於行動的人更接近成功！捷克小說家赫拉巴爾曾說過的一段話：「我現在的幸福，都來自於我過去的不幸」。而我也要說，「從心出發、從新開始」是對的，相信而且去做，過去的不幸終將轉換成幸福！

直銷即生活、生活即直銷

有沒有發現一個有趣的現象，一連串的「把心打開」、「改變自己」、「改變自己而且自己改變」以及「引發眾人的力量一起往前」，就是「直銷即生活、生活即直銷」的寫照。我們的日常生活，每天都充斥著所謂的直銷基本技巧，在你我的生活行為當中，「列名單、暖身、邀約、推薦、零售、組織、跟進」，舉凡穿啥衣服？午餐吃啥？是「列名單」、與同事一同午餐要「邀約」、同事分享自己的甜點近而「零售」、晚餐前男孩的關懷是聊天「暖身」、介紹海鮮餐廳是「推薦」、下一次帶她去是「跟進」。上述，你還能說你不會從事直銷嗎？所以從事直銷就是跟會不會生活一樣，沒有任何秘訣，只要在把心放大一點，改變自己，進而引發團隊，把焦點放在自己的團體，用說服力、影響力、感染力、領導力去增加團體的利益，團隊贏了，自己也贏了，這就是直銷！

正面看待未來我將繼續扮演改變的力量

我相信相逢自是有緣，透過成長三角形，由每一次的表現中，透過體驗式學習（體驗三元素—身體的反應，心裡的感覺與靈性的察覺），學習到什麼是行的通或是行不通，進而決定下次您將會選擇如何表現。成就需

要先承諾，行動的確實與是否百分百，造就結果是否如您所願，而這個結果的表現也驗證體驗式學習的成果，最後透過以個人的成就引發團隊學習，讓仿效成為一股力量進而達到貢獻社會；更感到開心的是，自己有能力讓眾人更好。當初的初衷希望讓眾人可以改變，未來將繼續扮演好這個角色，讓大家「從心出發，從新開始」用心過生活，在真實的體驗每一個當下之後，用更有效率的方式邁向成功。正念，來自於初心，我竭盡所能宣揚「從心出發，從新開始」，並秉持這樣的信念，我將繼續扮演改變的力量，讓這個世界更美好！

別冊 2

直銷商奮鬥小故事

故事 *1*　樂在直銷的祥琮

　　我是祥琮，今年37歲，大學畢業後，到澳洲取得了醫學碩士和博士學位。畢業後在藥廠做研究員的工作，主要負責新藥的臨床前篩選和動物實驗。我當時的夢想很簡單，50歲前努力工作，最後回到澳洲，買一處安靜的house，打開院子就能看到沙灘，接我的父母來養老。

　　我的人生因為遇到直銷而發生了奇妙的改變，2011年我太太想要找個創業機會，通過網路認識了我們的指導員，在他們的細心關照下，我太太全力開始經營直銷。而我因為過往的媒體報道，對於直銷這個產業敬而遠之。但讓我無法想像的是，本來害羞的太太非常認真投入，在台南路上發傳單／與人交談，居然取得了很好的成果。此時太太也邀請我參加了幾次公司的講座，其中一場是Golf總裁的分享，他原本是留美碩士，回台灣後在上市公司從事經理的工作，現在卻全職投身直銷，讓我的觀念開始改變，也慢慢有了興趣。過了幾個月太太懷孕了，我希望她好好養胎，就開始幫太太兼差作直銷，每天下班後的時間都安排給她的伙伴。隔行如隔山，我深知學習的重要，每個周三的晚上都到台南的辦公室學習基本功，公司的夥伴都非常願意分享他們的經驗。周末我會參加北中南的學員日。雖然時間安排很緊湊，但是我樂在其中，因為在這裡我的夢想被再次啟發。我不希望老了以後告訴兒孫，我很會讀書，功課很好，然後在藥廠工作三十年，爬到主管的位子，每天面對醫生／病人／實驗動物，最後買了幾棟大房子，沒了。原本的工作中，大部分人各掃門前雪，很多的權力紛爭，為了升職搶破頭，浪費了很多人力／資金，工作了幾年後，升職不了的，都開始跳槽，這樣的生活讓我覺得沒有歸屬感。

　　很感恩遇到直銷，這裡提供了一個自我成長的平臺，讓我可以提供

這個社會更多的價值，改變很多人的健康，我的人生也更豐富多彩。我隨時可以向成功人士學習，她們也從不吝嗇分享他們的經驗，我的導師Queenie主席，小君、偉育總裁，都教導我們做好自我的管理，要感恩和愛，為團隊和他人付出。所以2012年底我開始全職作直銷，隔年我太太帶著小寶一起來到台北，過程中也遇到了家人的不理解，還有很多的挑戰，但是一切都沒有問題。沒有什麼比我的夢想更重要，我相信通過努力我一定可以實現我的人生價值。在台北兩年多，我通過網路和路上與人交談，找到了很多的愛用顧客，也找到了願意一起來打拚直銷事業的夥伴，看到他們和家人變得更健康，人生因此被改變，夢想被啓發，這是最最有成就感的事情。每年我們都會出國3～4次，不需要擔心請假的問題。除了旅遊之外，也可以和很多成功人士貼身學習，我覺得我永遠不需要退休，因為我樂在其中。

故事 2　**決定開展直銷之路的小紫**

Hello～我是李紫琳，綽號叫小紫。

之前是台北海院的大學生，現在已經畢業九個月，全職在作直銷。

當初怎麼開始直銷的？

我從小到大一直是個肥胖的身材，高中因為參加社團被操瘦了一些，但到大學因為自己愛吃，認識的朋友也比我愛吃，不知不覺就胖了回來。那時我真的沒有想減重，在比我胖的人身邊，自己總覺得還可以。直到有天陪我同學去做檢查，自己站上體重機，發現體重竟然高達64公斤！！！

自己的自尊心受損後，下定決心要認真減重。

在之前有用過少吃多運動的方法，但不到一個禮拜，就執行不了，因

爲我沒辦法忍受飢餓，最後放棄。

後來我在網路上搜尋減肥，認識我的教練怡燕姐後開始我的減重路程。

在剛開始一個月覺得體重沒有下降，很懷疑使用代餐眞的能減重嗎？有點想停掉使用。跟指導員講這件事之後，邀請我參加奶昔派對，在那天認識了很多其他一起減重的學員一起學習做奶昔蛋糕，最後被奶昔蛋糕締結下來。

在減重第2個月後怡燕姐有邀請我參加會議，但我對直銷公司的會議一點感覺都沒有，甚至不想參加會議，怡燕姐說已經幫你買好票不能退，最後勉爲其難的參加。

第4個月前一直用原價的價格購買產品，有人問我說爲什麼不要加入會員。當初自己的想法是不想跟傳直銷扯上任何關係，想趕快減重完趕快結束！

（當時正逢快過年的時候），另一個指導員明晏跟我說過年期間很難拿到產品，自己加入會員可以上網訂購。後來想想也對而且又不用像別人推銷東西，當天成爲75折結束我長達四個月的原價時間。

在參加過很多次的會議上，一直是個使用者根本沒想過要經營的問題。

直到某次的會議上講師說「我們不是推銷員，我們只是把健康分享給大家，如果對方不想接受，那我們就協助下一個人」。如果要完成假期或是促銷，一定要變成「督導」。

當時對督導兩個字很感興趣，加上看到台上很多同年齡的人擁有很高的收入又可環遊世界。詢問指導員下，開始學習。

猶記得在快要畢業前，阿宏哥問我畢業後有要做甚麼工作嗎？

我回：去旅行社上班，他問：爲什麼？

我回：因為可以環遊世界啊～

他說：如果你在旅行社上班，根本沒辦法環遊世界。

而我在會議中剛好有個學員是在旅行社上班，詢問他才了解每天早出晚歸，薪水不到22K根本無法去玩，更別說是環遊世界了。

聽完後放棄我去旅行社上班的夢想，決定全職投入直銷。

在經營半年後，雖然過程起起伏伏，但自己的學習成長改變很多。

讓原本不敢跟陌生人說話的我，到現在能夠跟陌生人侃侃而談，一點都不擔心了

跟家人從原本只會討零用錢來用，現在能自己支付起生活開銷學習獨立，感謝公司，感謝直銷。

故事 *3* 吟嘉對直銷感恩的心路歷程

我是王吟嘉，天蠍座個性，從小我一直是個人人稱羨，很會念書，很有才華的孩子。無論是準備北區鋼琴比賽，全國象棋比賽，甚至到全台灣巡迴舞展。成績仍然是從高雄醫學大學，到陽明大學醫學碩士，直攻台灣大學醫學院博士班。看似文武雙全，功成名就；但是背後換來的是不健康的身體，以及沒有與人互動情感交流的能力！

我在考博士班的那一年，一天只睡三個小時，發燒超過40度，半夜昏倒實驗室。我母親是在凌晨3：30接到電話：「你的女兒在急診。」這件事情打破了我家人對我堅持要做醫學研究的信心，因為只看到我的生命不斷地消耗殆盡。當我母親跟我說：「不要再唸博士班了！健康比較重要！」我突然從十年的醫學生活中覺醒，我不想再用成績單來得到世人們的肯定，而是用健康來孝順我的父母。於是我跟母親承諾：「我跟你保證

這輩子絕不生病，我絕對不會讓你為我擔心。」。

因為我主修大體解剖及細胞生物學，而且我從大二就開始學習草本植物萃取技術。開始反省草本營養對人體健康的重要性，並佐以身邊這些醫學專家們，大學教授們，學長姊們的健康狀況都不好。於是我上網搜尋了關鍵字「草本營養」、「美味可口」。沒有想到，向宇宙下訂單的力量真的很大。讓我認識了一家直銷公司。

我研究草本多年，還沒有看過有一家公司把life當作是教育民眾，把如何建立一個健康活躍生活方式來當作理念。我不只是被好喝的草本營養飲料給吸引，更被公司創辦人的願景而感動。在我腦中種下了一個種子，我也要成為健康大使，我想要走出實驗室，去全世界幫助更多需要健康跟快樂的人。

我很感謝直銷給年輕人一個機會。我沒有上過班，領過薪水。光是產品的效果，我第一年就幫助超過三十個家庭，於是我專注全職地投入照顧他人的健康及改變他們的生命的直銷工作，而多年的努力後，公司給我的收入居然多達百萬。可以買車買房，讓家人安心。可以每年出國旅遊多次，不受時間及金錢而侷限。還可以有餘力照顧偏遠山上的森林小學。在公司的訓練中，可以不斷的跟優秀領導者，甚至是國際級的哲學大師請益。我開始大開眼界，努力去打開我人生的夢想寶盒。

公司教育我要願意接受挑戰，要能先提高察覺力，能自我反省，勇於認錯，去修正去突破，就可以去改變自己的人生。公司讓我知道什麼才是真正的虛心受教，隔行如隔山。所以我總是每場會議都到，而且把學到的事物去練習做分享。內化成自己內心的價值觀，更清楚知道自己的未來方向，及人生目標在哪。

公司教會我負起責任。開始懂得愛自己，也去愛人。懂得什麼才是同步調同心的兩性關係，如何去照顧家裡的長輩，而且有親密的家庭關係。

公司讓我開始懂得感恩，感謝自己有美好的天賦可以付出跟給予，感謝宇宙給我良師益友，正面開心有愛的環境，感謝活在當下的力量，好有信心好有希望的活在每一天。可以為地球上的全人類做出一番貢獻。我全心感謝直銷。

故事 柳德的直銷事業開展出公益人生

如果你擁有美國碩士學位，並且有超過三年的海外工作經驗，同時也是國內知名科技大廠的專業經理人，不管頭銜或收入，都是人人稱羨，但是回到家的你卻對未來充滿不安和無奈，而且對人生失去熱情和夢想，負面情緒常常佔據心頭，親愛的，那你就正在經歷我八年前所經歷的生活～～

我的名字是黃柳德，標準的台北小孩，從小只要好好聽爸媽的話，專心唸書就不需要去擔心其他事情，優點是很會唸書很會拚成績，弱點是不懂感恩不懂理財害怕犯錯，所以當我努力在履歷表上增加我的裝備時，我的生活開始失去平衡。

為了爭取被老闆看到的機會，我每天早上7點進公司，凌晨1、2點才回到家，工作上的事情永遠是第一優先，所以漸漸沒時間運動、沒時間放鬆、沒時間跟朋友聚聚、沒時間回家陪家人吃飯，因為我周遭的同事都跟我一樣，所以我以為這就是正常的人生。直到有一次的朋友聚餐，我發現我很要好的學長，離開年收入百萬的科技業經理職務，全職經營直銷，讓我非常好奇，主動要求去了解這家公司。

在一場活動中，我發現有些人的收入跟我差不多，但是卻比我健康比我開心，而且比我更有夢想更有熱忱。後來我又看到一群人，收入比我多

好幾倍，但是卻比我有更多時間可以陪伴家人。我才發現原來在這世界上，還是有一種行業，可以同時擁有健康自由、財富自由，和時間自由。

改變是痛苦的，不改變更痛苦，這是我八年前的寫照。我很感謝我自己願意選擇改變，當初我只是為了找備胎來作直銷，但是直銷卻讓我的人生變得圓滿。現在我每年都可以去參加7～14天的禪修營，出國增廣見聞3～6次，而且更懂得孝順父母，更懂得感恩每天所發生的事情。最讓我感動的是，我竟然有能力去認養一個國小，這個小學全校只有四十幾位學生，三年前第一次和他們結緣是因為他們沒有禦寒衣物可以度過寒冬，也沒有早餐可以吃，所以我和我太太找我們的團隊夥伴一起募集衣物和公司營養飲品，在聖誕節當天親自把物資送上山，而且團隊夥伴還設計活動讓小朋友可以一起玩樂，這是我當初在原本職場時所不能做，但很想做的事情。

現在我們才剛開始而已，因為還有許多人仍然在疾病和貧窮之中掙扎，公司的願景是「讓世界變得更健康」，所以我們依然會帶著使命和熱忱，繼續尋找想要改變，需要幫助的人～～

故事 改變莫莫生命未來式的直銷事業

在過去，大部分的人對我的第一印象都是嚴肅難以親近的，經過一段時間的相處，他們會更加確定我是一個孤癖的人。只有極少數的人，可以真正成為我的朋友，但是，面對朋友我還是很被動的人。

我是單親家庭長大，從小就在父母爭吵、離家出走、自殺威脅的生活中，充滿恐懼的長大，我在成年以前每天都會作惡夢。我的父親不喜歡我，所以我認為大部分的人也不會喜歡我，我覺得人生很辛苦，雖然我仍

然力爭上游，但只是為了讓生活不要太糟，高中時，我曾經偷偷下一個決定，我只想活到45歲，計畫過各種自殺方式。

進入社會後，我是一個程式設計師，我開始了解生活的面貌，我接受了大部分的事情，因為我看見其他人也一樣，於是我養成抱怨的習慣，我對這個世界感到憤恨不平，批評這個世界看什麼都不順眼。同時對於弱者又充滿不諒解，我認為過得好不好是自己的責任，任何人的生活都是自己造成的。現在回想起來，我當時真是一個非常乖戾的人，對什麼都無法開放自己的心胸去接納，甚至因為不喜歡與人接觸，而拒絕成為主管，我覺得我只要成為一個技術好的工程師，保障我的飯碗就好了！

之後我是因為想幫媽媽還債務而接觸直銷這份事業，當時為了脫困，我決心只要不違反良知，我願意做任何事情。有一次我在一些和夥伴合照的過程中，我發現我竟然連笑都不會，明明覺得自己有在笑，但是拿到照片時，卻是一張充滿怒氣的臉！我很清楚自己不想與人接觸的問題將是最大的障礙，但是我在訓練會議中被感動，看見很多人也跟我一樣的開始，後來都變成更好的人。

於是我認真投入學習系統，認識了幾位心靈導師，我漸漸打開心胸，才發現過去的自己是活得如此不快樂，才了解愛是什麼？也諒解了父母親對我造成的影響，同時懂得如何真正去愛身邊的人。不但我自己覺得幸福，我身邊的人也因此而得救，不用總是面對充滿怒氣的我。

雖然經營直銷所帶來的豐沛收入，也是生活如意的一部分，但是我真心覺得感恩的收獲，卻是心靈富足的改變，我感謝父母、感謝身邊的人、感謝這個世界，活著真是一件很美好的事情！

我和我先生二個人從小就都是在單親而且貧窮的家庭長大，覺得這樣的童年很辛苦，所以不想把貧窮帶給孩子，因為對未來的恐懼，所以只敢生一個孩子，我們認為以我們的能力，只能保障一個孩子的溫飽。後來因

為事業經營的成果，讓我們開始想要更多孩子，在我大女兒八歲時，我們的兒子和小女兒相繼來到我們的生活當中。

我永遠記得我的心靈導師曾竹君說的一句話，或許我們是窮苦人家的後代，但是我們可以透過努力成為富人的祖先，我很感謝直銷這份事業，改變了我們一家人的生命，讓我們擁三個很可愛的孩子，並且讓生活變成我們想要的樣子！

故事 6　直銷造就文譯不一樣的生活態度

我的名字是田文譯，在碰到直銷以前，我在台中一中街幫忙家裡賣果汁飲料。從小到大的生活上面，家人總是給予非常優渥的生活，不曾為了吃穿上面有煩惱，過去的我，沒有太大的夢想，總是覺得生活是沒有負擔，沒有匱乏的，所以我很自然沈溺在這樣的生活當中。

過去的生活說不好，也不會，以前幫忙家裡，家裡生意好，要買什麼有什麼，生活沒了目標，開始過著糜爛的生活，跟三五弟兄們，聚會的場所自然就是快炒店，跑夜店抽煙喝酒。

這樣的日子一直持續著，想到以後很自然也是承接家人的生意，做個小吃店老闆，對於未來也沒有太多的想法，一直到我開始對於這樣的生活厭煩，身體開始有了些狀況，不好的生活作息，飲食習慣，開始讓我的身體每況愈下，我開始覺得身體非常的疲倦，精神氣色越來越糟糕，我意識到再這樣下去，會跟家人一樣，金錢上面沒有匱乏，但是健康的身體和享受生活的時間，是我們家庭一直所欠缺的，家裡生意忙碌，一直是非常髒亂的環境，沒有人有力氣清潔整頓家裡。這開始讓我想要改變！！

當我發出我想要改變的意念的時候，隔沒多久我的國中同學一通電話

給我約喝咖啡，跟我談現在他正在做的事情，他的一句話！「你想不想要增加額外收入」，在不影響你的工作，每個月還可以多個幾千元。

我當時想著反正我每天固定做生意的時段，其他額外的時間，不是鬼混就是打遊戲睡覺，對於生活是完完全全沒有目標的人。

我想說找點事情來做也不錯，我詢問他要做些什麼？

他只回了我一句話：你是認真的嗎？

當下很奇怪我也沒回答他這個問題，我們繼續喝咖啡聊是非。

但是，很奇妙的是，這一句話一直環繞在我的耳邊，你是認真的嗎？你是認真的嗎？

隔兩天我做了決定主動撥了電話給他，他邀請我去參加商機說明會，那是直銷公司在台中舉辦的商機說明會。

那場活動，大大地打開了我的眼界，裡面尤其有一個講者的故事特別吸引我，這位講者上台分享，他過去是一個自助餐店的老闆娘，過去忙碌的生活也是讓他失去了健康，現在他一樣是當老闆，創業家，經營著直銷這項事業，那時的他月入超過30萬，且真正吸引我的事，他的健康狀況比過去更好，時間的自由，一年出國好幾趟。

我的第一次出國，是來到直銷公司才實現的，至今短短幾年的時間我出國快十趟了。

我被這樣的事業深深地所吸引，我心裡非常的激昂，我想要我的人生可以過得跟他們一樣，於是我在非常快的時間，我開始經營直銷，家人一開始是用生命在反對的，甚至被威嚇要逐出家門，他們說如果我要經營直銷，就給我滾出去，而我非常清楚這是我要的未來（且那時候我心裡想著，太棒了這樣我就可以到台北去發展我的事業，所以我在經營直銷的第3個月便隻身來到了大台北，開始發展）

一開始在作直銷，過程跌跌撞撞，我沒有一個好的學歷，只有專科畢

業，讀書一直不是我喜歡的項目，我的國文，從國中開始沒有60分及格過，即使現在我還是很多國字會需要用注音來描述。

　　然而我的教練小鳳總裁，他總是不斷地提醒著我，你的收入不會大過於你的個人成長，我開始懂得了解個人成長的重要性，也一直以來非常感謝小鳳總裁在我身邊教導我，他永遠是以身作則，是我人生兼事業的導師。

　　關於個人成長，我這輩子從沒想過，我會開始閱讀週刊，時事，甚至是啟發個人成長各類的書籍，作直銷，我養成閱讀的習慣，我每天必定會花約一小時的時間，來充實我的知識。

　　作直銷，我開始學習到做人處事，負責任的態度，以往的我口頭禪是「那不重要，不要緊，沒關係」我一直都是無所謂的態度。

　　但是真正進入了這個社會大學，我才發現我們所說的每句話，都是要負責任的，與人想處，更是要重視每個關係，不能馬虎。我開始有了肩膀。

　　作直銷，與我的夥伴，客戶相處，一開始碰到人，心裡想著的總是業績，收入，但是現在，我學到如果不能妥善照顧關心每一個人，那在這個社會的人際關係，是無法長久的，開始讓我懂得以心為出發，每個動機的出發是如何幫助來到我面前的每個人，獲得他們想要的健康。讓我學習到愛與關懷。

　　現在的我，開始懂得在生活面上擁有最正面的態度，碰到身邊的人，可以自然地給予愛與關懷，這開始讓我在直銷的事業裡頭，越來越順利，因著我們幫助的人越多，我們也提升我們在這市場上的價值，所以我的收入業績也比過去剛作直銷那時候的我還要成長許多。

　　也因著直銷這樣的環境，我早沒有了抽煙酗酒的問題，透過直銷對營養的認識，我也從未體會，身體狀況可以如此的好。

最讓我值得開心的事，我的成長讓我的家人們開始認同我，認同直銷，在未來的日子裡，我會繼續個人成長，有更多的能力可以來對社會有所貢獻，對國家有所貢獻，這一切都謝謝上帝讓我認識了直銷。

感謝直銷。

故事  阿喵教練的直銷使命

「嗨！大家好我是阿喵教練！我們的使命是讓人類更健康，擁有健康活躍的新生活，所以如果你有認識的人想要做好體重控制，歡迎你跟我聯繫！」

我認識直銷的過程，從接觸到迷失接著找尋自我到現在的認同，我用了八個月的時間找到自己想要的答案，所以我想跟大家分享我在這學習的過程。也許目前我的成績還不到一般三十歲收入的標準，但這八個月卻是我三十年來學習成長最多的時光，當然我也確信自己很快就能超過之前的月收入，因為我已經如同「有錢人和你想的不一樣」一書所說的，把自己裝錢的容器變大了。

現在讓我娓娓道來這八個月的過程吧。

「天生我才必有用」相信你一定聽過這句話，但到底要用在哪裡最好呢？我覺得自己很努力的在找這個答案，從麵包店、學資訊工程、做平面設計、修電影攝影到去澳洲體驗，好像什麼都能做，但一直少了點什麼，心裡的成就感永遠裝不滿。直到一次大型社運活動當我第一次站上街頭為了捍衛某個理念抗爭，我才發現自己的渺小跟微不足道，深深的無力感淹沒了我的樂觀，甚至嚴重到開始厭惡這個社會。

我不斷努力讓自己能成為更好的人，未來有更好的生活，夢想能幫家

人提早退休，甚至為這個社會這塊土地做更多的事，但我現在的環境跟我所能做的事，卻讓我看不到我的未來，逼得我把夢想縮小，小到只能努力讓自己成為更好的人，至於生活、家人、社會，可能要上輩子積福含金湯匙出生的才有辦法辦到，跟我沒關係，唯有這樣可以讓我不這麼厭惡這個社會，不這麼厭惡自己。

　　直到我接觸了直銷，說實在對於直銷公司我接觸的不多，大都只是聽過。對直銷公司印象不好也不壞，畢竟媒體聽到的大多是老鼠會等等比較負面的，但是我心理自己知道媒體說的話通常要打個折，畢竟已經有這麼多間直銷公司能在國際間存活這麼久的歷史，勢必是有滿足某些需求，才能屹立不搖，雖然產品固然重要，但更重要的是每個人能提供的價值。

　　我覺得這是個機會，畢竟減肥市場太大了，雖然我沒有業務經驗，但熱愛運動的我如果能藉由推廣運動之餘，然後讓自己有不錯的收入，我願意試試看，沒錯！就只是試試看，我想著給自己兩年的時間，如果能成功當然最好，如果沒有成功我也就只是回到原本的生活而已。

　　直到我上了一堂課，講師說的一段話讓我開始思考，這段話大致是這樣的「如果你今天真的想要保護樹木，何不自己扛起責任買下一片森林？最起碼你會有基本的權利讓別人無法動它分毫。」我才驚覺沒錯！如果自己能成為更有能力的人，那深深的無力感根本不是問題了！能力越大責任越大，就像蜘蛛人一樣，我可以在能力所及的範圍內，為這個社會做出貢獻。

　　正當我開始敢再把夢放大，找回自己的價值時，又聽到直銷公司創辦人的故事，那時他正為了產品在美國打官司時說了一段話「他們可以奪走我的公司、我的產品、我的一切，但無法奪走我想讓世界更健康的夢想。」還有他說直銷事業裡的每個人都不是自己選擇進來的，是公司選擇了我們。

他給了我這輩子最想聽的答案，就是那份使命感。

「天生我才必有用」，我終於了解我可以奉獻的價值，那就是改善人類的生活，用熱情融化這個冰冷又現實的社會，找出每個人原有的那份善良跟樂觀，讓這個世界更健康更美好！我會為了這個使命感而奮鬥的，因為這是公司選我的原因！所以也沒有兩年這件事了！沒有試試看，只有一定要完成的目標！我愛這個大家庭，喔耶！！

故事8 以直銷為志業的中宏

我叫王中宏，1979年出生，6年級生。

那還是能力分班，少一分打一下，聯考制度的年代。

我是個有點小聰明的孩子，小學聽完老師上課，考試時仔細一點拿滿分是很輕鬆的事。

國小第一名畢業，國中也不錯，高中進入前三志願的師大附中科學教育實驗班（資優班），發現班上全都是比我更聰明更會念書的同學，第一次段考平均85分拿了全班第三名──倒數第三名。老師的一句話「王中宏，不想念書就出去」，決定了我未來七年叛逆翹課到處跟老師唱反調的日子。

但是，也因為如此，我很自然的把焦點擺在課業以外的事我發現自己在與人有關的事項上更有興趣，喜歡交朋友、參加各式各樣的社團活動常常被選作班代、社團幹部讓我了解自己有不同的優勢。

大學畢業當完兵退伍，馬上就進入職場。第一份工作就在竹科一家半導體公司裡擔任製造部課長。我覺得這份工作太適合我了，擔任主管，跟部屬互動，這一切都是我最擅長的。親戚朋友的讚許也讓我聽起來很舒服

——科技新貴，收入也幾乎是一般大學生的兩倍，一切的一切都是從小到大的夢想。

　　但，美中不足的是，夜班工作時間讓我的身體健康狀況瞬間下降。責任制的工作壓力讓同事之間充滿了緊張、衝突跟壓力，我在職場的派系、鬥爭、馬屁文化的夾縫中努力生存著，每天每天跟廠商、其他部門鬥法，上班被老闆罵、下班跟大家一起罵老闆，算著自己每個月能存多少錢，什麼時候才能買下自己的第一棟房子？我不開心、公司cost down要fire員工，我是第一線的主管，得想各式各樣的理由開除員工，我很清楚知道，主管教我開除員工的每一句話，有可能就是我的未來。世界，不應該就是這樣的現實跟爾虞我詐而已。

　　我忘了自己到底有多久沒回家看看父母、忘了自己想要到世界各地旅遊、忘了我想要更多慈善的夢想。

　　我毅然決然地辭去工作，我想要一個能兼顧家人、能自由掌控時間、能維持健康、又能有豐沃收入實現一切的工作。我想要一個合乎自己良心準則、能持續成長、能提供社會價值、正面又能有自我成就感的工作。我知道我得創業，但沒有資金、沒有成本、沒有創業的夥伴、最重要的是，我沒有方向。

　　我從來沒考慮過直銷型態的工作，社會觀感跟成見還有過去自己的不好經驗，都讓我對它敬而遠之。直到家人使用直銷產品，健康及外觀上都有很明顯的不同，我看到了商機。在四個月遍尋不著適合自己的創業方式之後，我主動要求去參加直銷公司的會議活動了解。產品的最高檢驗規格跟紐約證交所股價上的表現，已經讓我眼睛為之一亮。

　　但讓我決定不顧家人反對全力投入的，是創辦人的一段話：

　　「我相信成功是從你為你的目標努力的那分鐘開始的。

　　你今日可以成功的原因不是因為明日獲得的成果，

而是爲了實現夢想和達成你的個人目標所付諸的行動。

雖然成功顯現在你的行動當中，

但是你選擇的行動方式也非常重要。

所以你要決定什麼對你是有意義的，

然後以誠信、正直、謙恭和最重要的也就是善意待人去追求它。

我一直以他人應得的最高敬意來對待別人。

不論某人的背景、職稱爲何，

他住在哪裡、他開什麼車、他受過多高或多低的教育、

或者他們賺多少錢。

這不是定義一個人的價值，

眞正定義他們價值的是他們的品格。

我對待每個人的態度都是一樣的，

我把每個人都當作贏家，

而且我們也都可以大大地改變這個世界。

藉由相信某人的特質並鼓勵他們追求個人的卓越，

我就幫助他們踏上了成功的路途。

除非你能夠教導別人達到同樣地成功。

否則你永遠無法滿足於自己的成功。

教導別人去行動就是教導別人築夢踏實，

而且我們的夢想能夠把我們每個人都連結在一起。」

這是一個追求高度自我成長的環境、一個正面語言、充滿感恩的環境、愛與關懷的環境，看到自己認眞對待的每一位顧客、夥伴在健康上、生活上、事業上的提升跟改變，這樣的使命，這就是我夢寐以求一直在尋找的。也是一輩子的志業。

在直銷界八年的時間，我有了健康的身體，學會了好的飲食、運動習

慣。去了超過二十個國家，我有更多自由的時間陪伴家人。

　　除了收入有非常大幅度的提升，更有能力每個月捐獻給慈善之家，也跟著團隊一起對偏遠山區的學童做出更多貢獻。

　　謝謝直銷、我愛直銷。

國家圖書館出版品預行編目資料

直銷法律學／林天財等著. — 初版. — 臺
北市：五南, 2015.08
　　　面；　　公分.
ISBN 978-957-11-8240-7（平裝）

1.直銷　2.法律

496.5023　　　　　　　104014780

1QA8

直銷法律學

主　　編 ─ 林天財

作　　者 ─ 林天財（125.4）、郭德田、曾浩維
　　　　　　劉倩妏、傅馨儀

發 行 人 ─ 楊榮川

總 經 理 ─ 楊士清

執行主編 ─ 張若婕

封面設計 ─ P.Design視覺企劃

出 版 者 ─ 五南圖書出版股份有限公司

地　　址：106台北市大安區和平東路二段339號4樓

電　　話：(02)2705-5066　　傳　　真：(02)2706-6100

網　　址：http://www.wunan.com.tw

電子郵件：wunan@wunan.com.tw

劃撥帳號：01068953

戶　　名：五南圖書出版股份有限公司

法律顧問　林勝安律師事務所　林勝安律師

出版日期　2015年8月初版一刷
　　　　　2017年6月初版二刷

定　　價　新臺幣450元